高品质型钢开发：从基础理论到融合驱动技术

于浩 著

全书数字资源

北京
冶金工业出版社
2025

内容提要

本书系统介绍了型钢基础理论、融合驱动先进技术及其在高品质型钢开发中的应用。全书共分5章，第1章简要介绍了不同种类的型钢及型钢的合金系统成分、组织结构特征、生产工艺流程及其对产品组织性能的影响；第2章介绍了集成计算材料工程、大数据分析、机器学习等先进融合驱动技术在功能性型钢开发中的应用现状及发展趋势；第3~5章精选了融合驱动技术在型钢领域中的三类典型案例，分别介绍了数智化技术、结合残余应力控制的大数据分析技术及一体化形性调控技术在型钢生产中的深度应用与显著成效，对各项技术涉及的相关原理、方法、技术内容及应用实例进行了较为详细的论述。

本书可供材料科学与工程领域的科研人员、型钢研究及开发的技术人员阅读，也可供高等院校材料科学、冶金工程等专业的师生参考。

图书在版编目（CIP）数据

高品质型钢开发：从基础理论到融合驱动技术 / 于浩著. -- 北京：冶金工业出版社，2025. 4. -- ISBN 978-7-5240-0118-8

Ⅰ. TG142

中国国家版本馆 CIP 数据核字第 2025Z8Q154 号

高品质型钢开发：从基础理论到融合驱动技术

出版发行 冶金工业出版社　**电　话** (010)64027926
地　址 北京市东城区嵩祝院北巷 39 号　**邮　编** 100009
网　址 www. mip1953. com　**电子信箱** service@ mip1953. com

责任编辑 王 颖　美术编辑 彭子赫　版式设计 郑小利
责任校对 李欣雨　责任印制 窦 唯
北京富资园科技发展有限公司印刷
2025 年 4 月第 1 版，2025 年 4 月第 1 次印刷
710mm × 1000mm　1/16；13. 25 印张；259 千字；204 页
定价 99. 00 元

投稿电话 (010)64027932　投稿信箱 tougao@cnmip. com. cn
营销中心电话 (010)64044283
冶金工业出版社天猫旗舰店 yjgycbs. tmall. com
（本书如有印装质量问题，本社营销中心负责退换）

前　言

型钢作为现代工业的基础材料，在建筑、机械制造、能源等多个领域中起着至关重要的作用。随着需求的日益增长和技术的不断进步，型钢的生产工艺和材料特性面临着高维多态、强耦合和非线性等复杂问题。这些挑战增加了生产过程的复杂性，使得传统的生产控制和性能优化难以应对。与此同时，型钢的组织性能还具有一定的遗传性，这意味着其内在特性在多工序、不同工况下保持一致性，进一步推动了对新技术的迫切需求。为此，本书创新性地将集成计算、有限元模拟仿真、大数据分析和机器学习等先进技术（合称融合驱动技术）应用于产品开发与制造过程中。通过将以上技术与型钢的研发和生产实践相结合，可以更好地实现对型钢形性的全流程一体化协同精准调控，推动生产过程的数字化和智能化。

本书系统介绍了高品质型钢的基础理论和融合驱动技术，旨在通过多学科交叉的手段应对钢铁行业中这些复杂的制造挑战。全书共分为 5 章，涵盖了从基础知识到智能化生产流程的全面介绍与分析。

第 1 章概述了型钢的基本种类、特点及生产工艺流程，详细解析了型钢的组织性能特征，并探讨了型钢的合金成分系统及其强化机制。通过对功能性型钢的类型和特征的介绍，读者能够掌握型钢开发的关键要素，为高品质型钢的生产打下基础。第 2 章详细介绍了集成计算材料工程在功能性型钢开发中的应用。该技术通过整合大数据资源、运用计算模型及机器学习算法，提升处理分析能力，能够实现对合金系统、组织结构的精准设计与优化，特别是在高强型钢、耐低温型钢、耐候型钢及海洋工程用型钢的开发中，集成计算材料工程技术展现了其巨大潜力。第 3 章聚焦型钢设计制造的数智化过程，讨论了数字化技术在型钢生产中的应用，特别是在轧制过程中的三维热力耦合模拟仿真、冷却方式的优化以及性能预测等领域的应用，这些先进技术为型钢制造的高效生产和精确控制提供了保障。第 4 章探讨了型钢生产中残余应力的产生与控制。通过对残余应力种类及影响因素的分析，本章提供了多种先进的应对方法，有效降低和控制残余应力的负面影响。第 5 章介绍了高品质型钢的一体化形性调控技术，讨论了从成分设计到组织调控的多维度设计策略。通过多个典型案例展示了调控技术在实际生产中的成功应用，如极地海洋平台用 Q500 MPa 级热轧 H 型钢和工字钢的形性一体化调控技术。

本书通过系统阐述型钢的基础理论和前沿技术，展示了高品质型钢开发中的多项创新成果，希望能为材料科学与工程领域的研究人员、工程师及相关专业师生提供有益的参考，推动型钢产业的技术进步与数智化转型。

本书在撰写过程中，参考了相关文献资料，在此向文献资料的作者表示衷心的感谢。感谢为本书的撰写和出版提供帮助的博士研究生宋成浩、王锟、张翔云、张庆彪，硕士研究生王娟、周海龙、黄章、朱自猛、李宇晗、韩俊刚、郝百川、王宇飞、唐健、程子嫣、邵慧敏等，以及未在此一一列举的朋友、同事、学生。感谢合作企业提供的支持。希望本书能为读者打造一个全面的知识体系，并提供切实可行的实践指南，助力型钢技术的进一步发展与创新。

由于作者水平所限，书中不妥之处，敬请广大读者批评指正。

于　浩

2025 年 1 月

目　　录

绪　论

钢铁工业的发展是我国经济高质量发展的支柱之一，为建设更便捷、更可靠的基础设施提供了强有力的保障。社会的高速发展推动着钢铁工业的不断探索和突破，同时也带动着与钢铁相关产业的持续提升，为钢铁行业的发展提供了广阔的空间和强大的需求动力。

型钢作为钢材的四大品类之一，在钢铁行业中有着重要作用。大中小型型钢广泛应用于铁路、公路、工业建筑、船舶桥梁和输电铁塔等领域，在推动我国高质量发展所用材料中发挥着不可替代的作用。型钢是指具有一定断面形状和尺寸的实心直条钢材，一般常见的简单断面型钢为工字钢、角钢、H 型钢等，其具有优良的力学性能、良好的塑韧性和焊接性，能够适应复杂的工程结构。它的生产方式包括轧制、挤压等，通过不同的方式可以生产出不同复杂程度的型材。

目前，全球型钢的产量持续增长，而我国是全球最大的型钢生产国，并且我国的型钢生产基地分布广泛，生产装备相对先进，具备强大的型钢生产能力。然而，在高维多态、强耦合、非线性的复杂制造流程中，如何高效运用现代技术实现型钢形性的全流程一体化协同精准调控，是当前型钢领域内亟待解决的技术难题。

随着第四范式的兴起，即大数据、人工智能、云计算和物联网等先进技术在各行各业的深入应用，钢铁工业的高质量发展，正迎来前所未有的变革机遇，这些新兴技术为解决钢铁生产过程中的复杂问题提供了全新的视角和解决方案。

在此背景下，作者所在团队创新性地提出了融合驱动技术（Fusion-Driven Technology，FDT），即将集成计算、机器学习、大数据分析、人工智能等前沿技术有机融合，构筑一个系统的解决钢铁生产过程中复杂问题的技术体系。具体针对型钢而言，通过集成计算、大数据分析和机器学习，可以设计和优化型钢的合金系统、组织结构，提高产品质量的一致性和稳定性；有限元模拟仿真可以把型钢在不同工况下的相关场可视化，从而指导设计和制造过程中的参数调整；大数据分析能够从海量生产数据中挖掘有价值的信息，用于改进生产工艺和质量控制；机器学习则可以通过学习历史数据，自动优化生产参数，实现智能化生产控制。该技术不是一个技术堆砌的平台，而是一个能够迭代优化的、高度集成和智能化的技术系统。

将融合驱动技术应用于材料研发与生产中，有望提高材料设计的效率，实现对材料性能的精准调控。本书以型钢生产过程为例，介绍了第一性原理用于合金系统设计、有限元分析加工过程中温度场和应力应变场，以及大数据分析与机器学习应用于性能预测和生产工艺优化等，希望本书能够为相关技术人员和高校师生提供有益的参考和指导。

面向未来，包括型钢在内的钢铁工业应当大力提高自主创新能力，不断满足我国的高质量发展需求，为国家的现代化发展提供坚实强大的材料基础。

1　型钢的基本知识

随着钢铁行业的快速发展，型钢作为重要的建筑和工业材料，其需求量不断增加。型钢具有一定的强度、良好的塑性和韧性；型钢种类繁多，按照截面形状可分为工字钢、槽钢、角钢、H 型钢等。型钢由于其优良的力学性能和显著的截面特征，被广泛应用于建筑、桥梁、机械、车辆、船舶等众多领域。例如，在建筑领域，工字钢和 H 型钢被大量用于支撑结构和框架结构；在桥梁建设时，大型的型钢组合可提供足够的承载力和稳定性。不同种类的型钢根据其特定的用途，经过精准的轧制和热处理工艺可满足不同的工程需求。

随着科技的不断发展，型钢的生产技术也在不断更新和优化。现代型钢生产主要采用连铸连轧技术，通过精确控制温度、速度和形状确保产品的尺寸和性能达到标准。此外，一些先进的生产技术（如真空脱气、微合金化等）也被广泛应用于提高型钢的力学性能和耐腐蚀性。随着基础设施建设和制造业的快速发展，型钢的市场需求持续增长。尤其在亚洲、非洲等发展中国家，由于基础设施建设的需要，对型钢的需求量尤为巨大。同时，随着环保要求的提高和能源消耗的限制，高效、环保的型钢生产技术成为未来发展趋势。

1.1　型钢的生产工艺概述

1.1.1　型钢的生产工艺流程

型钢的种类繁多，但其基本的生产工艺较为类似，大致可分为以下流程。

（1）开坯。型钢的开坯工艺如图 1-1 所示。

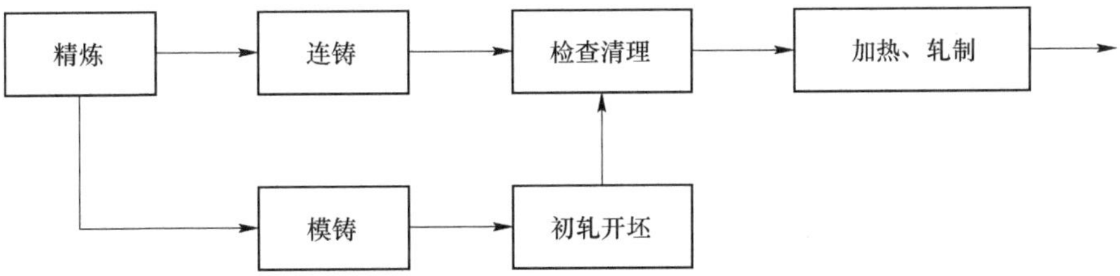

图 1-1　型钢轧制的开坯工艺

(2) 加热、轧制。型钢的轧制工艺一般可以分为粗轧、中轧和精轧。粗轧过程将坯料轧制成适用的雏形中间坯，此时的轧件温度较高，因此尽量把不均匀变形在此过程完成；中轧是将轧件轧制成接近成品尺寸；精轧是保证轧件的尺寸精度，延伸量较小。型钢一般轧制过程如图 1-2 所示。

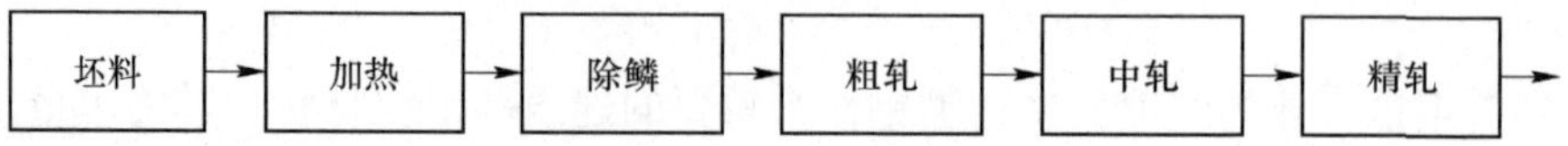

图 1-2 型钢加热、轧制工艺

在型钢生产过程中，对轧制过程通常有以下要求。

一种规格的坯料在粗轧阶段可轧成多种尺寸规格的中间坯。随着对型钢需求量的不断增多，型钢尺寸规格越来越多，这就要求粗轧具有将一种坯料轧成多种规格坯料的能力。粗轧不仅可以对异型坯进行扩腰扩边轧制，还可以进行缩腰缩边轧制，如采用板坯轧制 H 型钢。

对异型坯在中轧和精轧阶段尽可能使用万能孔型和多辊孔型。这是因为万能孔型和多辊孔型易于轧制薄而高的边，通过调整压下量，能够减少轧辊的不均匀磨损，提高尺寸精度。

在型钢连轧过程中，由于轧件的断面系数大，不能使用活套。机架间的张力一般采取驱动主电机的电流记忆法或者力矩记忆法进行控制。

对于要求具备一定的低温韧性和可焊接性的型钢，一般要求其碳当量低，采取低温加热和低温轧制的方式。在精轧之后采取水冷，可以提高材料的性能以及减少在冷床上的冷却时间。

(3) 精整。型钢的精整一般有两种方法：一种是热锯切定尺、定尺矫直；另一种是长尺冷却、长尺矫直、冷锯切工艺。型钢的精整过程如图 1-3 所示。

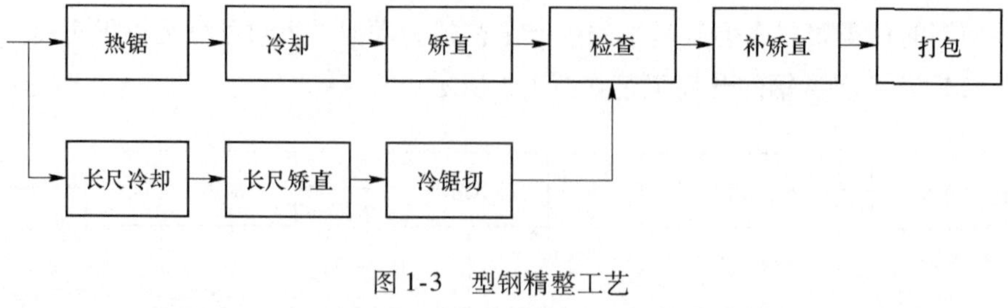

图 1-3 型钢精整工艺

矫直工艺是精整阶段的主要部分。由于型钢的截面系数较大，所需的矫直力较大，以及在冷却阶段由于断面不对称、温度不均匀造成的弯曲大，因此型钢的矫直难度较大。此外，由于轧件的断面较大，矫直机的辊距大，矫直盲区增大，在某些条件下会对型钢产生较大影响。

1.1.2 型钢的生产工艺特点

型钢的生产较其他钢材具有以下工艺特点。

(1) 型钢的品种规格繁多。随着社会发展，对型钢的需求量逐年增多，目前已经有上万种型钢产品。在生产过程中，除了少部分使用专用轧机生产外，绝大部分型钢都是在进行多品种多规格生产。

(2) 型钢的断面形状差异较大。方钢、圆钢和扁钢的断面形状简单且差异性不大，但是，如 H 型钢、工字钢、槽钢、Z 字钢、钢轨等型钢，断面形状复杂且差异性大，这些型钢的孔型设计和轧制生产都有其独特性。断面形状复杂的型钢，其轧制过程中的变形、温度分布以及轧辊磨损等都是不均匀的，导卫装置的安装也更为复杂。

(3) 型钢的轧机结构和轧机布置形式较多，具有多样的轧机结构：二辊轧机、三辊轧机、四辊万能孔型轧机、多辊孔型轧机、Y 型轧机以及悬臂式轧机等；以及多样的轧机布置形式：顺列式、横列式、半连续式、连续式以及棋盘式等。

1.1.3 型钢的控制冷却工艺

型钢的形状较为复杂，其在生产过程中常通过较高的加热温度得到需要的变形温度，因此型钢轧制过程中常伴随着温度的不均匀性、变形的不均匀和不同时性。型钢复杂的形状使得其轧后的冷却过程较难控制，如果冷却不当，则会产生更为严重的不均匀形变。近年来，随着控轧控冷技术的不断提升，型钢的控制冷却工艺也得到了发展。

H 型钢和 Z 字钢等异型断面型钢各部分由于厚度不同，温度和轧后冷却过程中的冷速也不同。对于异型断面型钢，常通过在型钢终轧后的传送过程中进行喷水冷却，根据型钢厚度的不同调节水流量和水压，使异型断面型钢各部分温度趋于一致。有学者将冷却水压控制在 0.7 MPa 以上，形成了超快冷却区，实现了对 H 型钢重点部位进行超快速冷却，改善了型钢表面组织均匀性，晶粒度细化了 1 ~2 级。

对于角钢，尤其是不等边角钢，轧后冷却过程中各部分温差更明显，故其轧后通常采用快冷。角钢常用的水冷装置主要有角钢射流冷却装置、带有缝隙喷嘴的集水管冷却装置、限制冷却装置和冷却箱体的冷却装置。其中角钢射流冷却装置结构简单，适用于生产多种不同的角钢；有缝隙喷嘴的集水管冷却装置可以对冷却水流向和重点部分的冷却宽度进行控制；限制冷却装置分别在上下水管开了很多小孔，通过控制可得到从喷雾冷却到极冷的冷却方式；使用冷却箱体的冷却装置时角钢在冷却箱中进行快冷，角钢顶部受上部和下部两个方向的水流冷却。此外，角钢的水冷装置还具有防止角钢在冷却过程中产生扭曲的作用。

对于球扁钢，在轧后空冷的过程中，除球头与腹板外，球头的顶部、心部、圆角和底部均存在冷速差。其中腹板的冷速最大，球头心部的冷速最小。球扁钢控制冷却常用的方式主要有风冷、分段多次水冷、在线热处理和水雾冷却四种。对于风冷方式，王福良、魏振洲等人设计了强风冷却工艺的冷却厂房，实现了球扁钢的均匀快速冷却过程，解决了超大规格型号球扁钢腹板因冷却不均和自重产生的变形和冷却波浪问题，同时避免了魏氏组织和贝氏体等损害性能的组织出现。对于水冷方式，南钢（南京钢铁股份有限公司）李建华等人提出对球扁钢采取轧前、轧后水冷的方式，有效降低了球头和腹板的温差。同时，采用分段多次冷却的方式也可以有效减小温度下降的幅度，减轻相变过程中的不同时性。

1.1.4 型钢的矫直

对于球扁钢，冷速的差异加剧了其内部残余应力分布的不均匀性，进而造成弯曲变形，同时也会增加断裂的可能性，因此轧后空冷的球扁钢需进行矫直处理。型钢的形状不规则，这意味着在不同的方向上具有不同的弯曲程度和厚度，这可以增加其抗弯和抗扭截面模量。这种较大的截面模量意味着材料在承受弯曲或扭转载荷时不易变形。矫直与弯曲是两个相反的工艺过程，具有相同的变形机理，因此型钢的矫直过程较为困难。

目前型钢的矫直过程采用辊式矫直机，辊数一般为 7 ~ 13 辊，随辊距减小而增加辊数。辊列布置有两种。一种形式是第一辊为下辊，当采用这种辊系布置时，如对大挠度单值曲率的轧件进行矫直，可用托辊托起其尾部，因原始弯曲方向与前三辊的反向曲率一致，因此便于咬入，同时也可保证对轧件进行“大变形”矫直。另一种形式是第一辊为上辊，西方国家设计的矫直机多属此类。当采用这种辊系布置时，机架多为悬臂结构，这时机器前面具有一对水平导辊，可以预先将反向的大弯压平，改善咬入条件。在相同辊数的条件下，比采用第一种辊系布置增加了一次反弯的机会。

1.2 型钢的组织及性能特征

型钢的钢质纯净，钢中 P、S、O、N、H 元素的含量低。其中，P 元素最大的危害是偏析严重，增加回火脆性，显著降低钢的塑性和韧性，属于钢中的有害杂质。由于 P 元素的偏析倾向很严重，当其含量很少时就会造成较大的危害。磷对于钢的低温韧性有着显著的恶化作用，还会形成带状组织从而使钢的力学性能出现不均匀性。通常情况下，型钢中的 P 元素含量控制很低。此外，S 在钢中偏析严重，是一种有害元素会恶化钢的质量。因此，在型钢中会严格控制 S 的含量，将 S 的危害尽可能降到最低。型钢中 O 含量降低将有利于减少钢中夹杂物的含量，从而有益于提高型钢的塑性与韧性。一般而言，型钢的显微组织较为均匀，且钢中的组织较为细小，这将保证型钢具备优良的力学性能。

型钢的断面形状复杂，不同位置处的截面具有不均匀性，不同位置处的微观组织和力学性能也存在差异。以典型型钢——H 型钢为例，展示其不同位置处显微组织和力学性能的差异性。图 1-4 是 H 型钢不同位置处在光学显微镜下的基体组织图，可以看出，不同位置处的显微组织类型均为铁素体和珠光体，但是显微组织类型占比、形貌、分布均有所差异。图 1-5 是 H 型钢不同位置处的工程应力-应变曲线，可以看出，不同位置处的拉伸力学性能存在明显的差异。

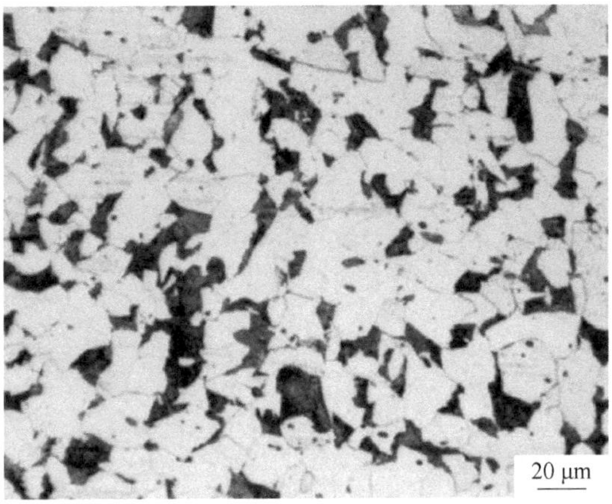

(a)

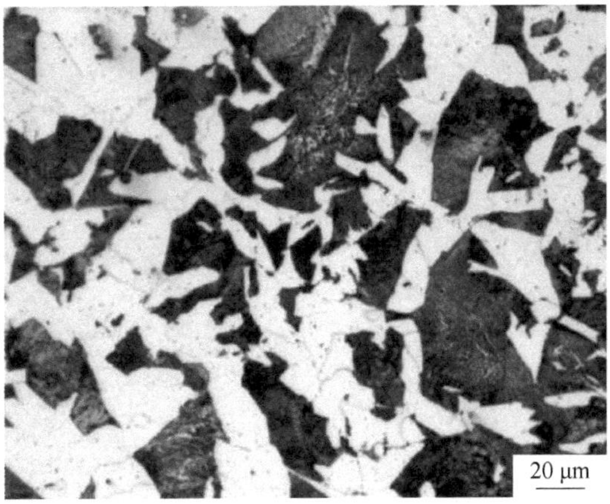

(b)

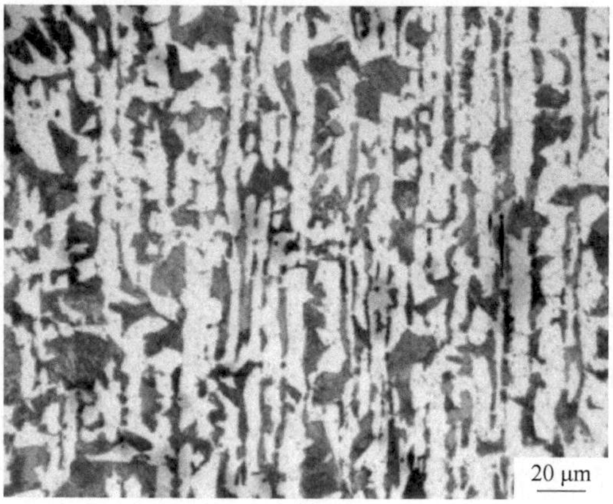

(c)

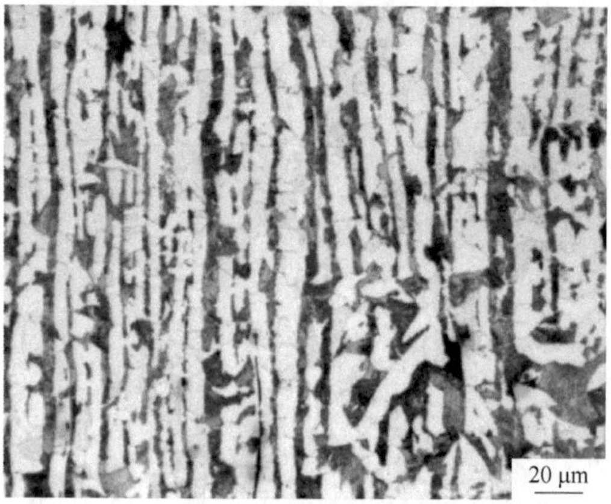

(d)

彩图

图 1-4　H 型钢不同位置处的显微组织

（a）翼缘；（b）R 角；（c）1/2 腹板；（d）1/4 腹板

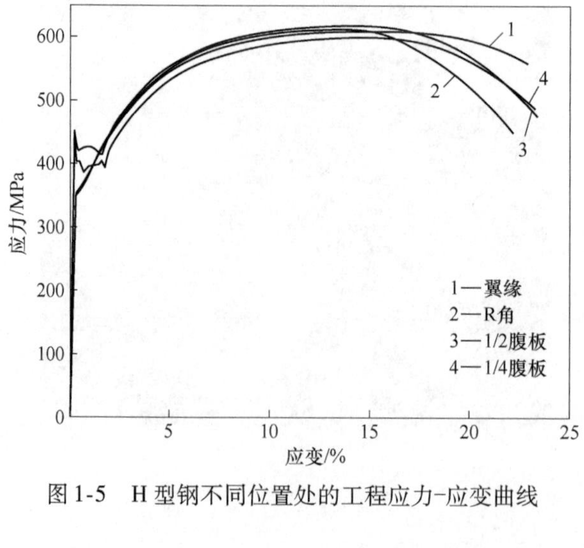

彩图

图 1-5　H 型钢不同位置处的工程应力-应变曲线

1.3 功能性型钢的类型及特征

高强度型钢作为钢材的四大品类（板、管、型、棒线）之一，是具有一定截面尺寸和形状的条形钢材。型钢具有悠久的生产历史，其种类和规格繁多，型钢常见的分类有以下 6 种。

（1）按照型钢的断面形状分类。可以将其分为简单断面型钢和复杂断面型钢。简单断面型钢的外形简单、形状均匀，如方钢、圆钢、扁钢和六角钢等。复杂断面型钢的横截面有明显的凹凸分枝，包括凸缘型钢、多台阶型钢、复合型钢和周期断面型钢等。

（2）按照型钢的生产方式分类。可以将其分为热轧型钢、冷弯型钢、焊接型钢、冷拔型钢、挤压型钢、锻压型钢和特殊轧制型钢等。其中，热轧型钢的生产规模大、能耗和生产成本低的优势，成为现如今型钢的主要生产方式。

（3）按照型钢的断面尺寸大小分类。可以根据规格分为大型型钢、中型型钢和小型型钢。此外，还有采取根据单重来进行分类，一般认为，单重大于 20 kg/m 的为大型型钢，单重为 5～20 kg/m 的为中型型钢，单重小于 5 kg/m 的为小型型钢。

（4）按照型钢的使用部门分类。可以将其分为汽车用型钢（轮胎挡圈和锁圈）、铁路用型钢（钢轨、车轮、道岔用轨）、造船用型钢（球扁钢、L 型钢、Z 字钢）、结构和建筑用型钢（H 型钢、工字钢、角钢、槽钢、吊车钢轨等）、矿山用钢（U 型钢、矿用工字钢）等。

（5）按照型钢的使用范围分类。可以将其分为专用型钢、通用型钢和精密型钢。

（6）按照功能性进行分类，分为高强度型钢、耐候型钢、耐低温型钢、耐热型钢等。根据型钢性能特点，可满足不同行业和领域的需求。高强度型钢具有优异的力学性能，广泛应用于桥梁建筑、机械制造等领域；耐候型钢具有良好的耐腐蚀性能，在恶劣环境下使用仍有较长的使用寿命，可用作户外环境的重要结构材料；耐低温型钢在极寒环境下能保持良好的性能，适用于寒冷地区的工程项目；耐热型钢则能在高温环境下稳定工作，广泛应用于锅炉、汽轮机等高温设备。这些功能性钢材的研发和应用，为我国钢铁行业的技术进步和产业升级提供了有力支撑。

1.3.1 高强度型钢

目前，日本新日铁君津大型厂和 JFE、德国的萨克公司代表了目前 H 型钢世界上高强度型钢生产技术的最高水平。日本新日铁君津大型厂于 1972 年 4 月建成投产，轧机布置采取全连续式，每月可以实际生产 8 万吨 H 型钢，产品型号主要为 100 mm×50 mm～512 mm×102 mm H 型钢。轧机特点是连续轧制、长尺冷却、长尺矫直、连续精整、自动控制仓库以及采用计算机控制的在线和离线系统。该轧机生产效率是普通轧机的 2～4 倍；所生产的产品尺寸精度高，生产成本低，是普通轧机的 70%。

日本 JFE 公司开发的 Super Hislend H 型钢系列产品，产品高度为 1000 mm，翼缘厚度 40 mm。NKK 公司开发的 SN490 级超厚热轧 H 型钢，采用 300 mm 厚连铸板坯，利用万能轧机可以生产规格为 400 mm×400 mm 和 500 mm×500 mm 的一系列产品，其翼缘厚度达到 80 mm。国内，马钢（马鞍山钢铁股份有限公司）大型 H 型钢生产线于 1998 年正式投入生产，标志着我国真正意义上实现了独自生产热轧 H 型钢。随着莱钢（山东钢铁股份有限公司莱芜分公司）及其他钢厂 H 型钢生产线陆续投入生产，国内热轧 H 型钢产能已经可以满足需求。

1.3.2　耐候型钢

钢结构具有构造轻、抗震性好、节能环保等优点。其中，H 型钢由于力学和结构的优点是目前主要采用的钢结构。与普通钢桥相比，耐候钢桥的钢板和制造费用高，但由于耐候钢桥运营过程中免涂装维护，从全寿命周期的费用来看，耐候钢桥显示出较好的经济效果，因此研究耐候钢的腐蚀规律有着非常重要的意义。

耐候钢中除了添加了一些耐腐蚀性的元素外，其成分组成与普通低合金钢几乎一样。耐候钢一般分为两类：一类是着重考虑耐大气腐蚀性能，主要为 P-Cu 元素系列，俗称高耐候钢，这种钢虽然耐候性较高，但由于 P 元素的存在，其焊接性较差；另一类钢在考虑耐候性的同时，还同时考虑钢的焊接性，控制 P 元素的质量分数，使其在 0.03% 以内，称为焊接结构用耐候钢，一般为 Cu-Cr-Ni-Mo 系列。

耐候钢与低碳钢一样，裸露在大气中时其表面均产生锈蚀，随着时间的延长，耐候钢的腐蚀速率变慢，而低碳钢的腐蚀速率逐渐增加，耐候钢表现为具有耐腐蚀性。其原因主要是低碳钢在腐蚀后其腐蚀产物无分层现象，整体上较为均匀，但其锈层外观疏松多孔，并且会有裂纹产生，这样的锈层对基体没有保护能力，表现为耐腐蚀性能差而耐候钢的锈层呈现出分层现象，在最初腐蚀阶段腐蚀产物呈黑褐色，随着腐蚀过程的进行，腐蚀产物表面逐渐转变为黄褐色且开始出现分层现象，其中靠近钢基体的称为内锈层，外侧锈层称为外锈层。其中耐候钢的外锈层与低碳钢类似，较为疏松，有空洞和裂纹的存在，对钢基体无任何保护作用。但耐候钢的内锈层致密且连续性好，可以保护基体免受进一步的腐蚀破坏。

1.3.3 耐低温型钢

钢的韧性是钢材的一个重要性能指标。一般来说，韧性是指断裂过程中消耗的能量的大小，其综合反映了材料的塑性和强度，是反映产品质量的一个重要指标。对于海洋平台而言，其服役环境温度较低，特别强调低温韧性，要求产品具有低的韧脆转变温度。所谓的韧脆转变温度，即当材料的服役温度低于某一温度，以α-Fe（铁素体）为主要基体的钢在断裂之前几乎不发生塑性变形，韧性突然大幅度降低，该温度称为韧脆转变温度。

由于海洋石油勘探开采和铁路桥梁用钢对低温冲击韧性的要求，许多国家都已开发出低温高韧性热轧 H 型钢，为在提高低温韧性的同时保持良好的焊接性能，采用了微合金化加以控轧控冷的措施。新日铁开发出在 -46 ℃时平均冲击功不小于 54 J、最小冲击功不小于 44 J 的低温高韧性热轧 H 型钢。

卢森堡的阿尔贝德在开发低温高冲击韧性钢方面也取得了较大的成功，开发出的低温高冲击韧性钢具有以下性能：(1) 屈服强度大于或等于 355 MPa；(2) 较高的低温（-60 ~ -20 ℃）冲击值，-40 ℃纵向冲击功为 70 J，横向冲击功为 40 J；(3) 良好的焊接性。该钢种的微合金化措施是加入了微量的 Nb，同时将 S 含量降至双零级。加入 Nb 元素的目的是提高未再结晶区轧制温度，以利于进行控制轧制，细化晶粒，提高低温冲击韧性。由于加入的 Nb 很少，因此对钢材的焊接性能影响不大，降低 S 含量是为了提高冲击韧性。

从 20 世纪 60 年代开始，美国、日本和欧洲各国就开始了海洋石油平台用钢的研究，并开发了自己的钢种。美国船检局（American Bureau of Shipping，ABS）、美国石油学会（American Petroleum Institute，API）对平台钢设计和制造都有相应的规范，采用的钢种有美国材料实验协会（American Society of Testing Materials，ASTM）的 A36/A36M、A57Z/A57ZM、A992 和 EH32、EH36。英国和卢森堡则按 BS4360 和 ASTM 标准组织生产，德国主要为 STE355，日本为 SM400B、SM490B、SM490YB 和 SS400 系列。当前各国的平台结构用钢在强度上大体分为软钢、中强度钢和高强度钢。为了能使平台结构经受住冰块等漂浮物的撞击作用，防止或延缓焊接缺陷和冷裂纹的扩展，要求海洋平台结构用钢有高的韧性，特别是低温冲击韧性。平台的焊接工作量很大，而且对大刚性、大厚度的平台构件，虽然焊前采取预热措施，其焊接裂纹和缺陷仍是难免的，所以补焊的工作量也很大，因此，要求钢材有良好的可焊性。要改善可焊性，主要是降低碳当量，因此各国标准对钢材的碳当量都做出了规定，一般中高强度钢 Ceq（将钢铁中各种合金元素折算成碳的质量分数）<0.4%~0.5%，现代一些平台结构用钢的碳当量相当低。

除此之外，对耐低温用钢，科学合理的微合金化同等重要。尤其是 Nb 和 V

元素，其沉淀强化作用可提高钢材的屈服强度，同时可降低钢材的脆性转变温度。马钢生产的型钢 Nb 元素质量分数为 0.026%~0.06%，已比较成功地应用于海洋石油平台，为马钢带来了丰厚的经济效益。同时，马钢和莱钢都开发了 Nb、V 微合金化热轧 H 型钢、BS55C 钢桩，主要出口到我国香港和东南亚市场。

1.3.4 耐热型钢

耐热型钢通过合金化（Mo、Nb 元素等）能够在高温下（350~600 ℃）1~3 h 内保持较高的强度水平，从而增加建筑物抵抗火灾的能力，提高建筑物的安全性，对比普通建筑用低合金结构钢和耐火钢的合金元素含量显然耐火钢要稍高一些。耐火钢不同于热强钢，它不需要长时间的高温强度，而是要求在 600 ℃温度下保持 1~3 h 后其强度不低于室温强度的 2/3，以保证结构的安全性；在工艺上，它必须具有良好的焊接性能。

研究表明，通过使 Mo 元素在针状铁素体组织中高温析出，可显著提高钢的高温强度。V、Ti 元素的作用与 Nb 元素相同，可提高钢的高温强度。Nb-V-Ti 微合金化元素与少量耐热性高的 Cr、Mo 合金元素的复合使用，可达到最佳的高温强化效果，日本研究者通过在低碳［$w(C)=0.10\%$］钢中添加微量的 Cr、Mo、Nb 等合金元素开发出了耐火温度为 600 ℃的建筑用耐火钢，该钢在 600 ℃的高温屈服强度保持在室温值的 2/3 以上。近年来，耐火钢在国内有较快的发展，宝武（宝钢、武钢、马钢）等正在进行［$w(C)=0.10\%$］、Mo、Nb 微合金化耐火钢的开发。

1.4 型钢的合金系统成分及作用

合金元素在型钢中有着十分重要的作用，对型钢的物理性质、力学性能、使用性能及加工性能等有重要的影响。

（1）碳。碳是钢铁材料的主要合金元素，因此钢铁材料也可以称为铁碳合金。碳在钢材中的主要作用是：形成固溶体组织，提高钢的强度，如铁素体、奥氏体组织，都溶解有碳元素；形成碳化物组织，可提高钢的硬度及耐磨性。因此，碳在钢材中，含碳量越高，钢的强度、硬度就越高，但塑性、韧性也会随之降低；反之，含碳量越低，钢的塑性、韧性越高，其强度、硬度也会随之降低。

（2）硅。硅以固溶体形态存在于铁素体或奥氏体中，能够缩小奥氏体相区。硅可以与铁形成化合物，增加钢材的硬度和强度，使得钢材具有更好的耐磨性和抗拉强度。但硅的质量分数超过 3% 时，将显著降低钢的塑性和韧性。硅可以显著提高钢的弹性极限、屈服强度和屈强比，并提高疲劳强度。硅是良好的脱氧剂，用铝脱氧时酌情加一定量的硅，能显著提高铝的脱氧性。含硅的钢在氧化气氛中加热时，表面将形成一层 SiO_2 薄膜，从而提高钢在高温时的抗氧化性。硅可以改善钢材的磁性能，使得钢材具有更好的磁导率和磁饱和度。硅会降低钢的密度、热导率、电导率和电阻温度系数。硅能促使铸钢中的柱状晶成长，降低塑性。硅能降低钢的焊接性能，因为在焊接时容易生成低熔点的硅酸盐，增加熔渣和融化金属的流动性，引起喷溅现象，影响焊接质量。

（3）锰。锰具有资源丰富、效能多样的特点，已用质量分数不超过2%的锰与其他元素配合制备多种合金钢，获得了广泛的应用。锰是良好的脱氧剂和脱硫剂。钢中一般都含有一定量的锰，它能消除或减弱由于硫引起的钢的热脆性，从而改善钢的热加工性能。锰和铁形成的固溶体，提高钢中铁素体和奥氏体的硬度和强度；同时又是碳化物形成的元素，进入渗碳体中取代一部分铁原子，锰在钢中由于降低临界转变温度，起到细化珠光体的作用，也间接地起到提高珠光体钢强度的作用。锰稳定奥氏体组织的能力仅次于镍，也强烈增加钢的淬透性。锰与硫形成熔点较高的 MnS，可防止因 FeS 而导致的热脆现象。锰有增加钢晶粒粗化的倾向和回火脆性敏感性，若冶炼浇注和锻轧后冷却不当，容易使钢产生白点。

（4）磷。磷作为合金元素加入钢中，能提高其强度和耐大气腐蚀性能，但降低其冷加工性能。磷在钢中全部溶于铁素体中，虽然有较强的固溶强化作用，但它会剧烈降低钢的塑性和韧性，特别是低温韧性，使钢在低温下变脆，这种现象称为冷脆。若在炼钢时加入少量稀土、钛等元素，可以抑制磷的冷脆作用。磷降低了钢的焊接性能。钢中磷的质量分数应严加控制，其质量分数一般不大于0.03%~0.04%。

（5）硫。硫不溶于铁，而与铁形成熔点为1190 ℃的 FeS，FeS 与 γ-Fe 形成低熔点（980 ℃）的共晶体，分布在奥氏体晶界上。当钢材在1000~1200 ℃锻造或轧制时，共晶体会熔化，使钢材变脆，沿奥氏体晶界开裂，这种现象也叫热脆。适当增加 Mn 的含量，可与 S 优先形成高熔点的 MnS（1620 ℃），避免热脆。但 MnS 是钢中的夹杂物，在锻造或轧制时变形成条状，沿受力方向分布形成流线，使钢材横向塑性、韧性显著低于纵向。若钢中含硫量偏高，焊接时由于 SO_2 的产生，将在焊接金属内形成气孔和疏松，降低焊接性能。钢中硫的含量也应严格控制，质量分数一般控制为0.020%~0.050%。

（6）氧。氧是钢中的有害元素，尽管炼钢过程中会加入脱氧剂进行脱氧，但无法除尽。钢水凝固时，氧与碳反应生成 CO，造成气泡。此外，氧在钢中主要以 FeO、MnO、SiO_2、Al_2O_3 等杂质形式存在，使钢的强度、塑性降低，尤其对钢的疲劳强度、冲击韧性等有严重影响。

（7）氮。氮能部分溶于铁中，有固溶强化和提高淬透性的作用，但不显著。由于氮化物在晶界上析出，能提高晶界高温强度，增加钢的蠕变强度。氮与钢中其他元素化合，有析出强化作用。在钢的表面渗氮后，不仅增加其硬度和耐磨性，也显著改善抗腐蚀性。在低碳钢中残留氮会导致时效脆性。

（8）氢。氢是钢中的有害元素。氢的有害作用表现在两个方面：一是溶入钢中的氢，使钢的塑性和韧性降低，引起所谓“氢脆”，钢中微量的氢（0.5 ~ 3 mL/100 g）即可引起氢脆；二是当氢气从钢中析出（由原子态的氢变为分子态的氢）时，在钢体内部造成裂纹性质的缺陷，即白点/发纹。此外，氢对钢材的焊接性能不利，在焊缝处易产生裂纹。

（9）铬。当铬质量分数超过 12% 时，使钢有良好的高温抗氧化性和耐氧化性腐蚀的作用，还增加钢的热强性。铬能提高碳素钢轧制状态的强度和硬度，降低伸长率和断面收缩率。当铬质量分数超过 15% 时，钢的强度和硬度将下降，伸长率和断面收缩率则相应地有所提高。铬在调质钢中的主要作用是提高淬透性，使钢经淬火回火后具有较好的综合力学性能，在渗碳钢中还可以形成含铬的碳化物，从而提高材料表面的耐磨性。

（10）钼。钼在钢中能提高淬透性和热强性，防止回火脆性，增加剩磁和矫顽力以及在某些介质中的抗蚀性。

（11）铌。铌在钢中可溶入固溶体，起固溶强化作用。溶入奥氏体时显著提高钢的淬透性。在高温下固溶在钢中的铌与奥氏体中的位错相互作用，阻止奥氏体晶粒发生再结晶，提高奥氏体再结晶温度。铌会沉淀析出形成碳化物、氮化物或碳氮化物。这种化合物细小、弥散，在轧制过程中 900 ℃以下析出时与固溶态的铌一起抑制再结晶和阻碍晶粒长大，在低温时弥散析出起到析出强化的作用。微量的铌元素可以在不影响钢的塑性或韧性的情况下提高钢的强度。由于有细化晶粒的作用，能提高钢的冲击韧性并降低其脆性转变温度。当含量大于碳的 8 倍时，几乎可以固定钢中所有的碳，使钢具有良好的抗氢性能。

（12）钒。钒可与碳、氮形成稳定的碳、氮或碳氮化物，强化钢材的晶界和晶间，提高钢材的硬度和强度，起到析出强化效果。钒可以作为晶粒细化剂，减小晶粒尺寸，提高合金的塑性和韧性。钒能够改善钢材的热处理性能，例如，提高淬火硬化能力，使合金具有更好的力学性能和耐磨性能。钒也能够增加合金的耐腐蚀性能，减少晶界的腐蚀敏感性和应力腐蚀倾向。

（13）钛。钛可以作为脱氧剂和除气剂，协助去除钢水中不需要的气体和杂质，如硫，并改善钢的力学性能。钛作为强铁素体形成元素之一，可以增强钢的淬透性，尤其是在固溶状态下。钛能够提高钢的加工塑性，减少加工过程中的变形和开裂风险。钛有助于防止钢的氧化和腐蚀，同时也有助于减缓金属间的磨损。钛与氮、氧、碳有很强的亲和力，可以作为一种有效的脱氧剂和固定氮、碳的有效元素。此外，钛还能与碳形成稳定的化合物（如 TiC），从而抑制钢晶粒的长大。TiC 结合力强，稳定不易分解，在钢中只有加热到 1000 ℃以上才能缓慢地溶入固溶体中。在未溶入之前，TiC 粒子起到阻碍晶粒长大的作用。钛可以提高钢在高温、高压下的稳定性。在特定条件下，如铬质量分数为4%~6%的钢中加入钛，能提高钢在高温时的抗氧化性。

（14）镍。镍在钢中总的效果是提高强度，对塑性的影响不显著。镍能够降低钢的临界冷却速度，提高钢的淬透性。镍可以提高钢对疲劳的抗力和减小钢对缺口的敏感性。镍降低了钢的低温脆性转变温度，改善钢的低温韧性，这对低温用钢有极为重要的意义。镍加入钢中不仅能耐酸，而且也能抗碱，对大气及盐都有抗蚀能力。此外，镍也能够减少氢脆效应。

（15）铜。铜在钢中的突出作用是改善普通低合金钢的抗大气腐蚀性能，特别是和磷配合使用时，加入铜还能提高钢的强度和屈服比，而对焊接性能没有不利的影响。含铜0.20%~0.50%的钢轨，除耐磨外其耐腐蚀寿命为一般碳素钢轨的2~5倍。铜质量分数超过0.75%时，经固溶处理和时效后，可产生时效强化作用。含量低时，其作用与镍相似，但较弱。含量较高时，对热变形加工不利，在热变形加工时导致铜脆现象。

（16）硼。硼在钢中的主要作用是增加钢的淬透性，从而节约其他较稀贵的金属，如镍、铬、钼等。为了这一目的，其质量分数一般规定为0.001%~0.005%。它可以代替1.6%的镍、0.3%的铬或0.2%的钼，以硼代钼应注意，因钼能防止或降低回火脆性，而硼却略有促进回火脆性的倾向，所以不能用硼将钼完全代替。

1.5 强化机制

钢的强化机制有很多种，但微合金钢中主要的强化机制为固溶强化、位错强化、细晶强化和析出强化。各个强化机制间相互影响，相互作用，了解不同强化机制对材料强度的贡献对材料性能的进一步提升有着重要意义。根据大量关于强化机制的研究结果，简单地将各强化机制的贡献值相加得到的强度数值将显著地高于实际值，而通过将两种强化机制的贡献值采用均方根叠加的方式计算则可以使计算值与实际值的误差大幅减小。本书中采用位错强化和析出强化均方根叠加的方式进行计算，理论屈服强度可用经验公式（1-1）表示。

$$\sigma_{\text{yield}} = \sigma_o + \sigma_s + \sigma_g + \sqrt{\sigma_d^2 + \sigma_p^2} \tag{1-1}$$

式中 σ_{yield}——理论屈服强度，MPa；

σ_o——纯铁的点阵摩擦应力，取53.9 MPa；

σ_s——固溶强化增量，MPa；

σ_g——细晶强化增量，MPa；

σ_d——位错强化增量，MPa；

σ_p——析出强化增量，MPa。

1.5.1　细晶强化

细晶强化是微合金钢中需特别关注的一种强化机制。微合金元素均为强碳化物形成元素，其细小的碳氮化物可有效抑制奥氏体晶粒、铁素体晶粒长大，比如，高温下形成的弥散的 TiN。微合金高强钢中细晶强化可以用 Hall-Petch 关系式（1-2）予以描述：

$$\sigma_g = k_y \times d^{-1/2} \tag{1-2}$$

式中　σ_g——细晶强化增量，MPa；

k_y——比例系数，N · mm$^{-3/2}$；

d——有效晶粒直径，mm。

图 1-6 给出了微合金钢屈服强度与有效晶粒尺寸的关系图，可以发现屈服强度与 $d^{-1/2}$ 呈一定的线性关系。值得注意的是，细晶强化当晶粒细化至 2 ~ 3 μm 后其强化效果很难进一步提高。

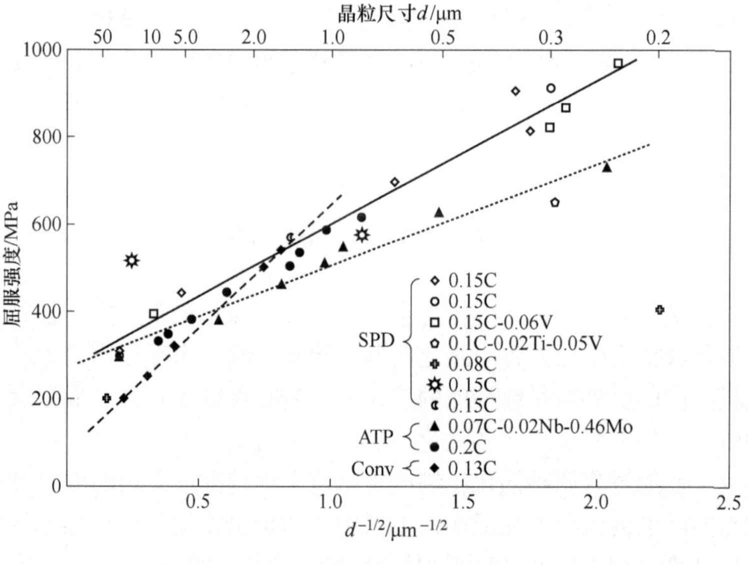

图 1-6　微合金屈服强度与晶粒尺寸的关系

1.5.2　固溶强化

微合金钢中的固溶强化主要依靠 C、Si、Mn 等元素，当微合金元素以固溶态存在于钢的基体中，则无法有效发挥其作用。需要指出的是，在微合金钢中，N 元素对于固溶强化有着一定的贡献。间隙式与置换式是固溶强化的两种主要机制。相比于细晶强化，固溶强化提高强度的效率比较低，在一般的微合金钢中，间隙固溶 C、N 含量的变化范围很小，完全可以相当准确地采用近似的直线关系式，这样所有固溶元素的强化效果可统一由式（1-3）表述：

$$\sigma_s = \sum k_m [M_i]^{m_i} \tag{1-3}$$

式中 σ_s——固溶强化增量，MPa；

M_i——固溶体中溶质元素的质量分数,%；

M，k，m——常数，与基体及溶质元素性质有关。

1.5.3 析出强化

析出强化是微合金钢中主要的强化机制，最初人们对于微合金元素的认识就是期望依靠其析出强化而弥补碳含量降低带来的强化损失，同时提高材料的焊接性。析出强化是除细晶强化以外脆性矢量最小的强化方式，相比于其他强化方式，其对材料塑性的损害最小，然而传统高强度钢中析出强化增量一般在 200 MPa 以下，有的甚至仅有十几兆帕，并没有得到足够的重视。微合金钢中可以经济有效地提高强度而较小的影响延展性和可成型性，增大析出强化增量不仅对材料的强屈比影响较小，同时有助于提高材料的均匀塑性，改善材料的加工性能。

依据 Ashby-Orowan 第二相强化模型，常用绕过机制和切过机制（见图 1-7）解释析出强化。当位错以切过机制通过第二相粒子时，其强化增量 σ_{PC} 与第二相颗粒的体积分数 f 和颗粒尺寸 d 存在下述关系，见式（1-4）：

$$\sigma_{PC} \propto f^{\frac{1}{2}} d^{\frac{1}{2}} \tag{1-4}$$

当位错以绕过机制通过第二相时，其强化增量 σ_{PO} 与第二相的体积分数 f 和颗粒尺寸 d 大致的关系见式（1-5）：

$$\sigma_{PO} \propto f^{\frac{1}{2}} d^{-1} \ln d \tag{1-5}$$

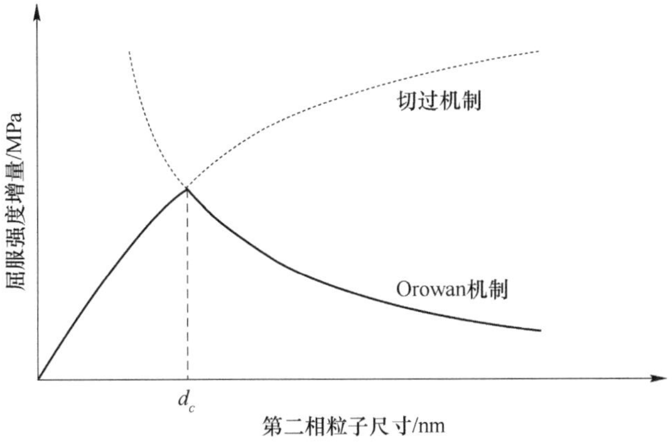

图 1-7 位错越过第二相粒子的机制

1.5.4　位错强化

对于低合金高强钢而言，位错强化是重要的强化机制之一。低合金高强度钢的淬火态组织为不同位向的板条束马氏体组织，马氏体相变会引起体积变化，引起马氏体板条内部产生大量位错并相互作用缠结在一起，因而拥有很高的强度。对于位错强化对强度的贡献，常通过式（1-6）确定：

$$\sigma_{dis} = M\alpha\mu b\,\rho^{\frac{1}{2}} \tag{1-6}$$

式中　σ_{dis}——位错强化增量，MPa；

M——取向因子；

α——比例系数；

μ——切变弹性模量，MPa；

b——柏氏矢量，m；

ρ——位错密度，m^{-2}。

1.5.5　相变强化

对于微合金钢而言，通过不同的热处理工艺、控轧控冷工艺改变微合金元素析出行为进而导致相变点的改变，可获得不同强度级别的钢材。相变强化带来的贡献常常可以用细晶强化、位错强化等来解释，比如，提高轧后冷却速度得到细小的铁素体产生的强化效果可以通过细晶强化进行计算，故在上述经验公式（1-1）中并未对其单独列出。

参 考 文 献

[1] 康永林. 轧制工程学 [M]. 2 版. 北京：冶金工业出版社，2014.

[2] Guo F, Zhao X M, Wang L N, et al. Effect of controlled cooling on microstructure and mechanical properties of H-Beam [J]. 钢铁研究学报（英文版），2013，20：60-65.

[3] 倪帅. H 型钢超快速冷却技术的研究 [D]. 沈阳：东北大学，2009.

[4] 贾超. 热轧工字钢在不同冷却条件下力学性能的研究 [D]. 鞍山：辽宁科技大学，2016.

[5] 张增磊. 球扁钢轧后冷却弯曲变形理论分析 [J]. 特钢技术，2013，19（4）：10-12，26.

[6] 王福良，魏振洲，薛跃华，等. 一种高强度球扁钢的生产工艺 [P]. 山东省：CN201711047709.7，2019-05-03.

[7] 李建华，樊泽兴，赵远峰. 球扁钢、L 型钢长尺生产技术浅析 [J]. 物理测试，2012，30（4）：19-21.

[8] 高燕. H 型钢辊式矫直中断面畸变的研究 [D]. 北京：北京科技大学，2006.

[9] 赵健. 桥梁用 Q500qNHE 耐候 H 型钢轧制工艺及腐蚀性能研究 [D]. 沈阳：东北大学，2020.

[10] Hao X C, Li X G, Xiao K, et al. Corrsion behaviors at the initial stage of Q235 steel in Xisha atmosphere [J]. Journal of Chinese Society for Corrosion and Protection, 2009, 29（6）：465-470.

[11] 张全成，吴建生，陈家光，等. 暴露 1 年的耐大气腐蚀用钢表面锈层分析 [J]. 中国腐蚀与防护学报，2001，（5）：42-45.

[12] 刘国超，董俊华，韩恩厚，等. 耐候钢锈层研究进展 [J]. 腐蚀科学与防护技术，2006，（4）：268-272.

[13] Yamashita M, Miyuki H, Matsuda Y, et al. The long term growth of the protective rust layer formed on weathering steel by atmospheric corrosion during a quarter of a century [J]. Cheminform, 1994, 25（19）：283-99.

[14] Lin C, Liu X G, Liu X D. The initial stage of atmospheric corrosion of carbon and weathering steel in Beijing city atmosphere [J]. Journal of Chinese Society For Corrosion and Protection, 2005,（4）：193-199.

[15] 顾建国. 海洋石油平台用 H 型钢的开发研究 [J]. 钢铁，2001（2）：29-33.

[16] 朱敏. 铌微合金热轧 H 型钢研制 [D]. 武汉：武汉科技大学，2011.

[17] 秦家梅. 钢的微合金化及 H 型钢的控制轧制 [J]. 马钢科研，2001（4）：25-32.

[18] 王萍. 高耐热强度低合金耐火 H 型钢的研究 [J]. 特殊钢，2003（2）：19-20.

[19] Chen J, Lv M Y, Tang S, et al. Influence of cooling paths on microstructural characteristics and precipitation behaviors in a low carbon V-Ti microalloyed steel [J]. Materials Science & Engineering A, 2014, 594（Jan. 31）：389-393.

[20] 魏占山. 微合金钢沉淀强化机理的分析 [D]. 沈阳：沈阳航空航天大学，2019.

[21] Student W Y, Shan Y Y, Yang K. Effect of TiN inclusions on the impact toughness of low-carbon microalloyed steels [J]. Metallurgical & Materials Transactions A, 2006, 37（7）：2147-2158.

[22] Petch N J. The cleavage strengh of polycrystals [J]. J of the Iron & Steel Inst, 1953, 174: 25-28.

[23] Seok M Y, Choi I C, Moon J, et al. Estimation of the Hall-Petch strengthening coefficient of steels through nanoindentation [J]. Scripta Materialia, 2014, 87: 49-52.

[24] Song R, Ponge D, Raabe D, et al. Overview of processing, microstructure and mechanical properties of ultrafine grained bcc steels [J]. Materials Science and Engineering A, 2006, 441 (1/2): 1-17.

[25] Sun C, Fu P X, Ma X P, et al. Effect of matrix carbon content and lath martensite microstructures on the tempered precipitates and impact toughness of a medium-carbon low-alloy steel [J]. Journal of Materials Research and Technology, 2020, 9 (4): 7701-7710.

[26] Kamikawa N, Sato K, Miyamoto G, et al. Stress-strain behavior of ferrite and bainite with nano-precipitation in low carbon steels [J]. Acta Materialia, 2015, 83: 383-396.

2　融合驱动在功能性型钢开发中的应用

回望过去，人类对自然的认知过程从最初的直观观察，逐步演化至理论的深度推导，再到计算技术的仿真模拟，如今正昂首阔步迈入以“人工智能分析密集型数据”为特征的“第四研究范式”。

起初，人类依赖直观经验，即第一研究范式，通过肉眼来观察和了解世界。到了 17 世纪，随着光学显微镜的进步，人类视野扩展至微观领域，18 世纪时显微镜的放大能力已能达到 1000 倍。随后，人类进入了第二研究范式，即基于模型的科学，通过从现象中提炼规律，并用数学方程来描述这些普遍规律，进而推导出新的结论，如热力学定律、牛顿力学、麦克斯韦方程和相对论等。

进入 20 世纪，科学的舞台迎来了新的明星——X 射线衍射技术，它如同揭开物质秘密的神秘钥匙，开启了现代晶体学的大门。1941 年，美国材料实验协会发布了包含 1300 种物质衍射数据的卡片，奠定了材料分析数据库的基础。随着电子计算机的出现及其计算能力的爆发式提升，科学探索进入了第三研究范式——模拟仿真技术，诸如第一性原理计算、分子动力学和有限元分析等计算技术，极大地深化了人们对自然的理解。

随着第四研究范式的兴起，材料开发的过程变得智能化和高效化。集成计算、机器学习、大数据分析、人工智能（合称融合驱动）的应用，将大大缩减由传统实验试错法为主的材料开发周期，在这个数据科学和人工智能技术迅猛发展的时代，第四研究范式正推动材料科学研究进入高度精准和效率化的时代。

2.1　集成计算材料工程简介

近年来，材料基因组工程计划开始在世界范围内兴起，Allison 等人于 2006 年首次提出“集成计算材料工程”（Integrated Computational Materials Engineering，ICME）这一概念，其后这一概念成为金属材料领域的热点。2008 年，美国国家研究理事会发表“集成计算材料工程”的报告，2011 年 6 月又提出“材料基因组计划”（Materials Genome Initiative，MGI），同年 12 月，中国召开了“材料科学系统工程”为主题的香山会议，旨在开发集成计算工具、实验工具和数据库来加速材料的设计与应用，成为当前先进材料研发的新方向。集成计算材料工程是材料基因组计划的关键要素，不同于以“试错法”为基础的材料的传统研发模式，材料计算、模拟是实现“材料按需设计”的基础，以第一性原理、相图计算（Calculation of Phase Diagram，CALPHAD）、有限元分析等为理论基础，采用合适的材料计算软件平台进行原子、微观、介观和宏观尺度分析计算，完成材料设计、工艺优化、环境响应测试，从而快速建立起成分、工艺、组织、结构、性能之间的定量关系，以材料集成计算理论为基础的材料研发模式为实现新型材料的更新换代提供了可靠的设计依据和研发途径。美国 QuesTek 创新公司开展“加速材料应用”（Accelerated Insertion of Materials，AIM）在 Ferrium S53 高强耐蚀飞机起落架用齿轮钢的研发，通过计算材料工程建立起材料设计方案并得到成功应用。在材料纳米技术应用方面，(Ti,Mo)C 纳米尺度第二相粒子对于材料强度的提升效果可以达到 450~780 MPa，通过第一性原理计算分析发现 Mo 元素并不参与形成第二相粒子，而是起到增加析出相粒子与基体的结合强度的作用，计算还发现 W 元素具有类似的效果。相图计算分析还发现了贝氏体中存在过饱和碳原子的原因不是基体组织中缺陷部位对碳原子的吸引，而是体心立方结构铁素体晶格向正方结构的转变提高了碳固溶度。因此，充分挖掘、利用材料数据库信息，通过材料计算理论开发新型材料，是今后高性能钢铁材料发展和研究的重要方向。

2.1.1 型钢设计中的热/动力学计算简介

随着材料热力学和动力学计算模型的发展，人们越来越注重以材料热力学和动力学为指导，来研究型钢制备过程存在的科学与工程问题。运用多组、多相复杂体系热力学及动力学研究方法进行材料学研究可以减少或避免许多实验工作的盲目性，优化解决存在问题的途径，显著地减少材料研究开发的人力和物力。

对于新设计的型钢合金系统，了解其相组成、相变温度参数、合金元素在各相中的分布等信息是非常重要的，这可以帮助人们制定合理的加工工艺制度与工艺参数。合理的成分设计，是决定材料性能的基础和关键，对钢种的开发有着至关重要的作用。型钢设计中的热/动力学计算主要利用 Thermo-Calc 和 JMatPro 等软件进行预测。

2.1.1.1 基于 JMatPro 合金系统分析简介

JMatPro 提供稳态与亚稳态相平衡、凝固性能、热物理及物理性能、力学性能等多维度计算，为材料设计、工艺优化及性能预测提供了有力支持。

以聚峰压延科技有限公司项目（中信金属资助）球扁钢设计为例，通过机器学习预测并确定了目标合金成分，见表 2-1，由于所设计的成分存在 Nb、Ti 等元素，需要进一步考虑第二相析出的作用，合金元素 Nb 能够在高温奥氏体、热轧变形过程中产生溶质拖曳及析出强化作用，因而可以产生有效的晶粒细化与析出强化效果。

表 2-1　球扁钢成分设计方案

元　素	C	Si	Mn	P	S	Cr	Al	Nb	Ti
含量（质量分数）/%	0.16	0.32	1.500	≤0.015	≤0.005	0.036	0.027	0.014	0.004～0.006

采用 JMatPro 对相变及析出进行计算，结果如图 2-1 和图 2-2 所示，随着温度的降低，823 ℃时奥氏体开始转变为铁素体，683 ℃时转变完成。在 695 ℃时，发生共析转变，析出渗碳体，从而形成珠光体。随着温度的下降，第二相逐渐析

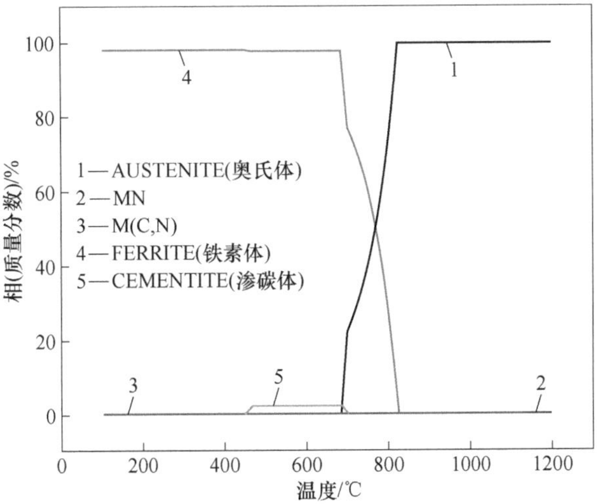

彩图

图 2-1　随温度降低相转变

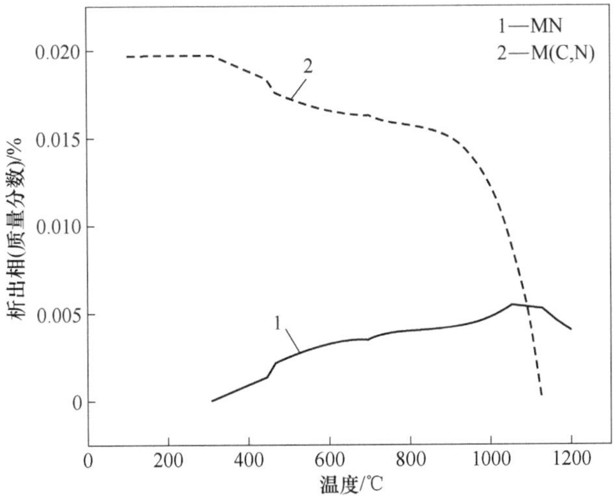

彩图

图 2-2　析出相转变

出，析出顺序为 MN、M(C,N)。当有 M(C,N) 析出时，MN 相逐渐转换成 M(C,N)，因此 MN 析出相总含量逐渐降低。

针对实际生产的球扁钢，进行热力学析出计算，其在平衡状态下，MN、M(C,N) 中的析出元素如图 2-3 和图 2-4 所示，均为 Nb、Ti 的第二相析出，由于最终主要以 M(C,N) 进行析出，其中 Nb(C,N) 占比远高于 Ti(C,N) 的析出。因此，基于机器学习所设计的球扁钢成分，依据理论计算，其组织为铁素体 + 珠光体，存在 M(C,N) 第二相析出，成分设计相对较为合理。

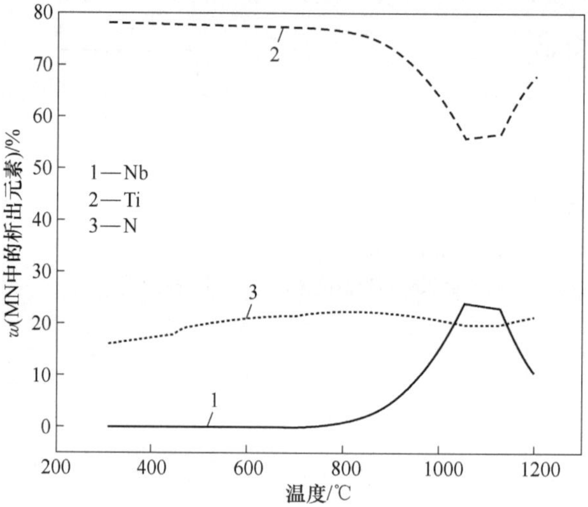

彩图

图 2-3　MN 中的析出元素

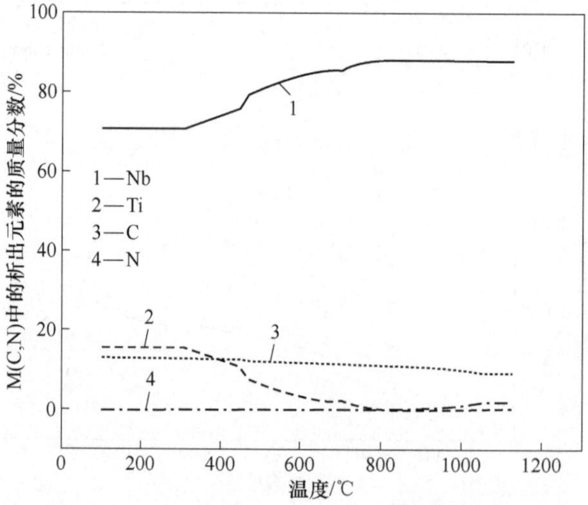

彩图

图 2-4　M(C,N) 中的析出元素

2.1.1.2 基于 Thermo-Calc 软件对合金系统分析

随着计算机科学技术的发展，其在材料研发领域的作用逐渐彰显出来。Thermo-Calc 是一款用于计算材料多元相图、相组成等热力学信息的计算软件。该软件自开发投入使用以来，被广泛应用于材料的研发与设计，可准确预测实验结果，为实际生产提供理论指导。

本书所研究的 7V 以及 5V2Ti 钢属于复杂的多元铁基合金，为了了解不同合金系统的相种类、相组成、析出相的种类及元素含量等，本节利用 Thermo-Calc 软件对所设计的合金系统进行计算，主要绘制了 400 ~ 1600 ℃范围内的合金系统性质图，其中包括部分相平衡图、各相中的 V(Ti) 组元含量图、析出相的原子占比图等。需要注意的是，S、Al 等微量元素并未代入计算。

图 2-5 展示了 7V 微合金钢中相关的合金性质图。7V 微合金钢中部分相平衡图如图 2-5(a) 所示。计算得出该合金系统奥氏体向珠光体转变的温度 $A_{r_1}=683$ ℃，

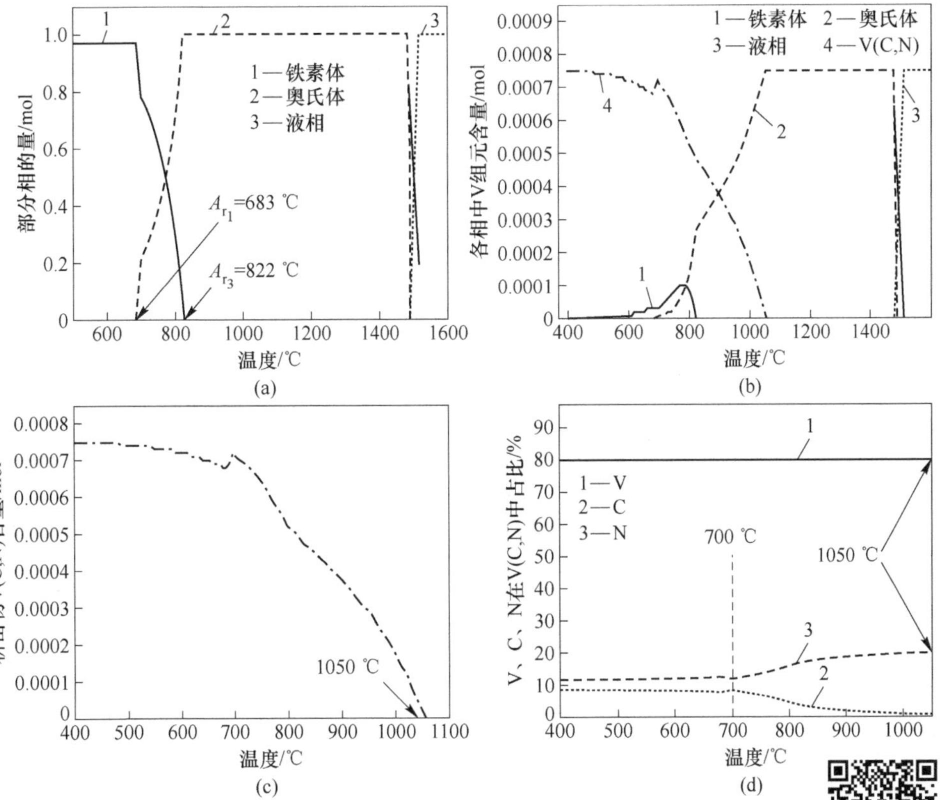

图 2-5 7 V 合金系统性质图

(a) 奥氏体、铁素体和液相含量随温度的变化；(b) 各相中 V 组元含量随温度的变化；(c) 析出物 V(C,N) 含量随温度变化；(d) V(C,N) 相不同温度下的元素组成

彩图

铁素体转变的开始温度 $A_{r_3}=822$ ℃。图 2-5(b) 中给出了各相中 V 元素的含量，可以发现在 1050 ~ 1485 ℃ 内，V 几乎全部固溶在奥氏体中。当温度降低到 1050 ℃ 时，V 开始逐渐在奥氏体中析出，这与上面计算得到的 V(C,N) 全固溶温度 $T_s=1011$ ℃结果基本吻合。铁素体中的 V 含量在 780 ℃时达到最高，随后因 V(C,N) 相的析出逐渐降低。为了进一步了解析出相的演变过程，绘制了不同温度下析出相的含量及其元素组成图，如图 2-5(c)(d) 所示，发现 V 最初主要是以 VN 的形式析出，随着温度的降低，析出相中溶质碳的增加而逐渐形成碳氮化物，当温度降到 700 ℃时，析出相的原子占比近乎稳定，析出相最后的化学计量式近似为 $VC_{0.5}N_{0.5}$。V(C,N) 相的析出量在 400 ℃左右达到最大且稳定，为 7.4×10^{-4} mol。

图 2-6 展示了 5V2Ti 微合金钢中相关的合金性质图。从 5V2Ti 微合金钢中部分相平衡图［见图 2-6(a)］可知 $A_{r_1}=683$ ℃，$A_{r_3}=823$ ℃，该温度与 7V 合金系统基本一致，说明仅从热力学方面考虑，0.07% 的 w(V) 与 0.05% 的 w(V) 和 0.02% 的 w(Ti) 对于相变温度影响效果相当。图 2-6(b) 与 (c) 分别给出了微合金元素 V、Ti 在各相中的含量，可以发现在 1485 ℃时，少量的 Ti 在钢液中便存在于 MN 相中，说明部分 Ti 发生了液析，这类析出相尺寸普遍较大，有的甚至达到微米级，恶化钢的综合性能。随着温度的降低，Ti 主要集中于 MN 相中，且其很快达到平衡状态，说明 MN 相析出速率很大。微合金元素 V 在各相中的分布与 7V 合金系统中类似，在 900 ~ 1480 ℃时，V 几乎全部固溶在奥氏体中，当温度低于 900 ℃时，V 开始以 M(C,N) 相析出。需要注意的是，在高温下，有微量的 V 在 MN 相中析出，说明 Ti 的加入降低了 V 在奥氏体中的溶解度，促进了其析出。

图 2-6(d) 显示 M(C,N) 相的析出温度为 900 ℃，MN 相的析出温度为 1485 ℃，MN 与 M(C,N) 的相组成图［见图 2-6(e)(f)］解释了该析出相中的主要元素及其占比。MN 相在 1485 ℃刚开始析出时主要由 Ti、N 组成，几乎不含有 C、V 元素，这与 TiN 较低的固溶度有着必然联系。随着温度的降低，高温下形成的稳定的 TiN，可以作为 V 析出的形核点，因此 Ti 含量减少，V 含量增加。当温度达到 779 ℃，V 的占位达到极值，随后 V 含量逐渐降低，主要是 V 开始单独析出。MN 相中的 C 含量始终几乎为零，主要是 Ti 全部与 N 结合，有效 Ti 含量为零，这与前面分析结果一致。析出原子达到稳定后，其化学计量式为 $(Ti_{0.85}V_{0.01})N$。对于 M(C,N) 相而言，刚开始析出相以 V、C 元素为主，而 N 含量较低，主要因为 N 先与 Ti 反应，当 Ti 全部析出时，钢中的 N 含量很低，故以 VC 形式先析出，而且各个元素的变化都很稳定，析出的化学计量式为 $VC_{0.83}N_{0.13}$，析出相的最大摩尔数为 5×10^{-4} mol。

5V2Ti 微合金钢的 Thermo-Calc 分析计算获得的 TiN、V(C,N) 析出温度分别

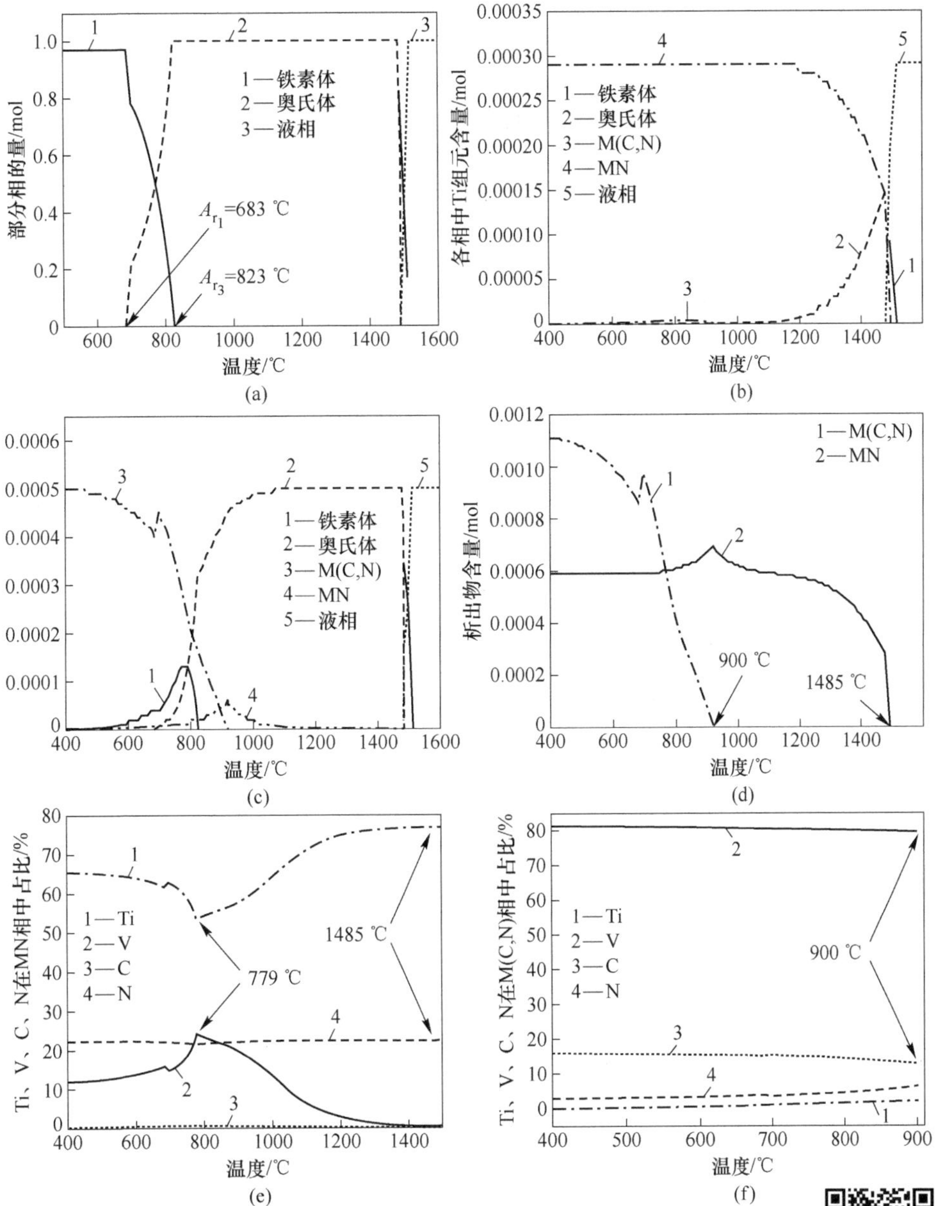

图 2-6 5V2Ti 合金系统性质图

(a) 奥氏体、铁素体和液相含量随温度的变化；(b) 各相中 Ti 组元含量随温度的变化；
(c) 各相中 V 组元含量随温度的变化；(d) 析出物 M(C,N)、MN 含量随温度变化；
(e) MN 相不同温度下的元素组成；(f) M(C,N) 相不同温度下的元素组成

彩图

为 1485 ℃，900 ℃，与前面热力学计算所得的 1491 ℃与 896 ℃基本一致，且析出相的元素组成也证实了前面分 TiN、V(C,N) 两部分进行热力学计算的合理性。

2.1.2 大数据分析技术及机器学习简介

随着工业信息化的转型及发展，生产数据量正飞速增长。作为工业生产的附加产物，大数据已逐渐引起了人们的重视，如何探寻其中的潜在价值，发现其中隐藏规律用以指导生产，已经成为企业急需解决的问题。

机器学习因其快速、高效处理和分析数据的能力，在大数据时代迎来了更多的机遇。机器学习基于统计学、概率论等知识，通过一系列的学习算法提取数据中潜在的价值，通过历史数据创建数学模型，将复杂物理过程高精度映射为数字信息，并利用该模型实现新数据结果预测或者分类，目前已经成为各行各业实现数据化、信息化转型的有力推手。

常见的机器学习算法可分为监督学习、无监督学习和半监督学习 3 种类型。分类和回归是监督学习的代表，根据类别已知的样本训练，创建能够正确映射未知数据的模型；聚类算法、降维算法则是无监督学习的代表，其特点是训练样本类别未知，需要根据其相似性进行学习；半监督学习则是两者综合，利用样本中类别已知和未知的数据训练映射函数。

机器学习算法通过收集数据、预处理数据和分析数据创建学习模型，然后对“新样本”进行预测和分类。数据经过清洗、归并、聚类等预处理后，调用算法，依次经历输入、学习、输出 3 个阶段。其中学习阶段决定了模型训练的优劣，根据样本的实际情况及训练目的选择合适的机器学习算法，然后通过优化模型结构参数，分析或探寻数据间的隐含关系，最后训练出准确率高、拟合泛化能力强的数学模型。

机器学习算法发展至今，已经包含了 K-邻近算法、决策树、随机森林、神经网络等多种算法，其应用渗透于各个领域。比如，水质预测、污水处理、故障诊断等环保领域；孔隙度、渗透率等油气田储层参数表征领域；合金系统优化、工艺调控，组织性能预报的钢铁行业等。

2.2 典型功能性型钢的合金系统设计

2.2.1 高强型钢的合金系统设计

随着我国经济的发展，对结构用钢的要求不断提高，热轧 H 型钢产品将会被大量使用。结合津西钢厂原料及生产线条件，在开发新钢种的时候，应该同时从新钢种的性能要求和经济适用性两个方面考虑，在保证所需要性能的前提下，尽量降低合金元素的添加量，以降低生产成本。热轧耐候 H 型钢的综合力学性能要求见表 2-2。

表 2-2 热轧耐候 H 型钢的综合力学性能

力学性能指标	屈服强度 R_{eL}/MPa	抗拉强度 R_m/MPa	断后伸长率 A/%	-20 ℃冲击功 A_{KV}/J
Q355NHD	≥355	490~630	22	≥34

耐候 H 钢与普通碳钢相比具有良好的抗大气腐蚀能力，其中合金元素起到了决定性的作用。结合津西钢厂原料及生产线条件，由于目前使用的矿石中 Cr 和 Ni 的含量较高，要利用好这两个元素，在生产时可节省其他合金，在有限的条件下可获得更大的效益。

C 元素是钢中主要的强化元素之一，随着 C 含量的增加，钢的强度可以显著提高，但韧性降低、可焊接性恶化，因此为了同时兼顾强度、韧性和焊接性，合金系统往往采用低 C 设计，同时碳对钢的耐大气腐蚀性能不利，耐候钢中 C 质量分数一般控制在 0.12%（质量分数）以下。Si 元素在钢中以固溶的形式存在，起着固溶强化的作用，提高钢的强度但会使塑性和韧性降低，因此为了使钢具有良好的强韧性匹配，Si 的含量不能太高，w(Si) 设计为 0.20%~0.40%。Mn 元素在钢中主要起固溶强化作用，增加 Mn 含量可以弥补碳含量降低所造成的强度损失而对韧性危害不大，过高的 Mn 会引起成分偏析，w(Mn) 设计为 0.8%~1.0%。P、S 是钢中的有害元素，高温时 S 会形成（Fe + FeS）共晶而导致钢的高温开裂（热脆），P 会使钢的脆性转折温度急剧升高（冷脆），同时当 w(P) 大于 0.015% 时，P 的偏析会急剧增加，因此 P、S 的含量要尽量低。Cu 与 Ni 均是扩大奥氏体区形成元素，面心立方的 ε-Cu 可以从 α-Fe 中析出使钢材强化，此外 Cu 元素还可以提高钢的抗腐蚀性能。但含 Cu 钢在加热过程中由于表面 Fe 被选择性氧化，容易在表面形成液态 Cu 相，并沿奥氏体晶界渗透，从而产生表面裂纹。可以添加 Ni 来改变氧化铜中富 Cu 相的结构，抑制 Cu 向基体中的渗透，从而改善含 Cu 的热脆性问题，设计 w(Cu) 为 0.2%~0.4%，w(Ni) 为 0.10%~0.30%。Cr 强烈抑制奥氏体分解为珠光体的转变，可以提高钢的淬透性，有利于获得比较均匀的组织，同时 Cr 形成合金碳化物起到析出强化的作用，在回火时 Cr 还能提高回火抗力，设计 w(Cr) 为 0.4%~0.6%。微合金元素 Nb 可以形成碳氮化物，奥氏体化时碳氮化物可以钉扎奥氏体晶界，阻碍奥氏体晶粒的长大，从而达到细化奥氏体晶粒的目的。在冷却过程中，Nb 在铁素体中析出，起到弥散强化的作用，设计 w(Nb) 为 0.025%~0.035%。热轧耐候 H 型钢的生产成分控制结果见表 2-3。

表 2-3　热轧耐候 H 型钢的生产成分控制结果　(%)

元　素	C	Si	Mn	P	S	Nb	Cr	Ni	Cu
含量（质量分数）	0.11	0.32	0.89	0.022	0.001	0.02	0.52	0.21	0.35

2.2.2　耐低温型钢的合金系统设计

随着全球对石油需求的持续增长，海洋石油资源的开发成为全球能源战略的重要组成部分。海洋石油平台作为关键基础设施，其钢结构建筑的安全性与经济性至关重要。热轧 H 型钢作为一种经济型结构用钢，以其优异的力学性能、强韧性和可焊性，在海洋石油平台钢结构建筑中得到了广泛应用。耐低温型钢的研发与应用，成为提升海洋石油平台结构安全与经济效益的重要研究方向。

2.2.2.1　韧脆转变现象

当使用温度低于某一温度时，以 α-Fe 为主要基体的钢在断裂之前几乎不发生塑性变形，然后韧性突然大幅降低的现象被称为韧脆转变现象。钢材的韧脆转变严重威胁到构件的使用安全，历史上曾有很多船只、桥梁、压力容器等，因钢材发生韧脆转变而遭到破坏，造成了严重的事故。对于低温用钢来说，韧性是其尤为重要的一个性能指标。近年来，一贯被认为不会发生脆性转变的面心立方结构的奥氏体钢，也被发现在一定情况下具有韧脆转变行为，因此韧脆转变已并非体心立方结构钢材的特有属性。冲击吸收功和脆性断面率与温度的关系如图 2-7 所示，钢的抗拉强度（R_m）和屈服强度（R_{eL}）均随温度的下降而升高，但屈服强度的升高速度更快，在某一温度下（T_c），屈服强度与抗拉强度相等，此时，钢材在断裂之前无明显的塑性变形，直接发生解理断裂，形成脆性断口，整个断裂过程中吸收的能量大大减少，韧性大幅下降。

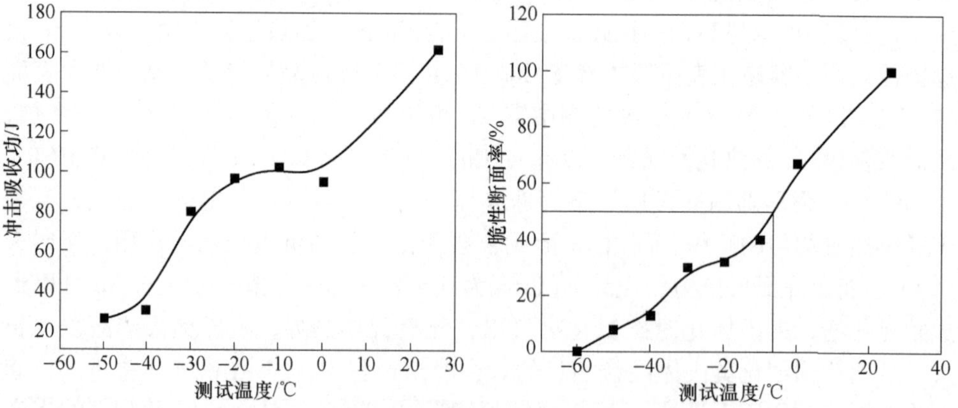

图 2-7　钢的韧脆转变温度示意图

断裂分为脆性和韧性断裂，如果钢的韧性不足，在低温高压环境中，钢吸收的能量的累积并不立即显现为明显的形变或预警信号，当累积的能量达到某个临界点，钢会突然发生脆性断裂，这种断裂往往是突发的、难以预测的，因此可能对人员安全及财产造成极其严重且难以弥补的危害。

2.2.2.2 合金系统设计

以 H 型钢合金系统设计为例，目标实验钢是服役于 -40 ℃低温环境下的热轧 H 型钢，在满足相关强度、塑性和韧性的基础上，对其耐低温能力提出了更为严格的要求。实验钢需满足以下指标：屈服强度 $R_{eL} \geqslant 345$ MPa、抗拉强度为 470 ~ 630 MPa、伸长率 $A \geqslant 22\%$ 、 -40 ℃纵向冲击功 $KV_2 \geqslant 34.0$ J。与此同时，设计开发的新钢种还需具有低成本与高性能的特点。

在低成本化生产高性能 H 型钢的主体思路下，对加入实验钢中的合金元素进行考量，以期达到最佳元素配比获得优良的综合力学性能。实验钢是基于 H 型钢 Q355B 钢种（20 ℃的纵向冲击功不小于 34.0 J）的合金系统进行设计，结合现场实际情况，并研究 Ce 含量对实验钢的影响，因此，共设计了 3 种不同合金系统。C 元素是钢中最基本的强化元素，但它不利于钢的塑、韧性。由于低成本化的设计思路，不能在实验钢中加入过量的微合金元素，因此，将 C 元素控制在国标上限，从而保证足够的强度。Si、Mn 固溶于钢中，提供钢的强度，是钢中的重要元素。添加微量合金元素 $w(\mathrm{V}) = 0.02\% \sim 0.03\%$ ，发挥其沉淀强化作用。加入微量稀土元素 $w(\mathrm{Ce}) \leqslant 0.0050\%$ ，利用其晶粒细化和钢液净化效果，保证实验钢的低温韧性。此外，由于实验钢中的 C 含量相对较高，这将会严重降低塑性和韧性，因此，对钢中的 P、S 含量进行一定的控制 [$w(\mathrm{P})$、$w(\mathrm{S}) \leqslant 0.015\%$]，从而抑制塑、韧性的进一步恶化。

基于上述元素含量的考虑，确定了实验钢的成分，其含量范围见表 2-4。

表 2-4 实验钢合金系统成分含量范围

$w(\mathrm{C})/\%$	$w(\mathrm{Si})/\%$	$w(\mathrm{Mn})/\%$	$w(\mathrm{P})/\%$	$w(\mathrm{S})/\%$	$w(\mathrm{V})/\%$	$w(\mathrm{Ce})/\%$
0.15 ~ 0.17	0.30 ~ 0.40	1.30 ~ 1.40	≤0.015	≤0.015	0.02 ~ 0.03	0 ~ 0.0050

2.2.2.3 合金系统热力学分析

针对自行设计的合金系统，一般需要借助相关的热力学软件进行计算，从而获得相关的关键参数，如相组成、相变温度以及相分布等，进而为后续的加热制度设定与轧制工艺确定提供相关参考。

这里采用 JMatPro 软件对实验钢的合金系统进行理论分析，从而为后续的加热工艺与轧制规程提供理论指导。由于 JMatPro 软件中不涉及成分参数 Ce 元素，且实验钢中添加的 Ce 含量极其微量，因此，以 $w(\mathrm{Ce})$ 为 0 的实验钢的成分作为输入参数进行计算。在平衡条件下，设定合金系统从 1600 ℃开始冷却，冷却至室温。

图2-8（a）是实验钢的温度-基体相质量分数曲线。从1600 ℃开始，相区为液体单相区，液相质量分数占比100%。当温度降至1512 ℃时开始发生液相向δ-铁素体转变，当温度继续冷至1485 ℃时钢材又发生了奥氏体转变，直至1467 ℃时液相和δ-铁素体全部反应，没有剩余，此时，该区域为单相奥氏体区。直到温度降到822 ℃（A_{r_3}点）时，奥氏体转变形成α-铁素体，一直持续到693 ℃（A_{r_1}点）时，奥氏体向α-铁素体的转变过程才结束。此外，渗碳体析出的温度是705 ℃，钢中的渗碳体为珠光体中的渗碳体片层。随着温度的继续降低，以α-铁素体为主的相区中，铁素体质量分数占比约为98%。最终，α-铁素体和渗碳体构成实验钢的基体相，铁素体（Ferrite，F）和珠光体（Pearlite，P）为钢的基体组织。

图2-8(b)是实验钢中M_7C_3和M(C,N)相的温度-质量分数曲线。从JMatPro软件计算结果来看，实验钢中的析出物主要为M_7C_3和少量的M(C,N)两种相。伴随温度的降低，M(C,N)相从754 ℃时最早开始析出，该温度在A_{r_3}和A_{r_1}区间范围内，当温度冷至600 ℃后逐渐稳定，最终的平衡析出量质量分数是0.03%。此外，M_7C_3相在434 ℃开始析出，紧接着质量分数迅速增加，当温度降至390 ℃以后逐渐稳定，直到最后的析出质量分数是1.92%。

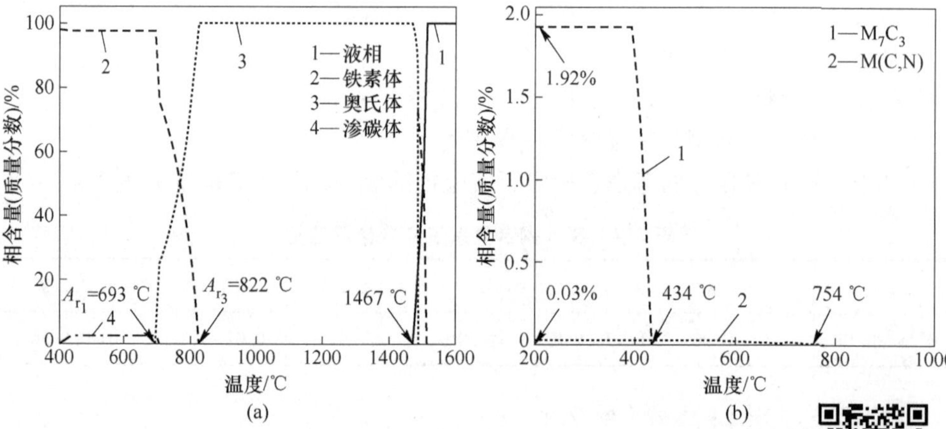

图2-8　合金系统性质图

（a）基体相的温度-质量分数图；

（b）M_7C_3和M(C,N)相的温度-质量分数图

彩图

图2-9是基于JMatPro软件计算得到的实验钢连续冷却转变曲线（Continuous Cooling Transformation，CCT），通过CCT曲线能够预测钢材在冷却相变过程中的组织演变，当冷却速度介于0.01~0.6 ℃/s时，最终组织为铁素体、珠光体，从

0.7 ℃/s 开始，出现贝氏体组织。从图 2-9 可以看出，在空冷条件下实验钢的组织基本是由铁素体 + 珠光体构成。

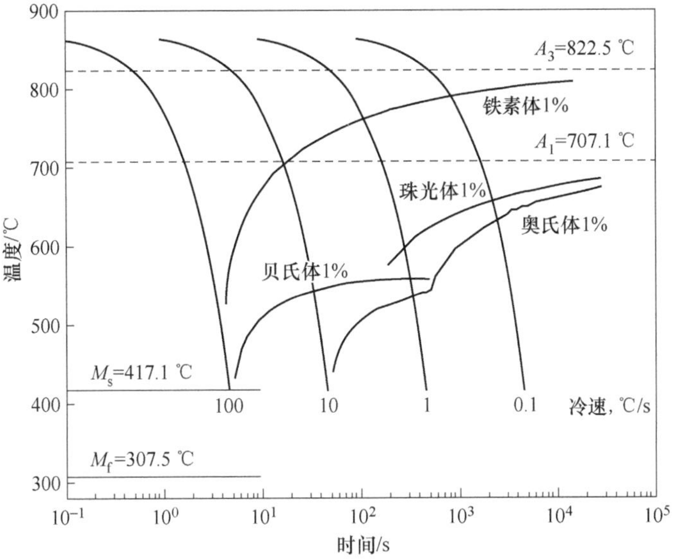

彩图

图 2-9　JMatPro 计算的 CCT 曲线

这里需要注意的是，基于 JMatPro 软件计算出来的关键参数是平衡状态下的理论结果，对于实际生产与制备具有一定的参考意义与指导价值。但是，在实际情况中不能盲目地将理论结果指导于生产实践，这是因为软件计算出来的结果是以平衡状态为条件，即在每一个温度下都有足够的时间来完成转变，这在实际生产中是无法实现的。

实际生产情况中，合金系统在连续冷却条件下会受到一定的动力学或者热力学影响，导致合金元素扩散不充分、析出动力学不足等情况。因此，在实践生产中测定的相关热力学参数数值可能会与软件计算出来的理论结果存在一定程度上的差异，这是可以接受的正常结果。

2.2.3　耐候型钢的合金系统设计

以江苏宿迁南钢金鑫轧钢有限公司生产的 V-N 微合金化 Q420C 级角钢为例，从现场获取大量生产数据，其主要特征包含角钢的生产信息、工艺参数、合金成分、力学性能 4 方面信息。数据的质量直接影响到数据分析结果的好坏，为了更好地对数据进行分析挖掘，探寻其中隐藏的价值信息，需要对现场直接获得的角钢生产数据进行清洗。

基于概率论与数理统计分析，利用可视化概率密度研究不同元素与力学性能的关系对于合金系统设计具有重要的指导价值。首先将角钢依据屈服强度和抗拉强度进行等级划分，屈服强度方面：大于450 MPa作为1级钢，425 ~450 MPa作为2级钢，400 ~425 MPa作为3级钢；抗拉强度方面：大于620 MPa作为1级钢，595 ~620 MPa作为2级钢，570 ~595 MPa作为3级钢，各级数据量分布如图2-10所示。可以发现，在所收集的数据集中，2级钢与3级钢占比明显多于1级钢，这说明现有的V-N微合金化角钢性能余量并不是很充足。

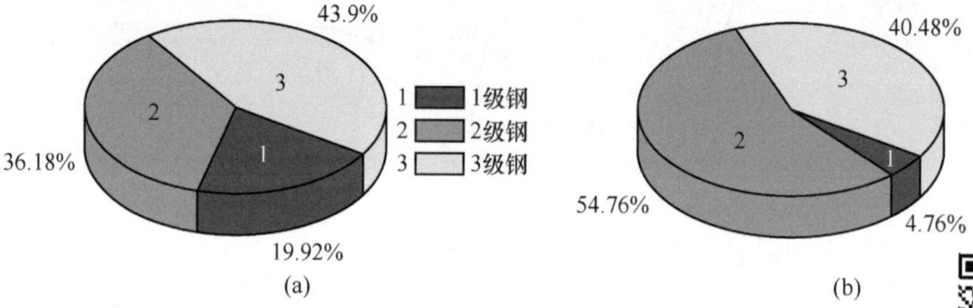

图2-10　数据集中各等级钢分布
（a）屈服强度；（b）抗拉强度

彩图

根据屈服强度和抗拉强度的等级划分，计算各合金含量的平均值，并研究其与强度等级的关系。以蜘蛛图的形式展示其分析结果，为了更好地体现对比效果，对合金成分平均值作归一化处理，具体结果如图2-11所示。

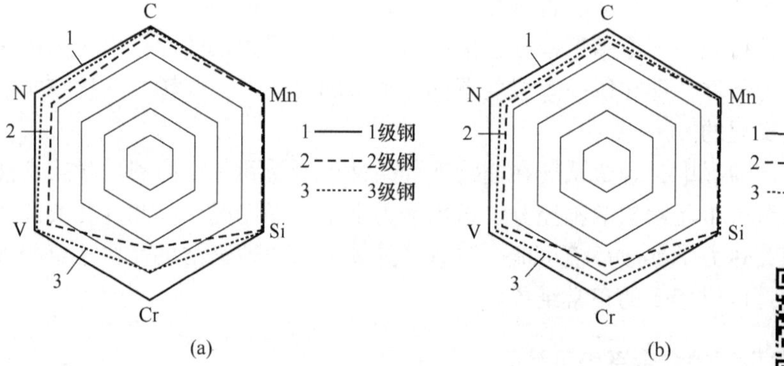

图2-11　钒微合金钢中合金元素与强度的蜘蛛图
（a）屈服强度；（b）抗拉强度

彩图

从图2-11可以发现，对于Mn、Si两种元素，3种等级角钢中含量均无明显差异，但是对于C、V、N、Cr元素而言，1级强度钢中的含量明显多于2级与3级钢，表明在现有的钒微合金化Q420C级角钢的生产中，C、V、N、Cr对该强度差异起主要作用。

为进一步研究 V-N 微合金化 Q420C 级角钢中合金元素含量与强度等级的分布关系，采用 Python 语言中的 seaborn 包对处理后的数据进行密度图分析，旨在为基于 V-N 合金体系基础上设计 V-Ti 微合金体系提供理论指导。密度图主要以“核密度统计量”来估计代表总体的随机变量的概率密度函数，是表现与数值对应边界的有效方法之一。

图 2-12 展示了 V-N 微合金 Q420C 级角钢中 C、Mn、Si、V、N、Cr 六种元素含量与屈服强度等级的密度分布关系。对比分析发现，C、V、Cr 三种元素对屈服强度等级的密度图均存在明显的分峰，该现象表明基于该生产线，C、V、Cr 三种元素含量对屈服强具有显著影响，其中，当 $w(\mathrm{C})$ 为 0.15%~0.16% 时，其屈服强度主要分布在 1、2 等级，随着碳含量的继续增加，根据屈服强度判断，1 级钢占比逐渐增多；V 作为该钢中唯一的微合金元素，其质量分数对强度的重要性显而易见，当其质量分数为 0.04%~0.05% 时，其主要为 3 级钢，当其质量分数为 0.06%~0.07% 时，其主要为 2 级钢，当其质量分数大于 0.07% 时，其主要为 1 级钢；Cr 元素在该钢种中属于残余元素，但是从密度图分析可以发现，其含量对于屈服强度有着不可忽略的影响，当质量分数达到 700×10^{-6} 左右时，其屈服强度明显上升。Si、Mn、N 元素与屈服强度的等级区分度不明显，主要是该三种元素含量波动范围较小，但是依据其密度图分布，可以发现 $w(\mathrm{Mn})$ 在 1.5%，$w(\mathrm{Si})$ 在 0.4%，$w(\mathrm{N})$ 在 100×10^{-6} 附近时，其对应的性能等级中 1 级钢占比较多。

图 2-13 展示了 V-N 微合金 Q420C 级角钢中 C、Mn、Si、V、N、Cr 六种元素含量与抗拉强度等级的密度分布关系。与屈服强度密度图相比，1 级钢的峰值点更为明显，总体呈现的分布趋势与其相似。

密度分布图可以较为直观地看出合金成分含量对应的强度等级分布，但是无法直观表现各合金元素含量对强度的影响权重。因此，采用随机森林算法实现特征重要性排序，确定不同合金元素对于屈服强度和抗拉强度的贡献程度，为 V-Ti 微合金钢成分设计提供参考。

随机森林特征重要性排序有两种方法，一种是需要根据随机森林准确率降低实现特征排序，另一种则是根据不纯度的降低实现特征排序。本书采用不纯度实现合金元素特征对强度的重要性排序，结果如图 2-14 所示。该方法主要按照每棵树的不纯度给特征排序，然后整个森林取平均值，在回归中，不纯度常指方差。

分析可以发现，针对所收集并处理后的样本数据，无论是对于屈服强度，还是抗拉强度，特征重要性均依次为 V、Cr、N、Si、C、Mn。作为电力角钢中的唯一微合金元素，V 对于角钢强度的重要性众所周知，在 γ-α 相界面析出的碳氮化物，可提供显著的细晶强化效果，而铁素体中弥散析出的碳氮化物，则是析出强化贡献多少的决定性因素，V 的第二相析出粒子均可有效提升钢的强度；Cr 虽然为残余元素，但是其对强度有重要影响，作为钢中强碳化物的形成元素，Cr 无

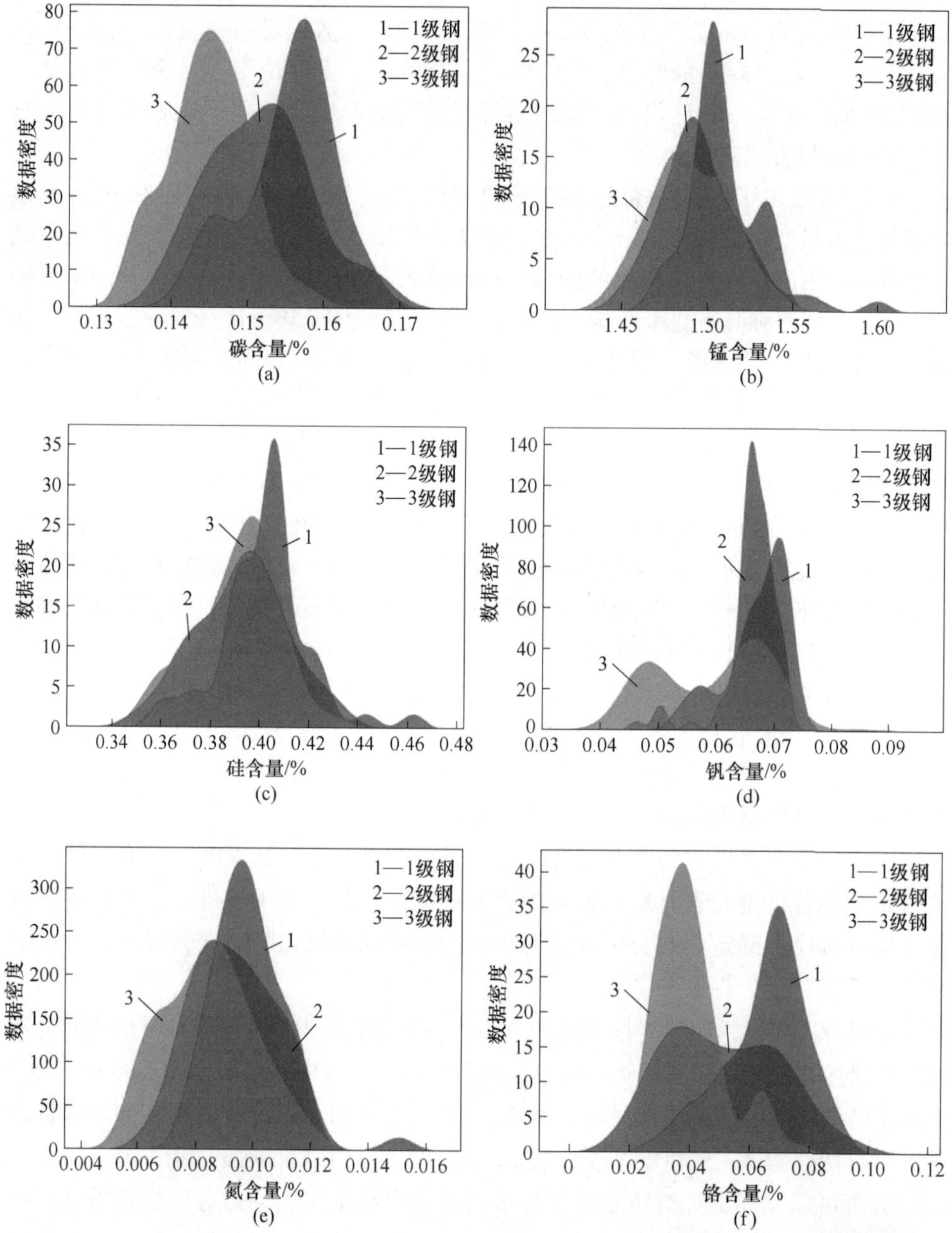

图 2-12　V-N 微合金钢中合金元素与屈服强度等级密度图

（a）碳含量密度图；（b）锰含量密度图；（c）硅含量密度图；

（d）钒含量密度图；（e）氮含量密度图；（f）铬含量密度图

（含量为质量分数）

彩图

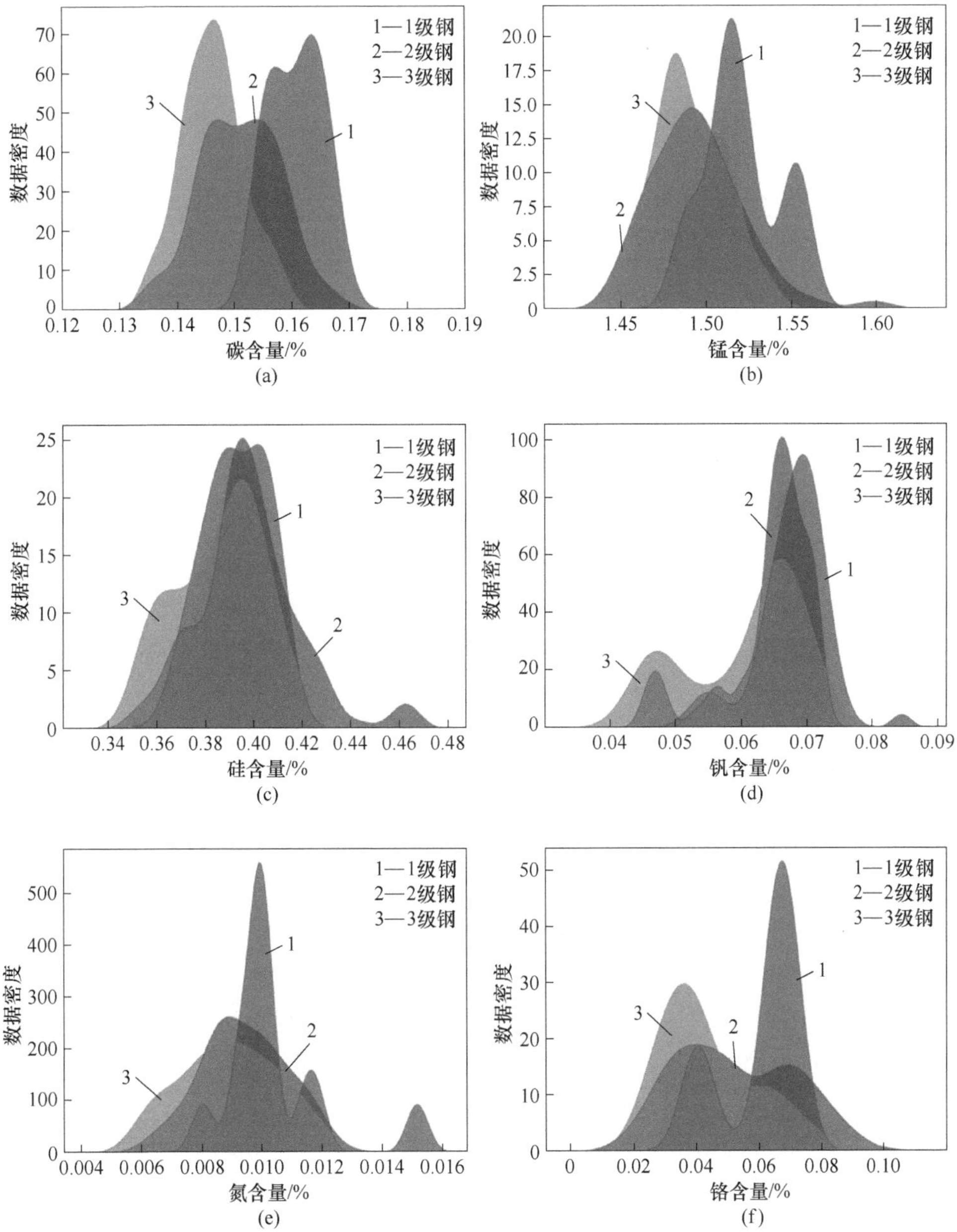

图 2-13 钒微合金钢中合金元素与抗拉强度等级密度图
(a) 碳含量密度图；(b) 锰含量密度图；(c) 硅含量密度图；
(d) 钒含量密度图；(e) 氮含量密度图；(f) 铬含量密度
(含量为质量分数)

彩图

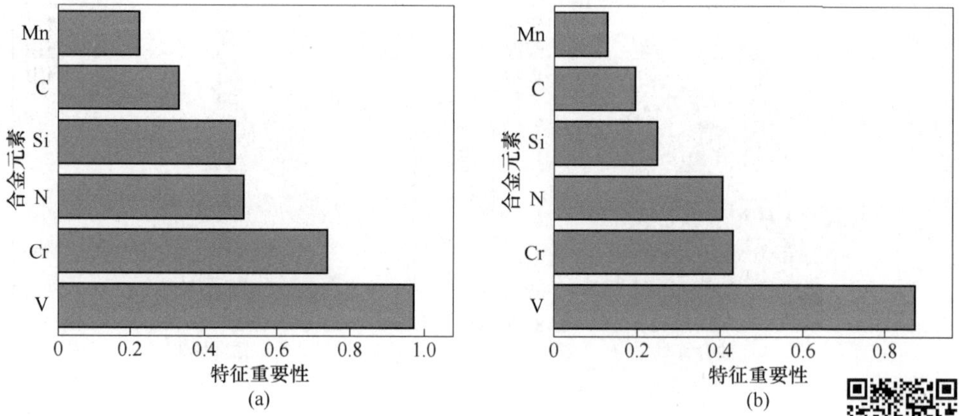

图 2-14　基于随机森林的合金元素特征重要性排序

（a）抗拉强度；（b）屈服强度

彩图

论是置换铁形成合金渗碳体，还是溶入铁素体中，均可实现钢材强度的提升；微合金钢中 N 含量对强度的影响也不容忽视，N 含量与微合金元素的析出驱动力有着直接联系，研究表明，N 含量的增加，可有效促进 V 的析出，进而影响钢材的性能。

基于上述分析，可以发现目前 Q420C 级 V-N 微合金角钢性能较好的合金质量分数为 $w(\mathrm{C})=0.15\%$、$w(\mathrm{Mn})=1.5\%$、$w(\mathrm{Si})=0.04\%$、$w(\mathrm{V})=0.07\%$、$w(\mathrm{N})=0.01\%$，Cr 由于为残余元素，此处控制为 $600\times10^{-6}\sim800\times10^{-6}$ 即可。以此为参考，设计 V-Ti-N 系角钢合金质量分数为 $w(\mathrm{C})=0.15\%$、$w(\mathrm{Mn})=1.5\%$、$w(\mathrm{Si})=0.04\%$、$w(\mathrm{V})=0.05\%$、$w(\mathrm{Ti})=0.002\%$、$w(\mathrm{N})=0.01\%$。江苏南京钢铁有限公司依据此成分进行冶炼，具体的铸坯化学成分见表 2-5。两种成分钢依次标记为 7V 和 5V2Ti 角钢。7V 与 5V2Ti 角钢微合金总含量相同，只有 V、Ti 元素存在差别，目的是后续对比研究 V-N 与 V-Ti-N 为微合金化方式对 Q420C 级角钢显微组织、力学性能以及第二相析出行为的影响。

表 2-5　V-N 系、V-Ti-N 系角钢化学成分（质量分数）　　（%）

合金系统	试样	C	Si	Mn	V	Ti	N	Cr
V-N 系	7V	0.15	0.38	1.5	0.0693	0	0.0098	0.059
V-Ti-N 系	5V2Ti	0.15	0.39	1.5	0.0463	0.0252	0.0102	0.064

2.2.4　海洋工程用型钢的合金系统设计

根据对各种大、中、小型线高强度 Nb-Ti-V 典型钢的合金系统的收集与分析，理论上分析了不同合金元素对性能和组织的影响，并且系统分析了生产 500 MPa 级热轧 H 型钢的关键技术，再利用 Thermo-Calc 和 JMatPro 等软件，并结合现场实际情况对合金系统和组织进行设计。合金系统见表 2-6。

表 2-6　H 型钢成分设计（质量分数） （%）

钢种	C	Si	Mn	Cr	Ni	Ti	V	Nb
1 号	0.06~0.08	0.3	1.5~1.6	0.5	0.2	0.02	0.08	0
2 号	0.06~0.08	0.3	1.5~1.6	0.5	0.2	0.02	0.06	0.04

并且根据文献，采用经验公式计算了不同钢种的部分力学冶金参数，其结果见表 2-7。

表 2-7　1 号和 2 号钢的部分力学冶金参数

钢种	w(Ceq)	w(Pcm)	A_{r3}/℃	A_{c3}/℃	A_{c1}/℃	T_{nr}/℃	D_i/mm
1 号	0.465	0.211	752.5	829.1	723.0	828.8	17.2
2 号	0.468	0.210	741.5	821.9	719.7	951.5	14.8

2.2.4.1　合金系统与析出物能带结构和态密度计算与分析

根据已经设计的合金系统，换算成原子比，制作成超晶胞模型，如图 2-15 所示，从二维码中的彩图可见，蓝色球状为铁原子，绿色的是碳原子，红色的是锰原子，粉色的硅原子，白色的铬原子。

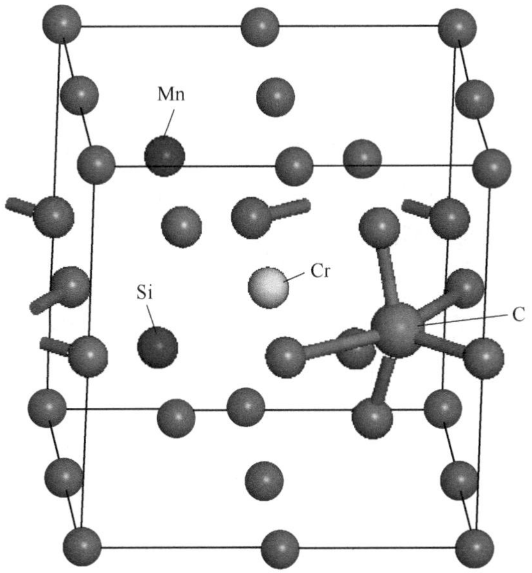

彩图

图 2-15　超晶胞模型

经过采用CASTEP模块计算，得出总能量为－14629.40222595eV，晶体点阵为1：C1，1，1；晶体空间点阵群为8：Cm，C-2y。另外也可以得出总态密度图和不同电子层态密度图，如图2-16所示。其中铁原子最外层电子结构为$3d^6 4s^2$，锰原子最外层电子为$3d^5 4s^2$，铬原子最外层电子$3d^5 4s^1$，硅原子最外层电子为$3s^2 3p^2$，碳原子最外层电子为$2s^2 2p^2$，从图2-16(b) 中可以看出，最外层d电子层的能量为34 eV，而且能量主要贡献值为－10～13 eV，从最外层d电子层态密度可以知道，该合金系统比较稳定，耐腐性比较好。

2.2.4.2　析出物能带结构与态密度计算与分析

本节主要研究在给定合金系统中，在经过加热、保温、粗轧、精轧与最后冷却阶段形成的几种典型析出物的结构稳定性进行计算与分析。所分析的析出物的晶体结构参数均来自ICSD数据库，其晶体点阵主要是NaCl型面心立方结构，空间群和群号分别是Fm－3m和225，晶胞模型中原子共有8个，其中微合金元素原子与C、N原子各有4个，微合金原子占据（0，0，0）位置，C、N原子占据（0.5，0.5，0.5）位置，如图2-17所示。

本书采用基于密度泛函理论的平面波赝势方法的MS软件（8.0版本）中的CASTEP模块进行计算。首先在Visualizer主程序中根据各模型数据进行建模，然后进行模型的结构优化，再对优化后的模型进行能量计算。计算的参数设置影响计算的准确性、精度、计算时间和可重复性，因此选择合适的计算参数才能得到期望的可信结果，主要参数选择如下。

电子离子间的交互作用有两种赝势：一种是规范守恒赝势；另一种是超软赝势。本书的计算选择在倒易空间表述的超软赝势，如图2-18所示。

电子平面波函数截断能和倒空间K点取样的密度是直接影响计算精度和计算时间的两个参数。本书首先通过对Ti(C,N) 模型进行收敛性测试来确定这两个参数的选择，先选取平面波截断能较大的400 eV，改变K点取样密度进行计算，然后固定K点改变平面波截断能进行计算，收敛性测试的结果见表2-8。由测试结果可以看出，平面波截断能取400 eV和K点取10×10×10比平面波截断能取500 eV和点取15×15×15时单点能仅小0.02 eV，单计算时间可以大大降低，因此本书的计算平面波截断能选取为400 eV，布里渊区的积分计算采用10×10×10的点取值，如图2-19所示。为了各种模型的计算结果具有可对比性，其他模型的计算也选择同样的参数。

表2-8　收敛测试结果

电子平面波函数截断能/eV	200	300	400	500
K点取样密度	5×5×5	8×8×8	10×10×10	15×15×15
单电能差值/eV	—	7.1	0.17	0.02

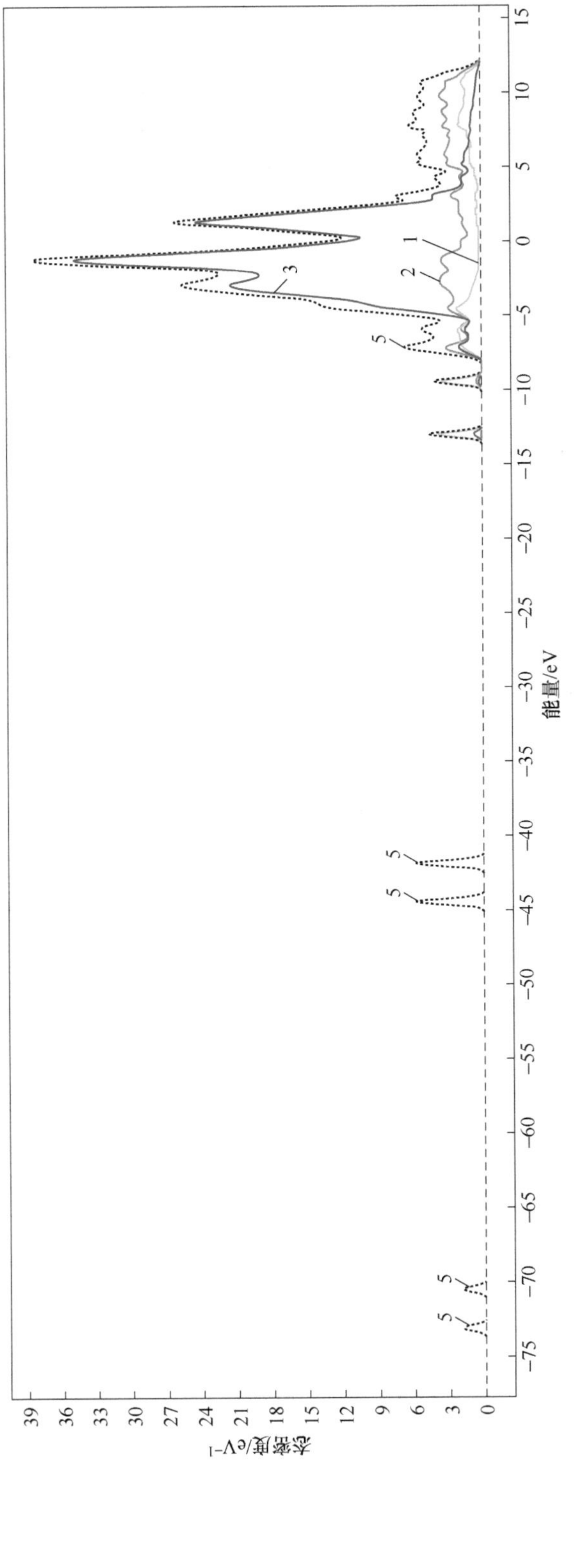

1 s 2 p 3 d 4 f 5 Sum

注：f 被其他曲线覆盖，显示不出来。

(a)

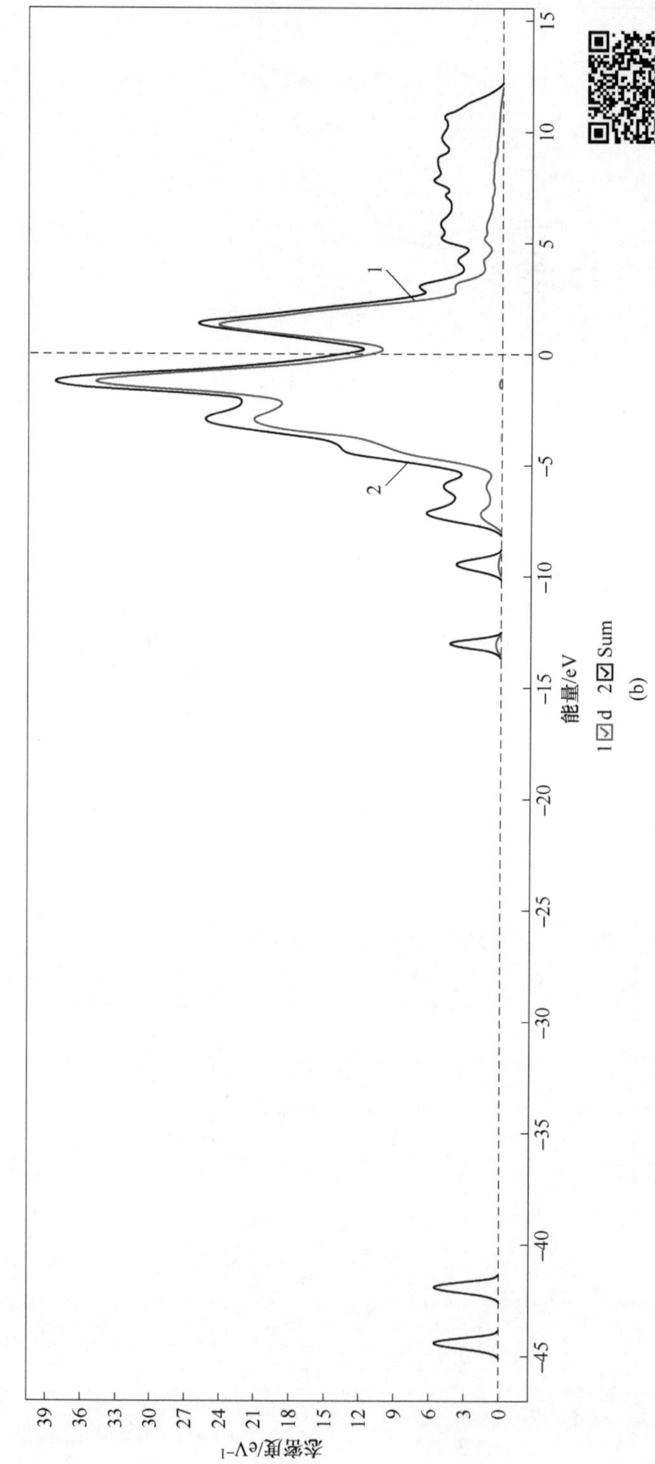

彩图

图 2-16　超晶胞态密度图

（a）总态密度图；（b）d 电子层态密度图

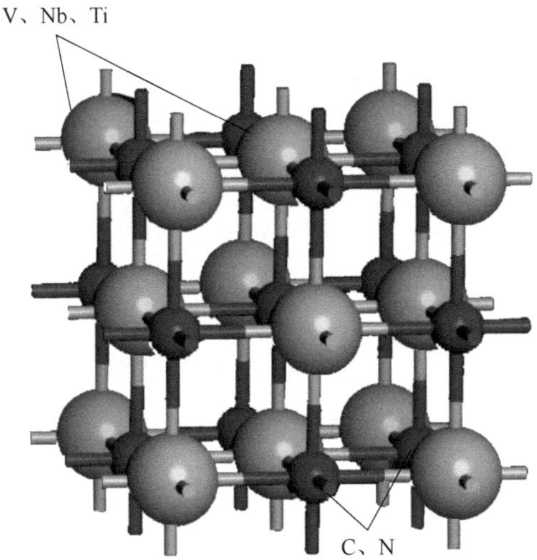

彩图

图 2-17 几种化合物晶胞模型

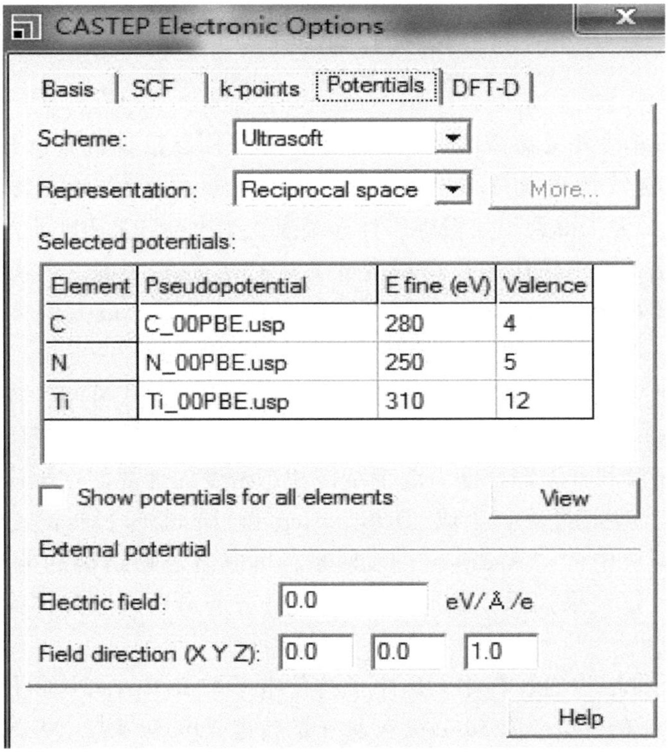

图 2-18 电子离子交互作用赝势设置

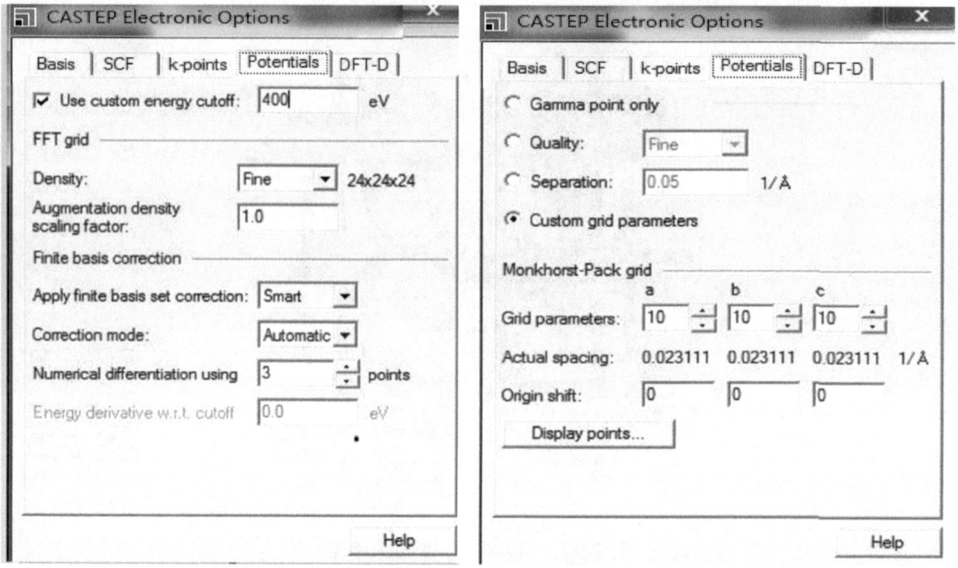

(a)　　　　(b)

图 2-19　CASTEP Electronic Options 参数设置

（a）平面波截断能设置；（b）布里渊区点取值设置

计算收敛精度相关参数的选择：总能计算采用自洽迭代（SCF）方法，迭代过程中的收敛精度为 1.0×10^{-6} eV/atom，最大迭代次数为 150 次，如图 2-20 所示。为了得到稳定精确的计算结果，本书会先用 BFGS 方法对各模型进行结构优化，结构优化的计算精度取 1.0×10^{-5} eV/atom，在每个原子上的力不大于 0.3 eV/nm，最大应变收敛精度为 0.05 GPa，最大位移收敛精度为 0.01 nm。

为了分析导致各种化合物的结构稳定性高低的电子机制，本书计算了 TiC、TiN、Ti(C,N)、VC、VN、V(C,N) 和 Nb(C,N) 全部晶胞（或原胞）的能带结构，总态密度和分波态密度。能带结构和态密度的计算均在程序 CASTEP 模块中进行，计算完成后会生成_DOS. castep 和_BandStr. castep 文件，然后选用 CASTEP 模块中的“Analysis”的即可，几种化合物结构的能带结构图和总态密度图计算结果如图 2-21 所示。计算任务与分析任务具体操作如图 2-22 所示。

在计算能带结构的过程中，C 原子的价电子取 $2s^22p^2$，N 原子的价电子取 $2s^22p^3$，Ti 原子的价电子取 $3d^24s^2$，V 原子的价电子取 $3d^34s^2$，Nb 原子的价电子取 $4d^45s^1$。能带结构图划分为三部分，用虚线表示的是费米能级（费米能级的能量均为 0，费米线以下为价带，费米线以上为导带）。将能带结构图和态密度图

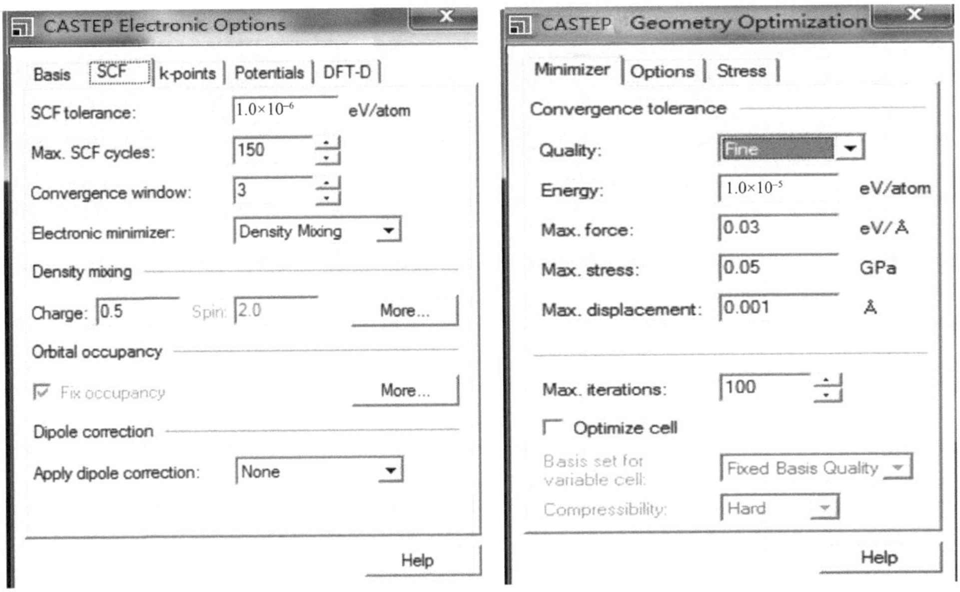

(a) (b)

图 2-20 计算收敛度相关参数选择

(a) 自洽迭代设置；(b) 收敛精度设置

结合起来有助于更好地分析和理解个模型的性质，所以把 7 种化合物结构的能带结构图和总态密度图分析结果放在一起。

从能带图中可以清楚地看出所有的结构模型的导带和价带之间都没有存在带隙，也就是说费米能级与导带相交，这说明以上析出物都是导体。通过能带结构来分析原子间成键情况。能带线波动幅度越大，上面的电子离域了，就肯定要成键，而且离域性越强，成键越强；能带线波动幅度越小，其上面的电子离域概率越低，成键能力就越弱。对比 VC、VN 和 V(C,N) 的能带图可以看出 VN 的电子离域性较强，这也是 VN 更加稳定的原因，同样对比 TiN、TiC 和 Ti(C,N) 能带图波幅，发现 TiC 最稳定。能带线波动幅度大，也即能带越宽，相同大小的能量状态越少，表现在图上是态密度峰跨度越大、越平缓；能带线波动幅度越小，也即能带越窄，相同大小的能量状态越多，表现在图上是态密度峰跨度越小、越尖锐。因此进一步计算和分析各结构的总态密度和分波态密度来观察其成键情况。

本节在计算态密度的过程中，各化合物结构原子的价电子取值与能带计算时一致，为了得到原子间的成键情况，分别计算了各化合物结构的总态密度（DOS）和分态密度（PDOS），计算得到的电子主要分布区间见表 2-9。

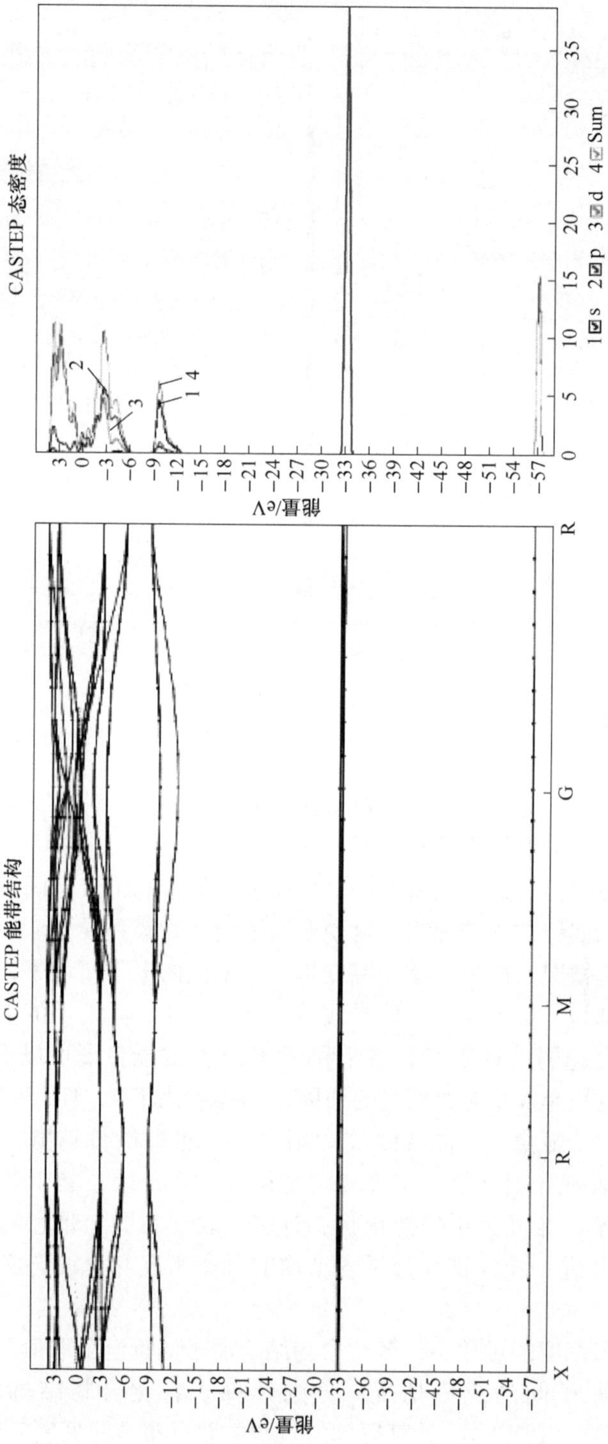

(a)

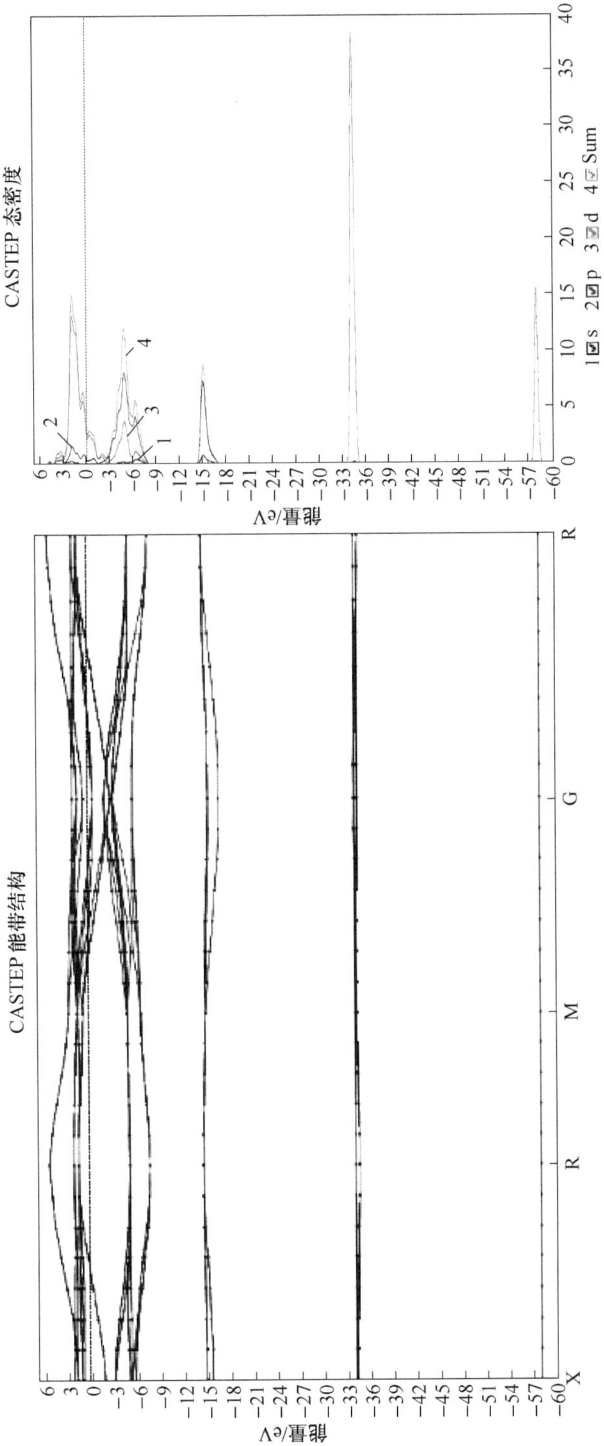

(b)

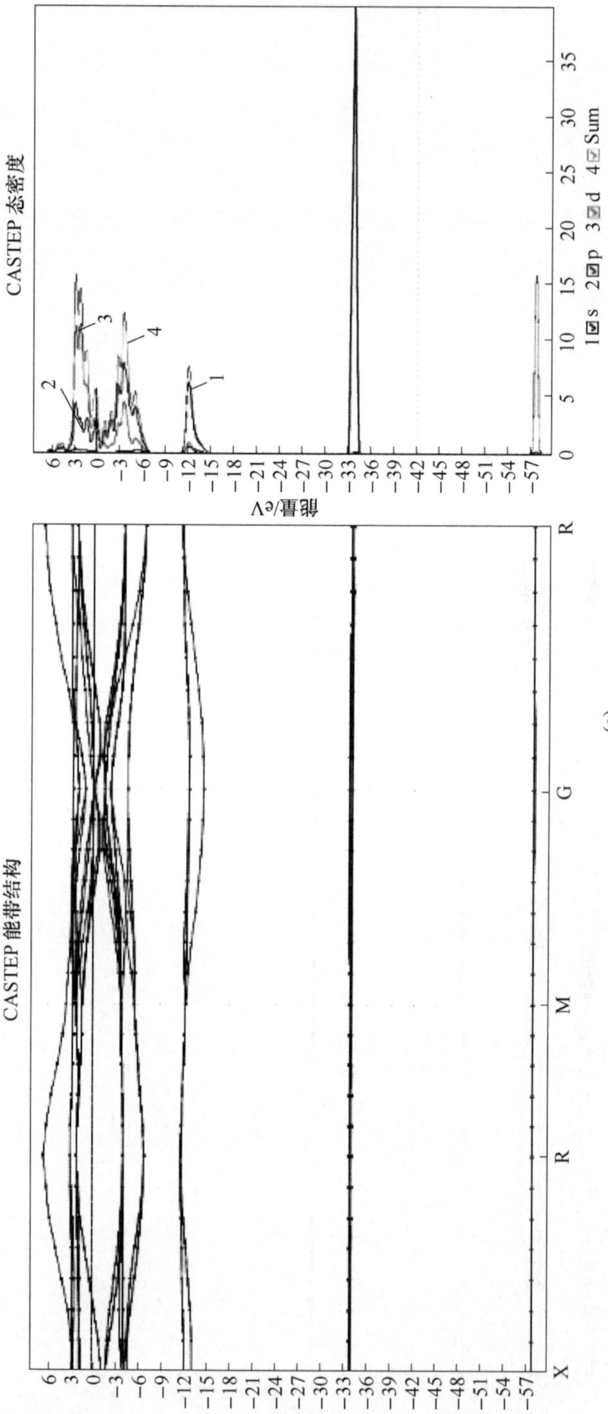

(c)

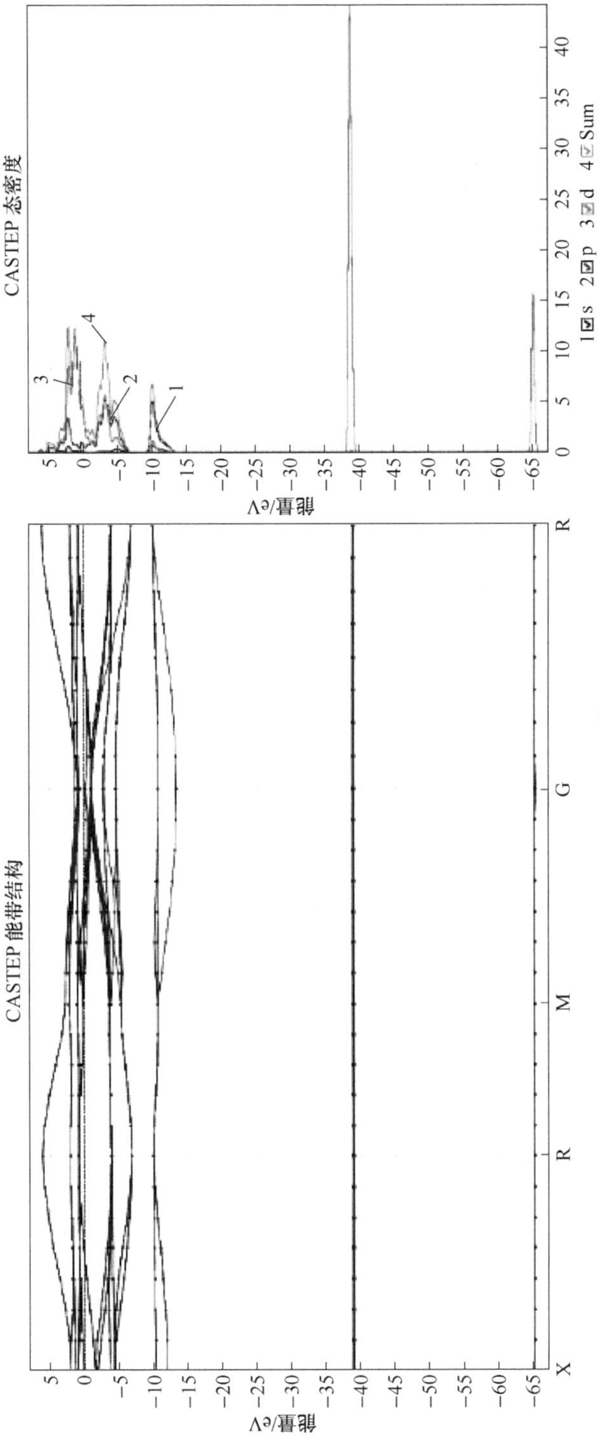

(d)

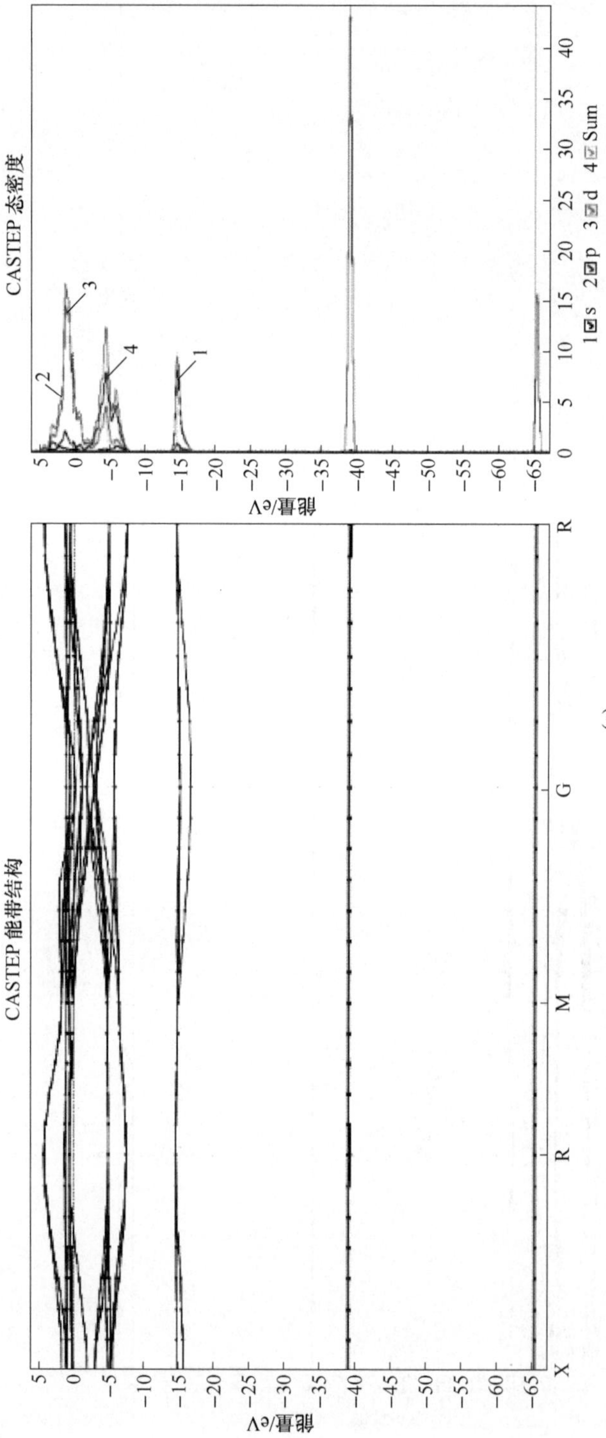

(e)

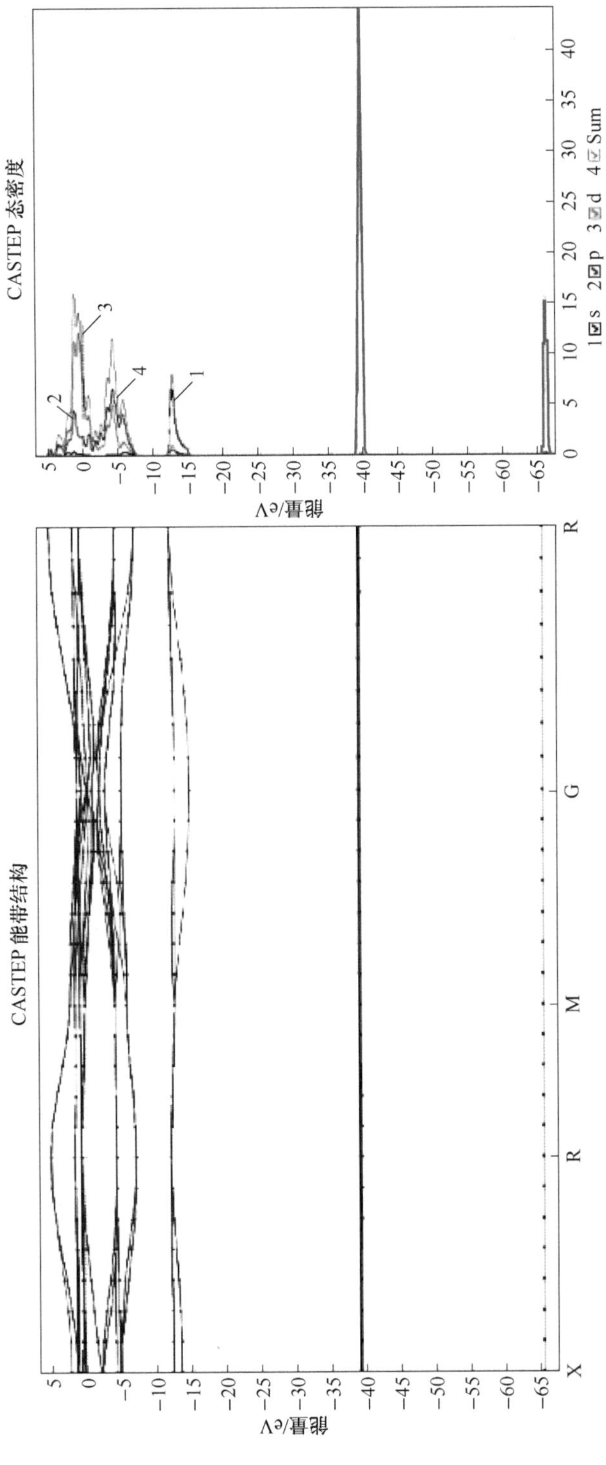

(f)

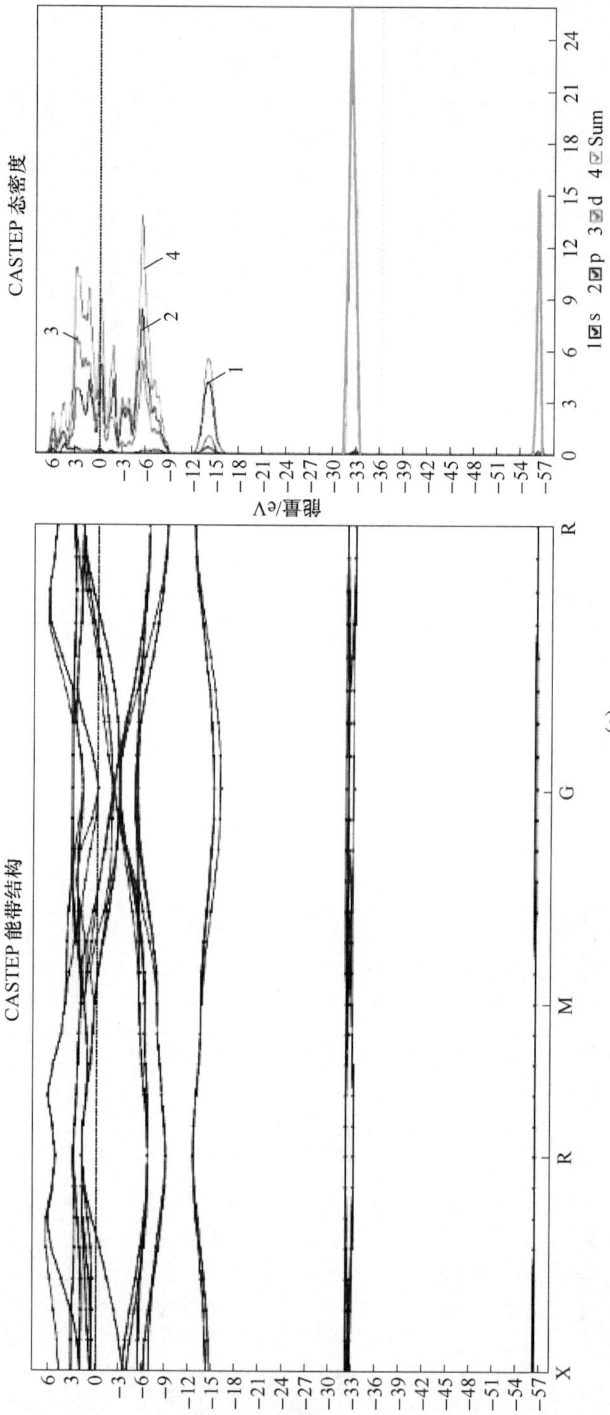

(g)

图 2-21　几种典型析出物的能带图和总态密度图

(a) TiC；(b) TiN；(c) Ti(C,N)；(d) VC；(e) VN；(f) V(C,N)；(g) Nb(C,N)

彩图

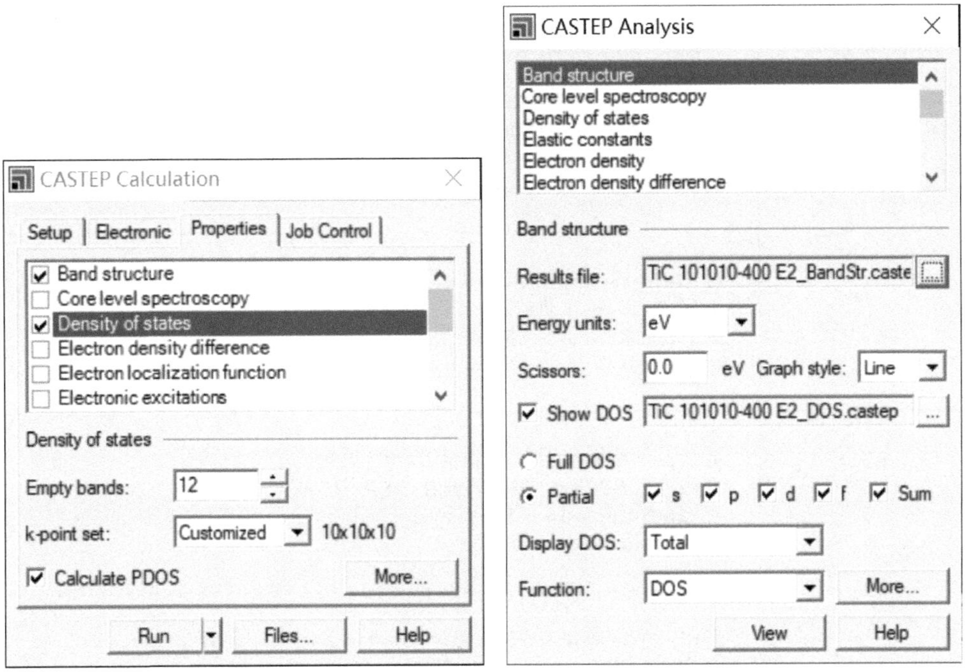

(a) (b)

图 2-22 计算能带和态密度参数设置

(a) 能带和态密度计算任务设置；(b) 能带和态密度分析任务设置

表 2-9 第一性原理计算结果

材 料	电子主要分布区间
TiC	由 C2p 和 Ti3p3d4s 贡献的 −6 ~ 5 eV； 由 C2s 和 Ti3s3p 贡献的 −13 ~ −8 eV； 由 Ti3p 贡献的 −34 ~ −32 eV； 由 Ti3p 贡献的 −58 ~ −56 eV
TiN	由 Ti3p3d 和 N2p 贡献的 −8 ~ 5 eV； 由 N2s 和 Ti3s3p 贡献的 −17 ~ −13 eV； 由 Ti3p 贡献的 −36 ~ −33 eV； 由 Ti3p 贡献的 −59 ~ −57 eV
Ti(C,N)	由 C2p、N2p 和 Ti3p3d4s 贡献的 −7 ~ 6 eV； 由 C2s2p、N2s2p 和 Ti3s3p 贡献的 −15 ~ −10 eV； 由 Ti3p 贡献的 −35 ~ −3 eV； 由 Ti3p 贡献的 −58 ~ −57 eV

续表 2-9

材　料	电子主要分布区间
VC	由 C2p 和 V3p3d4s 贡献的 −7 ~ 6 eV； 由 C2s2p 和 V3s3p 贡献的 −13 ~ −9 eV； 由 V2p 贡献的 −41 ~ −39 eV； 由 V2p 贡献的 −66 ~ −64 eV
VN	由 N2p 和 V3p3d4s 贡献的 −8 ~ 5 eV； 由 N2s2p 和 V3s3p 贡献的 −17 ~ −14 eV； 由 V2p 贡献的 −41 ~ −38 eV； 由 V2p 贡献的 −66 ~ −64 eV
V(C,N)	由 C2p、N2p 和 V3p3d4s 贡献的 −7 ~ 5 eV； 由 C2s2p、N2s2p 和 V3s3p 贡献的 −15 ~ −12 eV； 由 V2p 贡献的 −41 ~ −38 eV； 由 V2p 贡献的 −66 ~ −64 eV
Nb(C,N)	由 C2p、N2p 和 Nb4p4d5s 贡献的 −9 ~ 7 eV； 由 C2s2p、N2s2p 和 Nb4s4p4d 贡献的 −16 ~ −12 eV； 由 Nb4p 贡献的 −33 ~ −31 eV； 由 Nb4p 贡献的 −57 ~ −55 eV

根据 DOS 图引入“赝能隙”（pseudo gap）概念，即在费米能级两侧分别有两个尖峰，而两个尖峰之间的 DOS 并不等于零。赝能隙直接反映了该体系成键的共价性强弱：两个尖峰之间宽度越宽，说明共价性越强。如果分析的是局域态密度（LDOS），那么赝能隙反映的则是相邻两个原子成键的强弱，赝能隙越宽，说明两个原子成键越强。根据上述理论，从计算结果可以看出，TiN 的间隙最宽，所以该合金系统中 TiN 是最稳定存在的，而 V 的碳氮化物间隙是最窄的，这说明在该合金系统中该析出物是最不稳定的，随温度变化是最明显的。这与铌钒钛析出物开始析出时间相吻合，其中钛的析出物在 1400 ℃就可以析出，铌的析出物一般为 1000 ~ 1100 ℃开始析出，而钒的析出物则为 800 ~ 900 ℃开始析出。

综上所述，从量子力学角度，通过对 H 型钢中常见析出物的态密度和能带结构进行分析，研究了不同析出物的态密度和能带结构，并且对析出物中不同合金元素对能量的贡献值进行了比较精确的量化，发现这些析出物中导带与费米能级都有相交，都是导电体。这对研究 H 型钢在该合金系统下的整个体系的能量和耐腐蚀性具有指导性意义。

2.3 痕量元素在合金系统设计中的应用（稀土、锡、锑等）

2.3.1 稀土元素在合金系统设计中的应用

稀土元素有独特的4f层电子结构，从原子结构上看，由于外层或次外层电子存在轨道贯穿，使最外层和次外层电子很容易失去，因此具有很强的化学活性，在钢液中能与O、S等有害杂质元素生成稀土化合物。且稀土元素具有很高的沸点，能在钢液中保持较高浓度，因此稀土元素是最强、最有效的脱氧剂、脱硫剂。虽然Mg、Ca元素等其他添加剂的脱氧产物生成自由能也较低，但其沸点很低，导致它们在钢液中的浓度小于0.010%，严重影响其脱氧、脱硫效果。稀土元素还能与Pb、Sn等有害金属元素发生交互作用，降低其对钢性能的危害，还影响钢中合金元素和凝固组织的析出行为。可以说，稀土元素在钢液的洁净化、细晶强化和夹杂物变性中起到至关重要的作用。

2.3.1.1 稀土元素对钢液的净化作用

钢中氧、硫元素对钢材性能危害很大，含量越高，钢中夹杂物数量也越多，出现大型夹杂物的概率也越大；而大型的棱角状夹杂物将对钢材基体产生恶劣影响。稀土元素极易与钢中的氧、硫元素发生反应，对钢液起到净化（降低钢中的氧、硫含量）作用。冶金热力学研究结果表明，稀土元素对钢液具有强烈的净化作用，稀土元素的脱氧能力强于常用的脱氧剂镁、铝、钛等，与钙的脱氧能力相近，脱硫能力略逊于钙；但是稀土元素与钙元素相比，其熔点较低，沸点很高，加入钢中不易挥发（而钙的沸点低，加入钢中的气化率高）。因此从净化钢液角度考虑，具有明显的优势，李佳军等人的研究结果也表明，即使钢液中的氧、硫含量很低，稀土元素也能继续与之反应，起到深度净化钢液的作用。

2.3.1.2 稀土元素对夹杂物的变质作用

钢中夹杂物对钢材韧性和冲击性能影响很大，特别是长条状MnS夹杂物对钢的冲击韧性影响很大，MnS夹杂物易变形，在热加工或轧制过程中变为长条状的带状组织增加钢材的各向异性，裂纹容易沿着长条状的MnS夹杂物扩展延伸。而稀土元素能够减少钢中MnS夹杂物的数量和尺度，或者在钢中形成稀土与MnS相复合成球状、椭球状稀土夹杂物。这类夹杂物在热加工时不易变形，保持椭球或者纺锤状形态，减少了钢材的各向异性，从而提高了冲击韧性。并且，稀土元素还可以把多棱状、不规则、多棱角的硅铝夹杂物转化、复合成球状的稀土复合夹杂物，减少了钢材基体的应力集中，提高钢材的疲劳性能。另外，稀土元素形成的夹杂物尺寸一般都比较细小而且均匀分布；在钢中，能增加晶核的数量，起到细化晶粒的作用。

2.3.1.3　稀土元素在钢中的微合金化作用

稀土元素的微合金作用主要表现为以下几方面。首先，稀土元素可以起到固溶强化作用。据文献报道，超低硫氧微合金钢中稀土固溶量可达到 10^{-5} ~ 10^{-4} 数量级。由于稀土原子与铁原子的半径相差较大，固溶使得晶格畸变较大，能起到固溶强化的作用较差。稀土元素可以改善晶界状态，稀土原子产生晶界偏聚的驱动力是稀土原子分布在晶内和晶界所引起的畸变能差。稀土原子和铁原子的原子半径相差较大，溶解在晶内造成的畸变能远大于溶解在晶界区的畸变能，因而在钢液凝固过程中稀土原子不易在晶内析出，而是大量地富集于晶界及附近，能有效阻碍 P 元素的偏聚，减小 P 对钢材的脆性影响。

此外，稀土元素可以影响钢的相变和组织形貌，在钢中固溶和在晶界附近富集的稀土元素会拖曳基体晶界而阻止再结晶，特别是稀土元素的电负性、原子尺寸和扩散速率与铁基体相差很大，因此稀土元素的拖曳作用十分显著。在钢中可以影响 C 原子、Fe 原子的扩散速率，改变钢的相变临界点，能增加过冷奥氏体的稳定性，达到改变微观组织结构、抑制碳化物析出等目的。

2.3.2　锡、锑元素在合金系统设计中的应用

炼钢过程中，矿石与废钢等核心原料不可避免地携带多种杂质元素进入炼钢炉，随着炼钢生产中废钢循环利用的比例越来越大，锡、锑等残余元素会逐渐在钢中累积，并且元素倾向于在钢的晶界及表面区域聚集，削弱钢材的高温塑性及低温冲击韧性，会对钢材的综合性能造成不利影响。

锡在钢中的主要存在形式为中间相和固溶体，通常被认为是对钢有害的元素，因为锡会影响钢材的质量，尤其是在连铸坯质量方面，可能导致热脆性、回火脆性、裂纹和断裂等问题。这是因为锡在钢中容易形成偏析，尤其是在晶界和夹杂物附近，这会降低钢材的焊接性能和整体力学性能。然而，锡也可以在特定条件下对钢材产生积极影响。

2.3.2.1　锡元素改善钢的易切削性能

锡在钢中的添加可以明显改善钢的易切削性能，而对钢的力学性能没有不利影响，这点在多项研究中得到了证实。例如，李联生等人的研究表明，在锡质量分数小于 0.05% 时，钢材具有良好的易切削性能，其力学性能也达到了国家标准。锡的添加不仅改善了钢的易切削性能，还通过在晶界和 MnS 界面上偏聚以及锡的低熔点特性引起的晶界脆化、熔融金属脆性，以及切削刀具与切屑、工件界面之间的润滑作用——熔融锡的润滑作用，进一步增强了钢的易切削性。此外，锡的添加还能使切削加工后样品表面粗糙度减小，表面质量更好，同时随着锡添加质量分数的提高，维氏硬度从 118.2 HV 上升到 143.1 HV，这表明锡的添加不仅提高了钢的易切削性能，还提升了钢的硬度。

2.3.2.2 锡元素提高钢的耐腐蚀性能

含锡钢的锈层表现出良好的稳定性和保护性。Li 等人通过模拟海水环境中的腐蚀行为发现，在腐蚀初期，含锡钢［$w(Sn)=0.038\%$］比无锡钢表现出更明显的局部腐蚀，但长时间浸泡后，含锡钢在腐蚀层形成 SnO_2 和 SnO，增加了锈层阻抗，提高了钢材耐蚀性，并通过计算费米能级验证了这一结果。锡的添加可以显著改善低合金钢在酸性溶液中的耐蚀性。通过动电位扫描、电化学阻抗谱（EIS）和模拟挂片试验，研究发现，向钢中添加少量锡能抑制钢的阳极及阴极反应，增大电化学阻抗值，从而提高低合金钢在酸性介质中的耐蚀性。对于镀锌钢板，研究表明，在熔融锌浴中添加少量锡（质量分数为 0.1%）可以改善热浸镀锌钢的耐蚀性，通过各种腐蚀测试和表面形态分析，确认了锡的添加提高了镀锌钢的耐蚀性。此外，含锡铁素体不锈钢的研究也显示，锡的添加不仅提高了材料的力学性能，还显著改善了其耐腐蚀性能。在 430 铁素体不锈钢中添加微量锡后，其腐蚀速率减小，耐均匀腐蚀性能得到改善。特别是在点蚀和晶间腐蚀方面，锡的添加表现出较好的效果。

2.3.2.3 锡元素与稀土元素的相互作用

稀土铈和低熔点金属锡的相互作用已经在多个实验中得到验证。例如，通过 Miedema 二元生成热模型计算稀土铈和锡反应的热力学数据，证明了这种相互作用是完全可能的。此外，实验结果表明，在特定条件下，稀土铈能够与钢中的锡反应生成高熔点化合物，如 $CeSn_3$ 和 Ce_3Sn_7 相，这些化合物主要以细小的球状或粒状形态分布于基体中，从而减轻低氧、低硫钢中低熔点金属元素对钢材性能的危害。这种相互作用不仅可以提高钢的力学性能，还可以通过细化晶粒和提高断裂机制来提高钢的整体质量。

2.3.2.4 锡元素抑制钢的氧化性能

从氧化性能的角度来看，锡的氧化势低于铁，这意味着锡在钢中可以起到一定的抗氧化作用。在高碳钢中，锡的存在会影响其高温氧化性能，尤其是在 990～1110 ℃的温度范围内，锡会在氧化层中显著偏聚，从而影响氧化过程。此外，锡的含量增加会抑制氧化前期的增重，但这种抑制效果随着氧化温度的升高逐渐减弱。此外，锡基合金镀层的研究也显示，锡和锡基合金镀层的可焊性优于相应的非光亮镀层，这是由于光亮镀层的表面结构致密、孔隙率小，故抗氧化能力增强。

锑同样被普遍认为是对钢材有害的元素，然而在特定条件下，通过精确控制锑的添加量和与其他合金元素的配比，锑也能对钢材的性能产生积极的影响。

以耐候钢为例，在钢的大气腐蚀过程中，合金元素锡遇水会形成 $Sn(OH)_2$，在干湿交替的环境中，还会发生脱水反应，生成 SnO 和 SnO_2，在水溶液中，SnO 和 SnO_2 稳定且具有钝性，在稀酸和碱溶液中，SnO_2 同样也可以保持稳定性。合金元素 Sb 在水溶液中也可以被氧化成稳定的含 Sb 氧化物 Sb_2O_5，稳定的 Sb_2O_5 主要分布在外锈层，具有多孔结构的 Sb_2O_3 主要分布在内锈层中，在强氧化条件下，转化为 Sb_2O_5，在大气腐蚀环境中，合金元素锡与锑都可以转化成稳定的氧化物，从而提高耐蚀性。

2.3.3　稀土和锡协同改善钢的耐蚀性

以稀土和锡协同改善钢的耐蚀性为例，采用第一性原理计算辅助合金系统设计，从量子力学的基本原理出发，模拟并预测稀土与锡在钢中的行为及其对耐蚀性的影响，通过精确计算电子结构和化学键合，稀土与锡的协同效应，减少实验成本，提高研究效率。

基于密度泛函理论第一性原理，采用 Materials Studio 软件中的 CASTEP 模块进行计算。首先以 α-Fe 单胞模型为基础，构建了 2 × 2 × 2 的 α-Fe 超晶胞模型，C 原子掺杂在八面体间隙处，并用 Mn 原子和 Si 原子取代顶角上的 Fe 原子，构建了 Fe-C 超晶胞（实际为 Fe-C-Si-Mn 超晶胞，为方便表述，以 Fe-C-Si-Mn 超晶胞为基础构建的模型前缀均用 Fe-C 来简述），在此基础上，用 Sn 原子和 Ce 原子分别取代 Fe-C 超晶胞顶角位置的 Fe 原子，构建出 Fe-C-Sn 和 Fe-C-Ce 超晶胞，并同时用 Sn 原子和 Ce 原子取代 Fe-C 超晶胞顶角位置的 Fe 原子，构建了 Fe-C-Sn-Ce 超晶胞，如图 2-23 所示。从二维码里的彩图可见，紫色小球为 Fe，绿色为 C，红色为 Mn，粉色为 Si，白色为 Sn，黄色为 Ce。

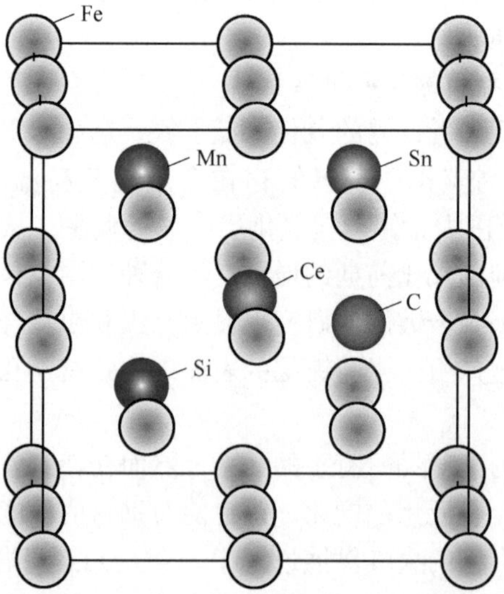

彩图

图 2-23　Fe-C-Sn-Ce 超晶胞

所构建的四个模型所有计算均采用广义梯度近似 GGA 下的 PBE 泛函形式，平面波截断能选取 400 eV，自洽场循环收敛选取 1.0×10^{-6} eV/atom，自洽运算总能量收敛选取 1.0×10^{-5} eV/atom，k 点网格尺寸设置 $3\times3\times3$，赝势法采用超软赝势。

分别对四个体系进行几何优化和能量计算，得到晶胞总能量见表 2-10。一般来说，晶胞总能量越低，合金系统稳定性越好，耐蚀性越好。从表中可以看出，Fe-C-Sn 和 Fe-C-Ce 超晶胞的总能量均低于 Fe-C 超晶胞的，表明加入 Sn 和 Ce 均能提高合金系统的耐蚀性，同时 Fe-C-Sn-Ce 超晶胞总能量最低，即同时加入 Sn 和 Ce 在改善合金系统耐蚀性方面的效果更好。

表 2-10 四种体系的晶胞总能量

体 系	Fe-C	Fe-C-Sn	Fe-C-Ce	Fe-C-Sn-Ce
晶胞总能量/eV	-15270.7	-16466.3	-15652.3	-16849.5

为了解 Fe-C、Fe-C-Sn、Fe-C-Ce 和 Fe-C-Sn-Ce 合金系统的电子结构，通过 CASTEP 模块计算了四种模型的态密度（DOS）。DOS 被定义为在给定的窄能量范围内每单位体积金属的量子态数，因此可以使用 DOS 来评估电子结构。

图 2-24 为四个体系的总态密度图。图中 x 轴表示重新调整的能级使所有结构的费米能量等于零。费米能级被定义为基态时占据电子的最高能级，因此，低于费米能级的状态被电子占据，而费米能级以上的状态是空的。

溶液中金属电极上电子转移反应的速率常数与金属的态密度成正比。在电化学反应中，费米能级的价电子很容易在离子和金属之间转移，因此，费米能级（已占据峰）及其附近的 DOS 对于确定电化学反应性（还原/氧化反应性）非常重要。表 2-11 为计算得出四个体系在费米能级附近的态密度值。

表 2-11 四种体系在费米能级附近的态密度值

体 系	Fe-C	Fe-C-Sn	Fe-C-Ce	Fe-C-Sn-Ce
态密度峰值/eV^{-1} 及对应的横坐标/eV	30.01022 -1.43714	29.51720 -1.71341	30.07174 -1.77797	29.50963 -1.81380
赝能隙/eV	0.65416	1.00719	1.05936	2.01497

态密度峰值对应的横坐标越大，表示核外电子越容易分布在高能量区域，体系越容易失去电子，从表 2-11 中可以看出，Fe-C、Fe-C-Sn、Fe-C-Ce 和 Fe-C-Sn-Ce 四种体系的态密度峰值相差不大，而态密度峰值时的横坐标依次减小，即耐蚀性依次增强。

在态密度图中，费米能级两侧两个尖峰之间非零的距离定义为赝能隙。赝能

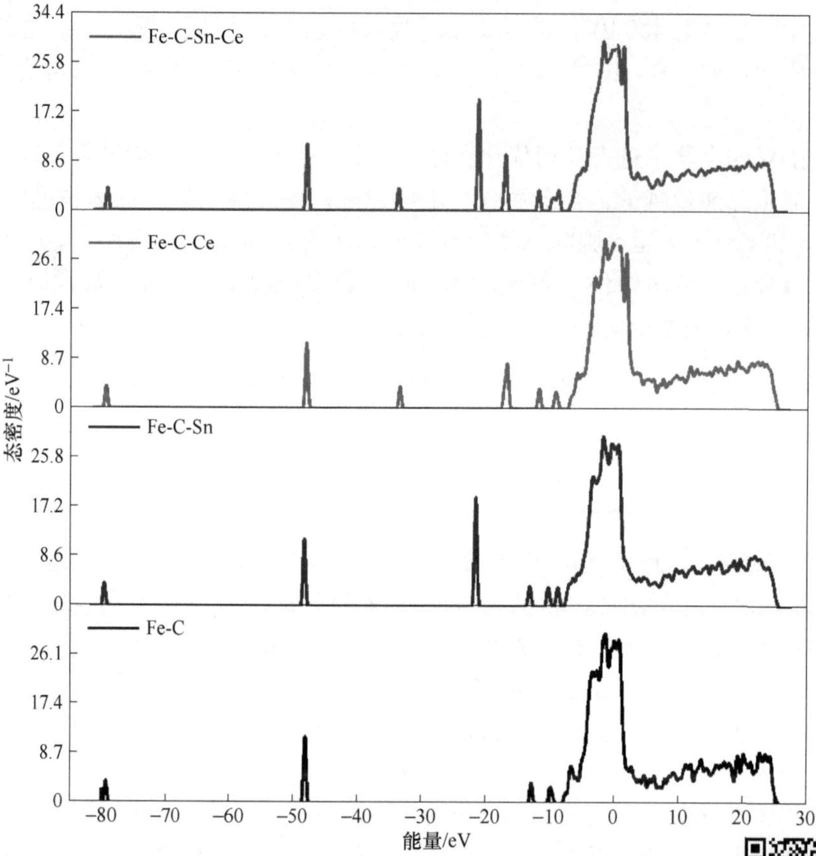

图 2-24　四种体系的总态密度图

彩图

隙值越大，表示体系共价性越强。表 2-11 为不同体系的态密度赝能隙的大小，Fe-C-Sn-Ce 的赝能隙值最大，Fe-C-Ce 和 Fe-C-Sn 次之，Fe-C 体系的赝能隙值最小，说明固溶后 Ce 原子与晶胞内其他原子的共价键作用比 Sn 原子强。

原子间是否成键以及成键的具体轨道可以用态密度和分波态密度来分析，但二者无法量化成键强弱。因此，为了更直观地揭示 Sn 原子、Ce 原子和 Fe 原子间的键合性质，量化成键强弱，同时计算了体系的 Mulliken 电荷布居和重叠成键布居数。电荷布居数可以量化电荷的得失情况，重叠成键布居数可以量化体系的共价键作用强弱，其值越大，表示共价键作用越强。

表 2-12 为三种体系的 Mulliken 电荷布居，表中电荷为正表示失电子，为负表示得电子。从表 2-12 中可以看出，C、Si 和大部分 Fe 均表现为得电子，Mn、Sn、Ce 均表现为失电子。从电子转移数量来看，Fe-C-Sn 体系中 Sn 转移的电子

数为 2.70，Fe-C-Ce 体系中 Ce 转移的电子数为 2.73，两个体系中 Sn 和 Ce 电子转移的数量都较大，且相差不多。电子转移数量越大，键合作用越强，则晶胞越稳定，即两个体系都较为稳定。Fe-C-Sn-Ce 体系中 Sn 转移的电子数为 2.33，Ce 转移的电子数为 1.47，说明 Fe-C-Sn-Ce 体系相对没有 Fe-C-Sn 和 Fe-C-Ce 体系稳定。

表 2-12 三种体系的 Mulliken 电荷布居

原子	Fe-C-Sn	Fe-C-Ce	Fe-C-Sn-Ce
C	-0.70	-0.69	-0.66
Si	-0.04	-0.06	-0.08
Mn	1.29	1.28	1.20
Fe1 ~ 12	均为 -0.20 左右的负值		
Fe13	0.14	0.14	—
Sn	2.70	—	2.33
Ce	—	2.73	1.47

表 2-13 为四种体系的重叠成键布居数，从表中可以看出，Fe-C-Sn-Ce 体系的重叠成键布居数最大，表明该体系的共价键作用强，原子间的作用力大，强化效果好。这与之前所述赝能隙值的结果一致。

表 2-13 四种体系的重叠成键布居数

体 系	Fe-C	Fe-C-Sn	Fe-C-Ce	Fe-C-Sn-Ce
重叠成键布居数	11.06	14.61	15.60	17.46

在得到计算结果后选取 21Ce310Sn 钢、34Ce 钢、0Ce 钢进行实验验证，经周期浸润腐蚀实验，三种实验钢耐蚀性强弱顺序为：21Ce310Sn 钢 > 34Ce 钢 > 0Ce 钢。腐蚀 168 h 时，34Ce 钢和 21Ce310Sn 钢的腐蚀速率与 0Ce 钢相比分别下降了 4.0% 和 7.1%。

实验钢的质量损失和腐蚀速率如图 2-25 所示。

极化曲线拟合数据得出，21Ce310Sn 钢的自腐蚀电位最高，腐蚀电流密度最小，说明其腐蚀倾向较 34Ce 钢和 0Ce 钢小，腐蚀速率慢，耐蚀性能好。电化学阻抗谱结果表明，34Ce 钢和 21Ce310Sn 钢的 Nyquist 图半径和拟合电荷转移电阻均比 0Ce 钢的大，即铈元素和锡元素的加入提高了低碳钢的耐蚀性能。

实验钢极化曲线 Tafel 拟合结果见表 2-14。

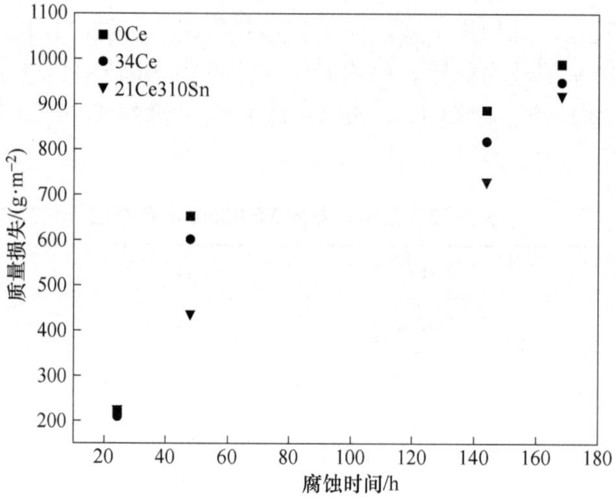

(a)

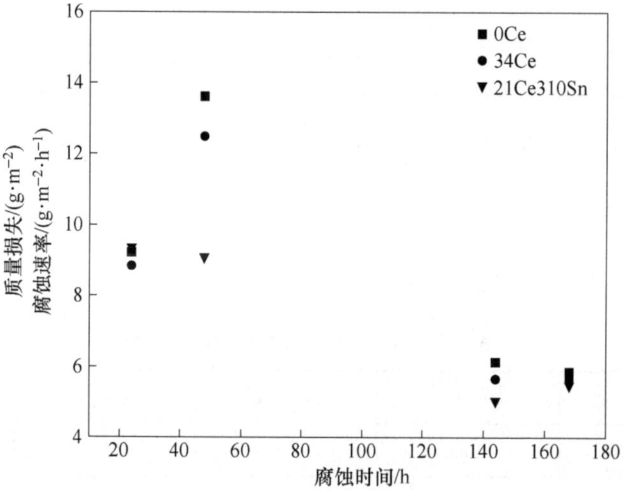

(b)

彩图

图 2-25　实验钢的质量损失和腐蚀速度

（a）质量损失；（b）腐蚀速率

表 2-14　实验钢极化曲线 Tafel 拟合结果

实验钢	自腐蚀电位/V	腐蚀电流密度/(mA · cm^{-2})
0Ce 钢	-0. 69	25. 5
34Ce 钢	-0. 67	15. 0
21Ce310Sn 钢	-0. 63	11. 7

2.4 大数据、机器学习在功能性型钢开发中的应用

2.4.1 灰关联分析

进行灰关联分析时，首先要确定母因素和子因素数列，然后对各数列进行生成处理以获得较有规律的数据列。先将数据进行无量纲化处理，因为各种数据的量纲不同，有可能使一些数值小的因素失去作用，而数值大的因素被夸大而无法相比较。均值化处理是常用的无量纲化处理方法，均值化处理为式（2-1）和式（2-2）。

$$Y_i(k) = \frac{x_i(k)}{\frac{1}{n}\sum_{k=1}^{n} x_i(k)} \tag{2-1}$$

式中 $i=1,\ 2,\ \cdots,\ m$；

$k=1,\ 2,\ \cdots,\ n$；

$Y_i(k)$——各子因素的均值化数列；

$x_i(k)$——子因素序列。

$$Y_0(k) = \frac{x_0(k)}{\frac{1}{n}\sum_{k=1}^{n} x_0(k)} \tag{2-2}$$

式中 $k=1,\ 2,\ \cdots,\ n$；

$Y_0(k)$——母因素的均值化数列；

$x_0(k)$——母因素序列。

然后按照式（2-3）和式（2-4），求出灰关联系数 ξ_i 和灰关联度 γ_i：

$$\xi_i(k) = \frac{\min\limits_i \min\limits_k |Y_0(k) - Y_i(k)| + \rho \times \max\limits_i \max\limits_k |Y_0(k) - Y_i(k)|}{|Y_0(k) - Y_i(k)| + \rho \times \max\limits_i \max\limits_k |Y_0(k) - Y_i(k)|} \tag{2-3}$$

式中 ρ——分辨系数，一般为 0 ~ 1，大多数取 0.5。

$$\gamma_i = \frac{1}{n}\sum_{k}^{1} \xi_i(k) \tag{2-4}$$

式中 $k=1,\ 2,\ \cdots,\ n$。

通过比较子因素与母因素灰关联度的大小，分析子因素对母因素的影响程度。灰关联度大的因素，影响程度也大。

利用灰关联分析探究了某钢 H 型钢大型线轧制工艺参数对 Q3551 及 H 型钢力学性能的影响及显著性排序，研究结果表明：精轧终轧温度对屈服强度、抗拉强度及冲击功的影响显著，粗轧终轧温度的影响次之；粗轧终轧温度和变形量对断后伸长率的影响显著，精轧终轧温度的影响次之。

2.4.2 机器学习在合金系统设计的应用

钢铁行业的信息化发展较早，其生产过程中产生的海量数据为大数据挖掘技术在该行业的应用奠定了基础。早期钢铁行业大数据主要应用于供应链与下游客户之间的关系、订单及发货流程管理等，后来随着数据挖掘技术及机器学习算法的进步，信息化、智能化逐渐应用于产品质量的控制、生产工艺的优化等方向。近年来，通过数据信息挖掘及机器学习算法引领钢铁生产的传统自动化向信息智能化转变，实现钢铁生产流程的智能决策，已成为钢铁行业主要发展潮流和趋势。

钢铁的力学性能一直是生产厂家与客户关注的核心要素，传统的“试错法”进行成分工艺调试以期望满足相应的力学性能，会导致产品的浪费，同时效率低、周期长，无法事先实现产品质量控制，因此，关于钢铁力学性能预测的研究一直是钢铁领域的热点。早在 20 世纪 60 年代，国外学者便根据轧制时的变形条件和温度条件创建出了物理冶金数学模型分析组织变化及析出规律；20 世纪 90 年代，美国开发出了预测误差仅为 5% 的板材热轧过程的模拟软件（AISI-HSMM）。但是随着钢材生产线的更新以及输入、输出变量的复杂化，简单的物理冶金模型及经验公式的局限性逐渐凸显出来。

随着数据挖掘及机器学习的快速发展，基于各种学习算法实现钢铁材料的性能预测已经成为研究热点。东北大学刘振宇教授在国内外率先实现了基于神经网络建立智能化力学性能在线预测模块，实现力学性能的高精度预报，实现产品性能预测及质量问题的解决；Wang 等人提出了一种基于支持向量机（SVR）和粒子群算法（PSO）的模糊模型实现了热轧钢力学性能的准确预测；Shigemori 在商业化生产中应用的基于局部加权回归模型降低了产品的力学性能偏差，同时在维护负荷方面效果显著。现阶段对于钢铁材料的力学性能预测主要以传统物理、力学冶金原理为基础，实现物理冶金模型与机器学习智能预测相结合，两者结果相互验证，准确预测产品的最终力学性能。

参 考 文 献

[1] Allison J. Integrated computational materials engineering: A perspective onprogress and future steps [J]. JOM Journal of the Minerals, Metals & Materials Society, 2011, 63 (4): 15-18.

[2] Allison J D B, Christodoulou L. Integrated computationalmaterials engineering: A new paradigm for the global materials profession [J]. JOM Journal of the Minerals, Metals & Materials Society. 2006; 58 (11): 25-27.

[3] Allison J, Li M, Wolverton C, et al. Virtual aluminum castings: An industrial application of ICME [J]. JOM Journal of the Minerals, Metals and Materials Society. 2006, 58 (11): 28-35.

[4] 赵继成. 材料基因组计划简介 [J]. 自然杂志, 2014, 36 (2): 89-104.

[5] Olson G B. Genomic materials design: The ferrous frontier [J]. Acta Materialia, 2013, 61 (3): 771-781.

[6] Bhadeshia H H K D. The first bulk nanostructured metal [J]. Science & Technology of Advanced Materials, 2013, 14 (1): 014202.

[7] 李殿中. 集成材料计算模拟: 金属制备工艺研究的新范式 [J]. 金属学报, 2018, 54 (2): 129-130.

[8] 秦家梅. 钢的微合金化及 H 型钢的控制轧制 [J]. 马钢科研, 2001 (4): 25-32.

[9] Gutierrez I. Effect of microstructure on the impact toughness of Nb-microalloyed steel: Generalisation of existing relations from ferrite-pearlite to high strength microstructures [J]. Materials Science and Engineering A, 2013, (571): 57-67.

[10] 修文翠. 超级贝氏体转变机制与强韧性研究 [D]. 长春: 长春工业大学, 2020.

[11] Maugis P, Goune M. Kinetics of vanadium carbonitride precipitation in steel: A computer model [J]. Acta Materialia, 2005, 53 (12): 3359-3367.

[12] 任鸿儒. Ce 元素对 Q345H 型钢的洁净度、组织和力学性能影响的研究 [D]. 太原: 太原理工大学, 2012.

[13] 李佳军. 微量稀土元素对 Q235B 钢的洁净化、组织和性能的影响 [D]. 太原: 太原理工大学, 2011.

[14] 林勤, 叶文, 陈宁, 等. 超低硫微合金钢中稀土元素的作用 [J]. 中国稀土学报, 1997, (3): 37-42.

[15] 孙桂林. 钢中残余元素锡与锑析出行为的基础研究 [D]. 北京: 北京科技大学, 2016.

[16] 李联生, 朱荣, 孙彦辉, 等. 易切削钢中夹杂物及锡的形态 [J]. 北京科技大学学报, 2004, (5): 471-473.

[17] 张永军, 韩静涛. 含锡易切削中碳钢的切削加工性能 [J]. 钢铁研究学报, 2018, 30 (1): 66-70.

[18] 徐康, 绍晖, 徐翔宇, 等. 锡在易切削钢中的赋存形式及对切削性能影响 [J]. 炼钢, 2022, 38 (6): 66-72, 79.

[19] Li H, Yu H, Zhou T, et al. Effect of tin on the corrosion behavior of sea-water corrosion-resisting steel [J]. Materials & Design, 2015, 84: 1-9.

[20] 陈珊，李国明，王小燕，等. 锡对低合金钢在高 Cl^- 浓度酸性溶液中耐蚀性的影响 [J]. 腐蚀与防护，2013，34（6）：479-481.

[21] Hamid Z A, Abd El Rehim S S, Abou Shama A, et al. Improvement the corrosion resistance for the galvanized steel by adding Sn [J]. Journal of Surface Engineered Materials and Advanced Technology, 2016, 6 (2): 58-71.

[22] 韩纪鹏，李阳，姜周华，等. 含锡铁素体不锈钢的开发及性能研究 [J]. 东北大学学报（自然科学版），2014，35（9）：1275-1278.

[23] 李继强，张金柱，杨宗伦. 稀土铈与锡的相互作用研究 [J]. 现代机械，2005（2）：72-73.

[24] 张金柱，陈旭，赵跃萍. 钢中铈与锡相互作用的研究 [J]. 钢铁，2008（10）：62-66.

[25] 张磊. 残余元素锡对高碳钢组织与性能的影响研究 [D]. 重庆：重庆大学，2018.

[26] 庄瑞舫. 锡和锡基合金镀层的可焊性研究 [J]. 电镀与精饰，1997（4）：4-12.

[27] 陈昊男. 含 Sn、Sb 耐候钢的应用可行性及耐蚀机理研究 [D]. 沈阳：沈阳大学，2021.

[28] 刘香军，杨昌桥，任慧平，等. 钢中元素对铈在 α-Fe 中固溶影响的第一性原理研究 [J]. 中国稀土学报，2023，41（4）：782-793.

[29] 文平，李春福，赵毅，等. Cr，Mo，Ni 在 α-Fe(C) 中占位、键合性质及合金化效应的第一性原理研究 [J]. 物理学报，2014，63（19）：288-295.

[30] 雒娅楠. 海洋环境中金属材料现场电化学检测及冲刷腐蚀研究 [D]. 天津：天津大学，2009.

[31] 傅立. 灰色系统理论及其应用 [M]. 北京：科学技术文献出版社，1992.

[32] 狄奇. 基于深度学习的轧钢性能预测研究 [D]. 武汉：武汉科技大学，2020.

[33] Wang X, Qin B. Reduced-support-vector-based fuzzy-neural model with application to the material property prediction [C]//Fuzzy Systems and Knowledge Discovery, 2009. FSKD'09. 2009.

[34] Shigemori H. Mechanical property control system for cold rolled steel sheet through locally weighted regression model [C]//Control Conference. IEEE, 2013.

3　型钢设计制造全流程中的数智化

《中国制造2025》指出，到2025年，我国要进入世界制造强国的行列。《中国制造2025》的核心是创新驱动发展，主线是工业化和信息化两化融合，主攻方向是智能制造，最终实现制造业数字化、网络化、智能化。钢铁工业作为制造业的典型代表，近年来，钢铁工业智能制造处于快速发展阶段，2022年2月7日，工业和信息化部、国家发展和改革委员会、生态环境部三部门联合发布了《关于促进钢铁工业高质量发展的指导意见》，提出了12项主要任务，“大力发展智能制造”是其中的第7项任务。

“十三五”是中国经济、科技发展的重要时期，此期间以钢铁为代表的基础原材料工业得到迅速发展，环境保护、节能减排、可循环、绿色制造，以及降低成本、节约资源成为钢铁产品制造技术发展的必由之路。此外，“十三五”期间，以智能制造为代表的新一轮科技革命和产业变革风起云涌，智能转型是建设制造强国的关键所在。随着人工智能、互联网以及大数据等新一代信息技术与制造业的融合发展，数字化、网络化和智能化逐渐成为制造业发展的重要方向，智能制造迈上了一个新台阶。

3.1　数字化技术及在型钢中的应用

3.1.1　数字化技术发展简介

3.1.1.1　*数字化技术概念*

对于数字化的概念，学术界还没有达成共识。一般认为，数字化的定义是指对信息转化成二进制代码（0和1），并对其进行加工处理的过程。而数字化技术是计算机技术、多媒体技术以及互联网技术的基础，是实现信息数字化的技术手段。它将客观世界中的事物转换成计算机唯一能识别的机器语言，即二进制0和1，从而实现后续一系列的加工处理等操作。数字化技术一般包括数字编码、数字压缩、数字传输、数字调制与解调等技术。

3.1.1.2　*数字化技术的发展现状*

近年来，美国“制造业回归”的呼声日益壮大，美国政府也强力推动国内劳动力在土地成本方面的升高，对比而言，我国传统制造业所依赖的优势已经不适合国际社会的竞争力了。随着信息化技术不断更新，全球经济正在稳步复苏，国际社会设计与制造行业的竞争力空前加大，在新的工业体系中，我国设计与制造业面临的局势很被动，但是，严峻的挑战同样代表着机遇的来临，我国数字化在设计与制造业中的地位日益明显，加快在设计与制造业的数字化进程是大势所趋。对此，在新的国际竞争中，中国面临数字化核心的技术应用，显然取得了很大的成就，我国在设计与制造行业的投入，也在不断对原有的工业类型进行转型。这无疑是数字化时代的一个重要战略抉择。

现阶段，数字化在我国设计与制造业的应用中取得显著成果。近年来，广大企业改变了传统的制备工艺，结合互联网等相关技术，取得了突飞猛进的发展。在此基础上，数字化技术运用于设计与制造业的发展正在不断深入，例如，企业通过产品、工艺和生产资源的集成优化技术等。数字化运用于装备和维修，全面展现出了数字化在企业集成运用的效果，成为一种全新的生产模式。数字化能够用其自身具备的优势，满足新时代企业发展的市场需求，我国在数字化方面的投入已经可以满足数字化设计与制造业的需求。并且，经过数字化的不断完善，在设计与制造管理方面，数字化技术也得到了广泛应用，生产管理效率得到了很大的提升。

3.1.1.3　数字化技术未来的发展趋势

随着计算机和网络技术的发展，使得基于多媒体计算机系统和通信网络的数字化制造技术为现代制造系统的并行作业、分布式运行、虚拟协作、远程操作与监视等提供了可能。数字化制造技术与产品的发展趋势如下。

（1）制造信息的数字化，将实现 CAD/CAPP/CAM/CAE 的一体化，使产品向无图纸制造方向发展，如产品 CAD 数据经过校核，直接传送给数控机床完成加工就是一例。

（2）通过局域网实现企业内部并行工程，通过 Internet 建立跨地区的虚拟企业，实现资源共享，优化配置，使制造业向互联网复制制造方向发展。

（3）将数字化技术注入传统产品，开发新产品，无论从工业装备和人民生活需求都是社会发展的趋势。

特别是在我国，国家在数字装备和数字制造的基础研究方面加大资助力度，建立国家级的研究中心和工程中心；与数字地球、数字流域、数字城市等数字技术相适应，大力发展和应用适合我国国情和国防建设的数字技术和数字装备；特别重视人才的培养建设，大力培养一批具有创新意识、思维活跃、立足国内的从事数字制造基础研究的高科技人才；积极开展数字制造的国际交流和合作，尽快提高我国数字制造的研究水平，实现我国制造业的跨越式发展。

3.1.2　数字化技术在轧钢过程中的应用

3.1.2.1　大型复杂断面型钢数字化高质量轧制理论与技术

大型复杂断面异型型钢轧制孔型系统设计、优化、配辊加工及轧制过程产品尺寸形状高精度控制是一个复杂的工艺系统，采用传统的以经验试错方法为主的工艺技术难以满足高质量、高精度大型复杂断面型材的要求。

攀钢（攀钢集团有限公司）、山钢（山东钢铁集团有限公司）等企业联合北京科技大学自主研发出一整套高质量高速重载钢轨及大型复杂断面型材数字化智能设计制造技术及关键软硬件，实现大规模产业化应用。关键技术如下。

（1）独创的钢轨全流程孔型工艺数字化智能设计加工系统解决了复杂型材孔型工艺全流程数字建模、智能设计及配辊加工关键软硬件难题，实现高质量钢轨及异型材孔型系统和工艺数字化智能设计、配辊加工研发效率大幅度提高。

（2）高速重载钢轨全流程性能稳定性预测控制成套技术。实现钢轨性能及稳定组织超细均匀、超低残余应力。

（3）创建钢轨轧制补偿模型及全长尺寸在线智能控制技术。研发出辊缝在线监测、补偿及智能控制整套软硬件技术，解决了钢轨局部“高点”难题。

（4）研发出钢轨轧制局部润滑及表面质量控制设备技术。解决了钢轨轧疤、轧痕等表面质量控制难题，轧辊寿命延长 1 倍多。

攀钢完成高质量高速钢轨、重载轨、道岔轨 3 大系列 50 多种，大量用于国内外高铁、重载铁路。山钢开发出 J 形等多种复杂断面型钢，成功应用于大型机械装备制造等领域，使中国在轧制数字化技术开发与应用方面进入国际前列。

3.1.2.2 数字化技术在高精度复杂断面型钢开发及工艺控制中的应用

山钢莱芜分公司在针对叉车门架用系列型钢的开发过程中，数字化系统得到了很好的应用。叉车门架用 160Ja 型钢产品主要应用于 2 ~ 3 t 叉车的内门架制作，该产品断面属于典型的非对称复杂断面型钢产品。孔型及工艺设计工程师在开发过程中首先要避免诸如过充满、翘扣头等缺陷的产生。轧件中间道次变形的不均匀会造成轧件出轧机后发生扭转，严重的扭转不仅会造成轧机设备损坏，更严重的是直接影响成品尺寸是否满足技术指标的要求。

在数字化系统平台上通过对 160Ja 型钢的全过程设计—模拟—优化，直观再现了中间轧制道次的各种缺陷，在虚拟的环境下为工艺设计人员避免了各种试错设计和试轧失误，节省了大量的开发时间和成本，实现试轧一次通槽，最终成功轧出优质产品。160Ja 开发过程中数字化系统应用的典型图例及产品断面照片如图 3-1所示。此外，山钢在使用数字化系统成功开发 160Ja 的基础上，进一步完成了难度更大的 180Jb 门架型钢的开发。与 160Ja 相同，180Jb 门架型钢一次性试轧成功。

3.1.2.3 基于大数据全流程一体化管控的钢铁智能制造技术

中冶赛迪自主开发的“基于大数据一体化管控平台及大规模集控的铁区智能制造技术”展现了以智能化大数据推动产业转型升级的实力。在武钢总承包建设的铁区操控中心和热轧操控中心投用，实现铁、烧、焦、料、能源、转底炉、环

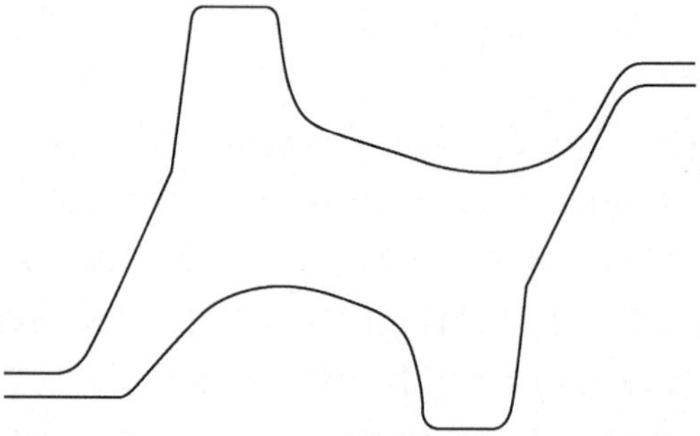

(a)

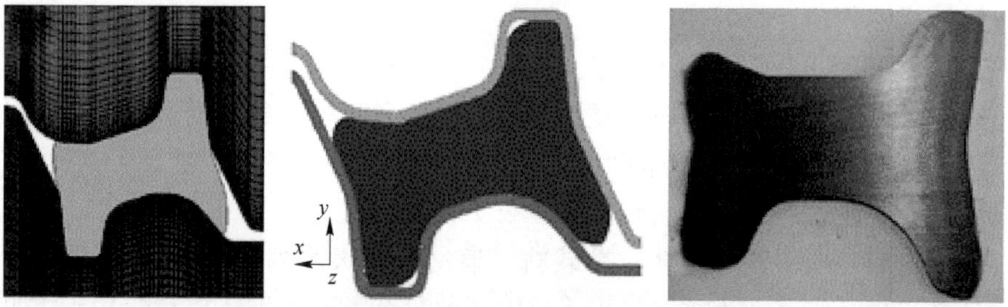

(b)

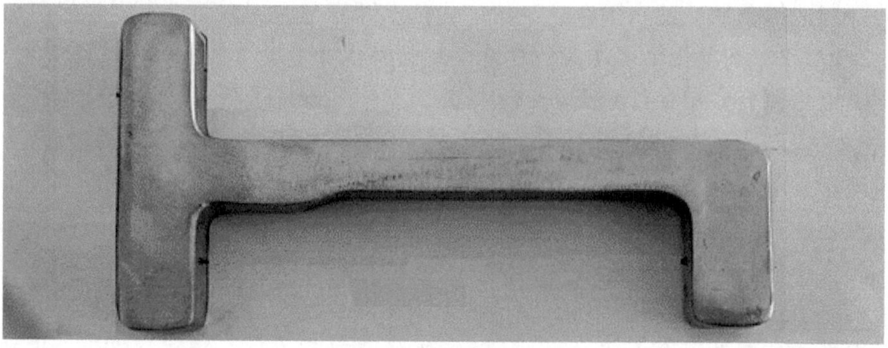

(c)

图 3-1　160Ja 门架型钢开发过程图例

（a）160Ja 门架型钢中间道次孔型示意图；（b）160Ja 形断面门架型钢
中间道次数值计算模型的生成、计算结果、轧制结果及对比；
（c）开发成功的 160Ja 产品断面

保七大工序的智慧集中控制与热轧产线的远程轧钢，推动武钢向“智造”迈进。打造领先的轧钢集中操控中心和决策中心：武钢热轧操控中心利用中冶赛迪的 Cis-digital 工业互联网平台，成功打造热轧数字工厂，实现热轧产线的远程轧钢。操控中心（一期）打通了 2250 热轧产线的 26 个子系统，采集多达 38000 点数据（其中 7000 点为周期 10 ms 的高频数据），从人、机、料、法、环5个维度实现热轧车间全面数字化，采用大数据分析技术实现质量、设备、效率、能耗、成本、安环、运营等主题的智慧应用，平台的数据分析自定义能力，实现全员参与、全面提效的目标，采用“轻推”平台的生产协同系统，高效完成人机协同。

3.1.2.4 莱钢H型钢成分设计

北京科技大学在优化莱钢H型钢性能时，以H型钢的力学性能为主要目标，不断调整合金系统，目前共进行了五次试轧试验和两次大生产试验。将试验的数据进行整理总结，利用皮尔逊相关性分析方法，计算合金成分和工艺参数对力学性能的影响系数，结果如图3-2所示。图中，从C依次到N分别代表合金元素，虚线框区域内为合金成分和工艺参数与力学性能的相关性数据。

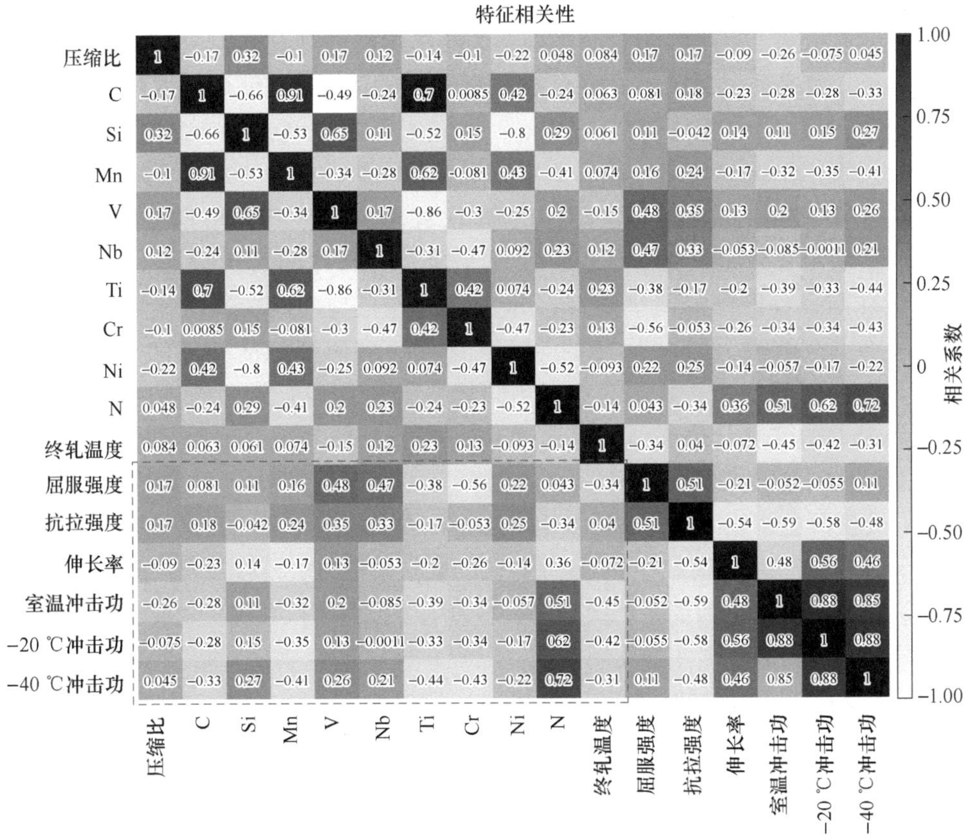

图3-2 相关性热力图

彩图

根据以往的数据分析经验和相关文献研究结果，强度和伸长率的相关性一般能与实际情况吻合，而冲击功由于存在非金属夹杂物、带状组织、铸坯裂纹等不受合金成分和轧制工艺参数主导或影响的因素，其相关性系数容易与实际规律有一定偏差。从相关性结果来看，试制的合金成分和工艺参数与力学性能的关系基本符合物理冶金规律，部分相关性与物理冶金规律不符的主要原因是数据量较少，且试制的合金系统和工艺参数均有人工设计的影响。只依照物理冶金规律设计成分和工艺容易忽视复杂的合金系统和工艺条件带来的耦合影响，而只参照数据分析的结果，则可能做出完全违反物理冶金规律的举措。利用相关性分析，将结果与物理冶金规律结合起来，可以对合金系统和工艺参数的调控做出更好、更实际的指导。

3.2　型钢全轧程三维热力耦合模拟仿真

数值模拟前处理主要包含结构网格、流体网格处理，其中网格质量能够影响最终的计算分析结果。在孔型参数化设计与有限元数值模拟一体化的程序开发过程中，为便于工程技术人员使用，结合复杂断面型钢孔型参数化 CAD 二次开发模块，CAE 模块通过底层调用有限元软件前处理，实现了无须人工处理的三维 CAD 模型的构建；同时针对各道次轧辊和轧件等网格划分的参数化，通过底层调用有限元软件前处理，实现无须人工操作的后台分网，快速完成各道次轧制过程模型的网格划分；开发完成各孔型的相关 GUI 界面及程序，实现了各几何参数及网格尺寸的输入、修改、数值模拟前处理的底层调用、网格划分和模型输出，从而完成了不同规格尺寸孔型有限元网格的划分及相关边界条件的建立及修改。最终通过 CAE 模块功能实现对型钢数值模拟的计算目标。

结合实际生产线的工艺布局及生产装备，需要将型钢全轧程进行切割、分段组合，分段后针对典型工艺特点建立相应的数值模拟模块，将各模块整合到统一的 GUI 界面下，形成万能生产线全轧程热力耦合数值模拟系统。主要型钢数值模拟模块有：二辊及多辊孔型轧制模块、三辊斜轧孔型模块、万能/半万能轧制模块、U-E 二机架连轧模块、U-E-U 三机架连轧模块、除鳞辊道、道次时间间隔、控制冷却等模块。同时，为了完成全轧程热力耦合数值模拟，针对轧制过程中轧件网格畸变的情况，开发了逆向软件构建数字化及温度映射模块，从而实现型钢结构几何形状与温度场的继承与传递。全轧程热力耦合数值模拟系统中，主要包括小型线、中型线和大型线三部分，该系统能够完成对多辊孔型高精度型钢的轧制工作。使用者可通过图形界面查看相应的轧件尺寸、轧辊与轧件温度、辐射系数、水平辊与立辊等生产数据信息。

应用此开发系统实现了准确快捷地完成复杂断面型钢多规格产品的轧制过程

数值计算模型的建立，并高效获得了型钢轧制全流程中轧件尺寸形状及物理场、力学性能参数等设备与工艺控制的关键技术数据与规律。

3.2.1 典型型钢轧制过程中的场分析（温度场、应力场、应变场）

典型型钢轧制过程中的场分析以球扁钢的热轧全流程三维数值模拟为例。

基于 ABAQUS 大型商用有限元软件对大型球扁钢进行了全轧程的有限元模拟，对球扁钢各道次的变形情况及温度场进行了相关分析。图 3-3 为 HP370 × 13 球扁钢的轧制模拟流程示意图，坯料尺寸 280mm × 165mm。通过变形参数的计算，可以发现模拟计算出来的面缩率与依据孔型估算出的面缩率结果相近，这就实现了对模型可靠性的验证。

(a) (b) (c)

彩图

图 3-3 球扁钢轧制模拟流程图

(a) 粗轧；(b) 中轧；(c) 精轧

3.2.1.1 粗轧模拟结果

粗轧过程包括 K10 ~ K6 共 5 个道次。图 3-4 和图 3-5 分别为 K10 和 K6 道次下坯料的应力、应变、温度云图和充型情况。

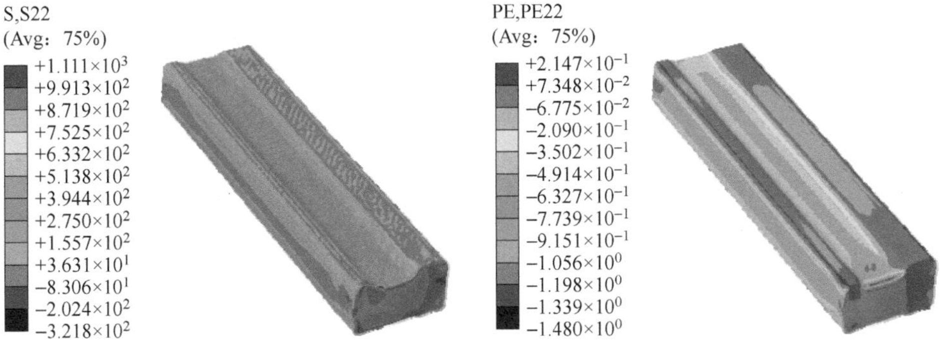

(a) (b)

图 3-4　K10 的模拟结果

（a）应力云图；（b）应变云图；（c）温度云图；（d）充型情况

彩图

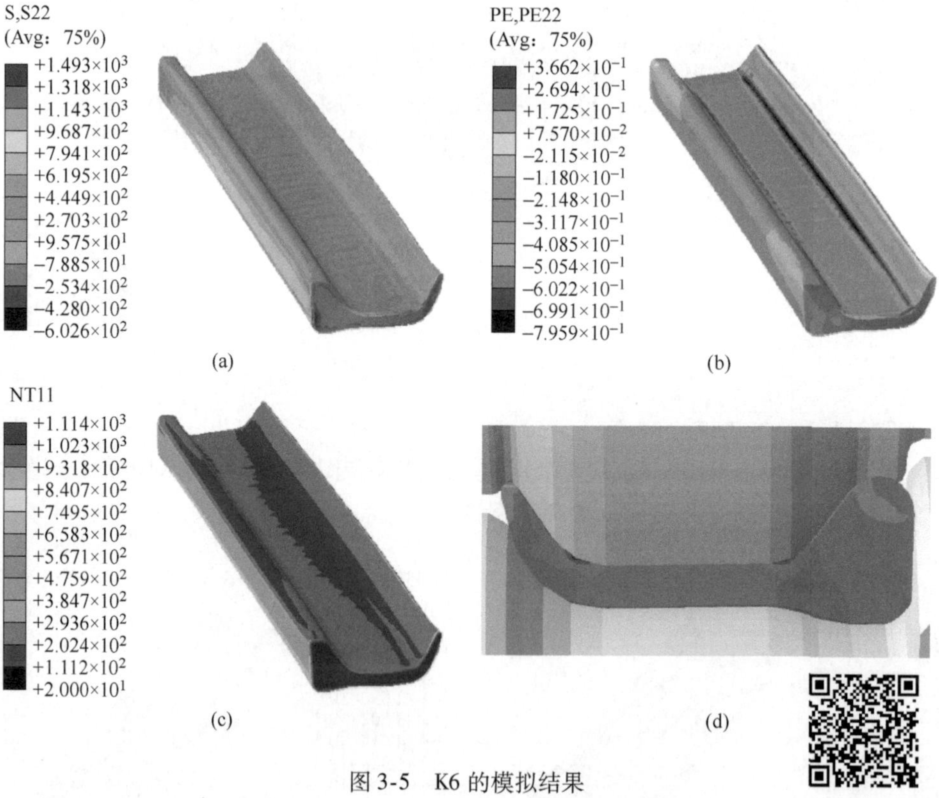

图 3-5　K6 的模拟结果

（a）应力云图；（b）应变云图；（c）温度云图；（d）充型情况

彩图

图 3-6 为 K6 道次轧制过程中关键点的应变变化情况。从图中可以看出：在 Q850 轧机粗轧过程中，腹板位置的压下量较大，球头位置变形量小，腹板在轧

件厚度方向上的塑性应变量要远远大于球头处。K6 道次下腹板 1/3 处的应变量最大（4 号位置）。

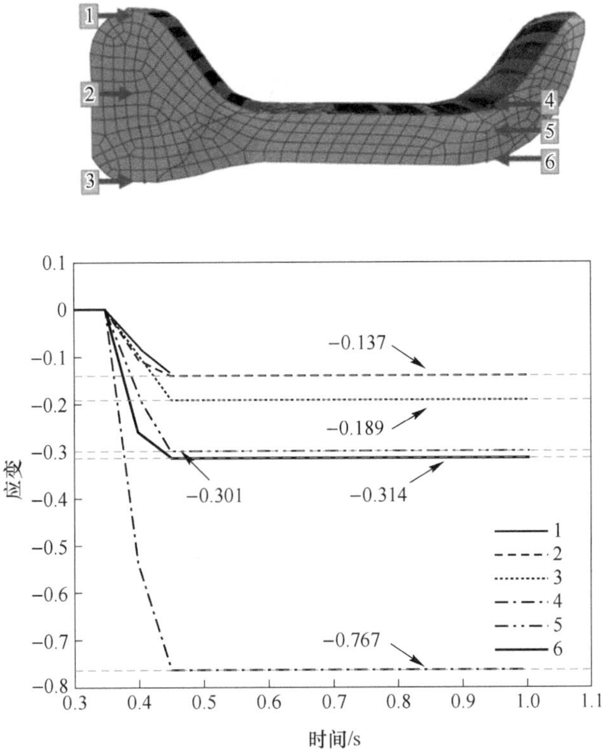

彩图

图 3-6　K6 道次轧制关键点应变变化

图 3-7 为 K6 道次轧制过程中关键点的温度变化情况。通过提取 K6 道次结束时 4 个关键点位置的温度随时间变化的曲线可以看出：在轧制过程中，轧件的表面温降很大，而轧件心部温度保持较高水平，还存在温度小幅度的提升。

3.2.1.2　中轧模拟结果

中轧过程包括 K5 ~ K3 共 3 个道次。图 3-8 和图 3-9 分别为 K5 和 K3 道次下坯料的应力、应变、温度云图和充型情况。

图 3-10 为 K5 道次轧制过程中关键点的应变变化情况。通过提取 K5 道次结束时 6 个关键点位置的应变随时间变化的曲线可以看出：在 K5 道次轧制的过程中球头处的应变量均处于较低水平，其心部和上边面的应变量只有 0.029 和 0.017，因此可以说明，轧件球头部位在 K6 道次结束时已基本成型，后续道次的变形量相对较小。

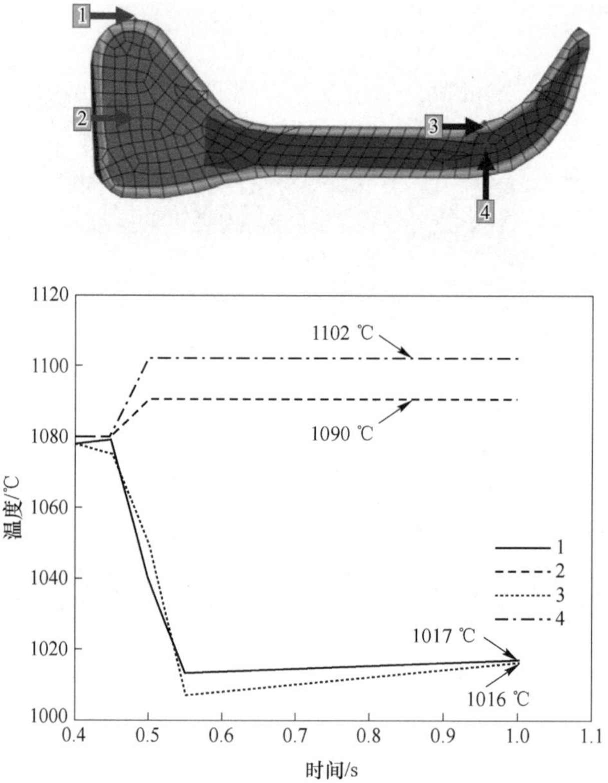

彩图

图 3-7　K6 道次轧制关键点温度变化

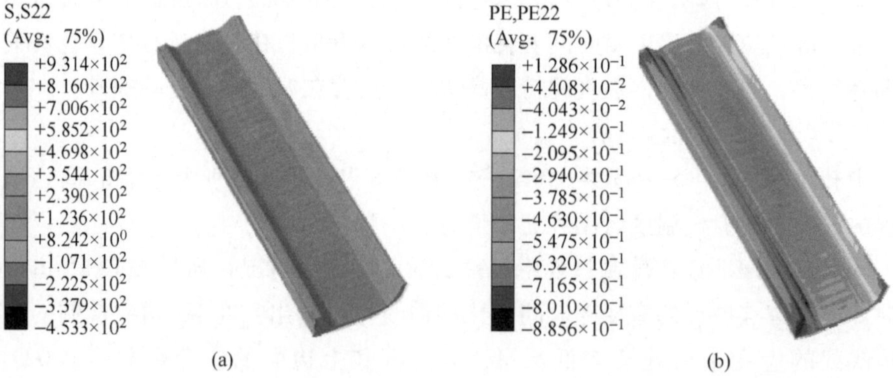

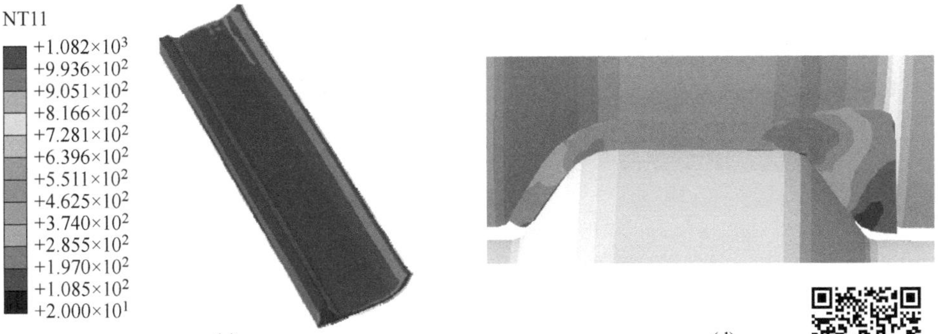

(c) (d)

彩图

图 3-8 K5 的模拟结果

(a) 应力云图；(b) 应变云图；(c) 温度云图；(d) 充型情况

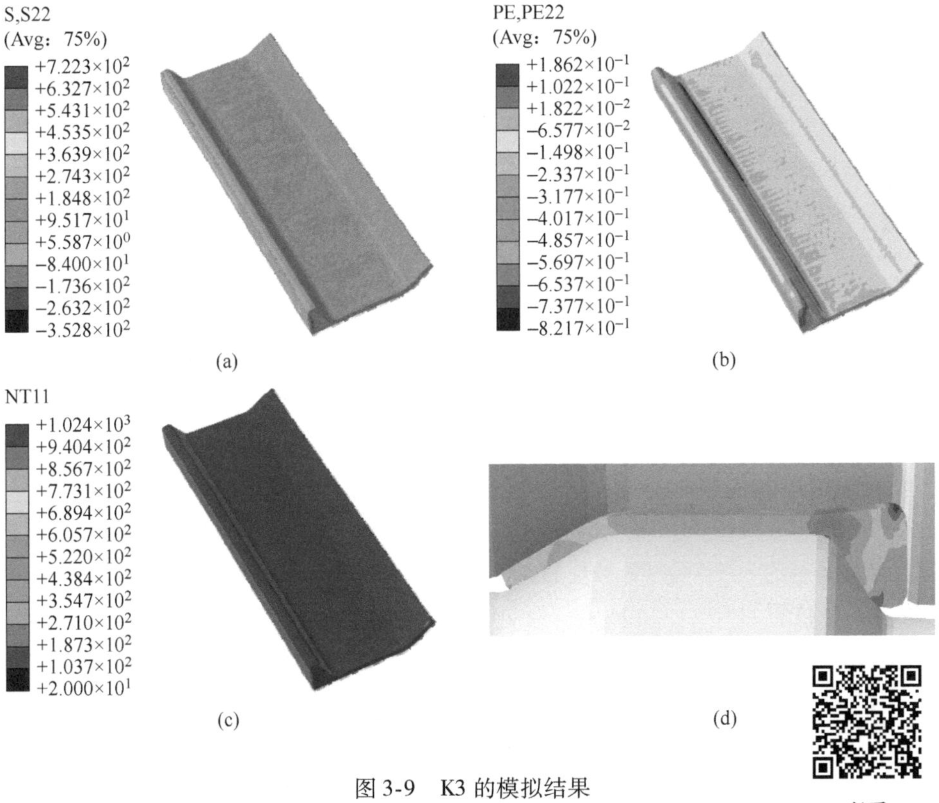

(c) (d)

彩图

图 3-9 K3 的模拟结果

(a) 应力云图；(b) 应变云图；(c) 温度云图；(d) 充型情况

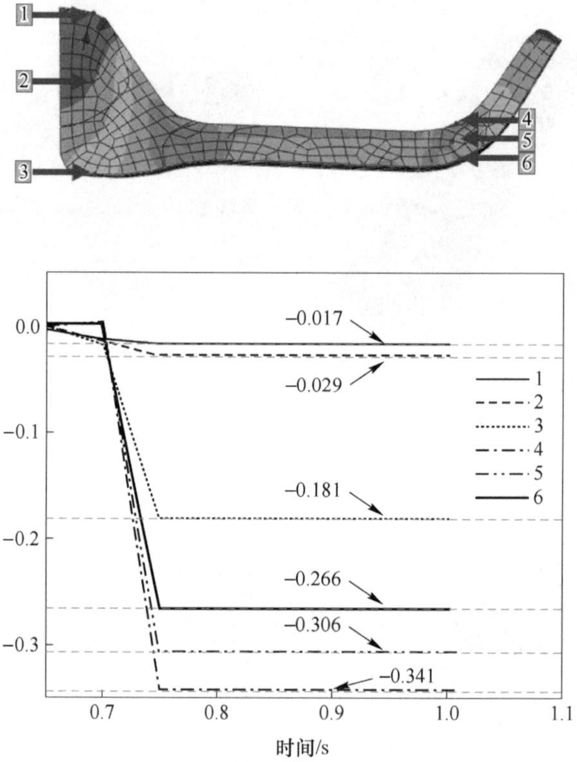

彩图

图 3-10　K5 道次轧制关键点应变变化

3. 2. 1. 3　精轧模拟结果

精轧过程包括 K2 和 K1 两个道次，K2 和 K1 为两道次热连轧。图 3-11 为 K1 道次下坯料的应力、应变、温度云图和充型情况。

图 3-12 为 K2 和 K1 道次轧制过程中关键点的温度变化情况。通过提取 K2 和 K1 道次温度随时间变化曲线，可以看出球头和腹板心部的温度都有一定程度的升高，而表面温降很大，最大时达到了 144 ℃（4 号位置），K1 结束时，球扁钢心部最大温差约为 32 ℃（2 号位置与 3 号位置），表面最大温差约为 75 ℃（4 号位置和 6 号位置）。

图 3-13 为轧制过程中轧件截面温度变化情况，通过各道次温度截面变化云图可以发现，球扁钢轧制过程中的温度并不是一开始就是球头处高，腹板处低，而是从 K4 道次开始球头与腹板交界的过渡区的温度开始逐渐高于腹板处，到精轧出口时，球头处的温度整体高于腹板温度，球头与腹板交界的过渡区的温度最高。

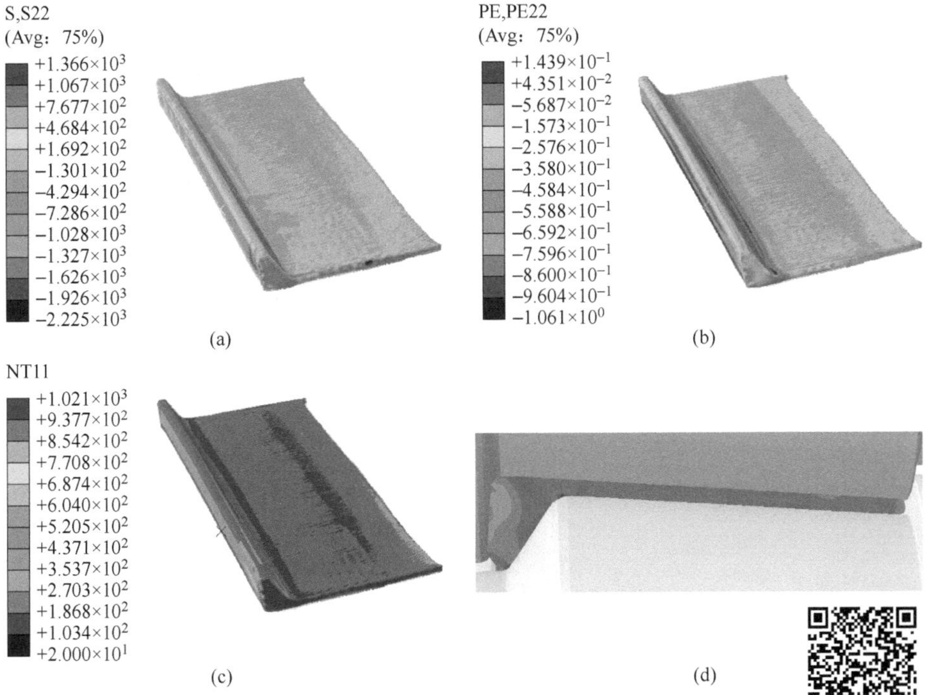

图 3-11　K1 的模拟结果

（a）应力云图；（b）应变云图；（c）温度云图；（d）充型情况

彩图

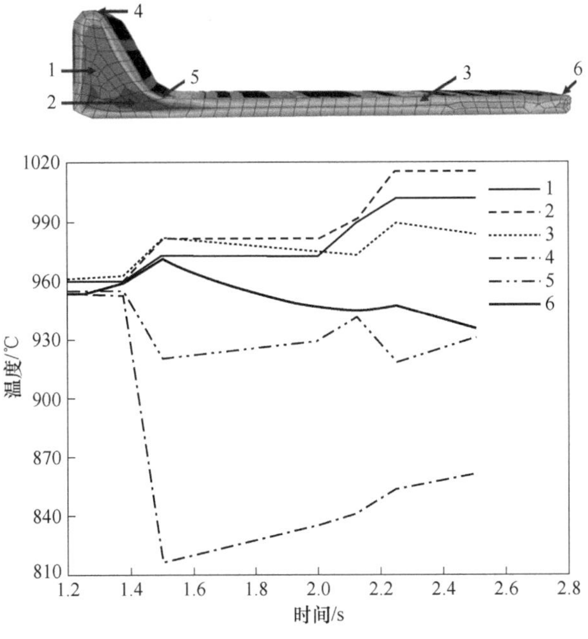

彩图

图 3-12　K2、K1 道次轧制关键点温度变化

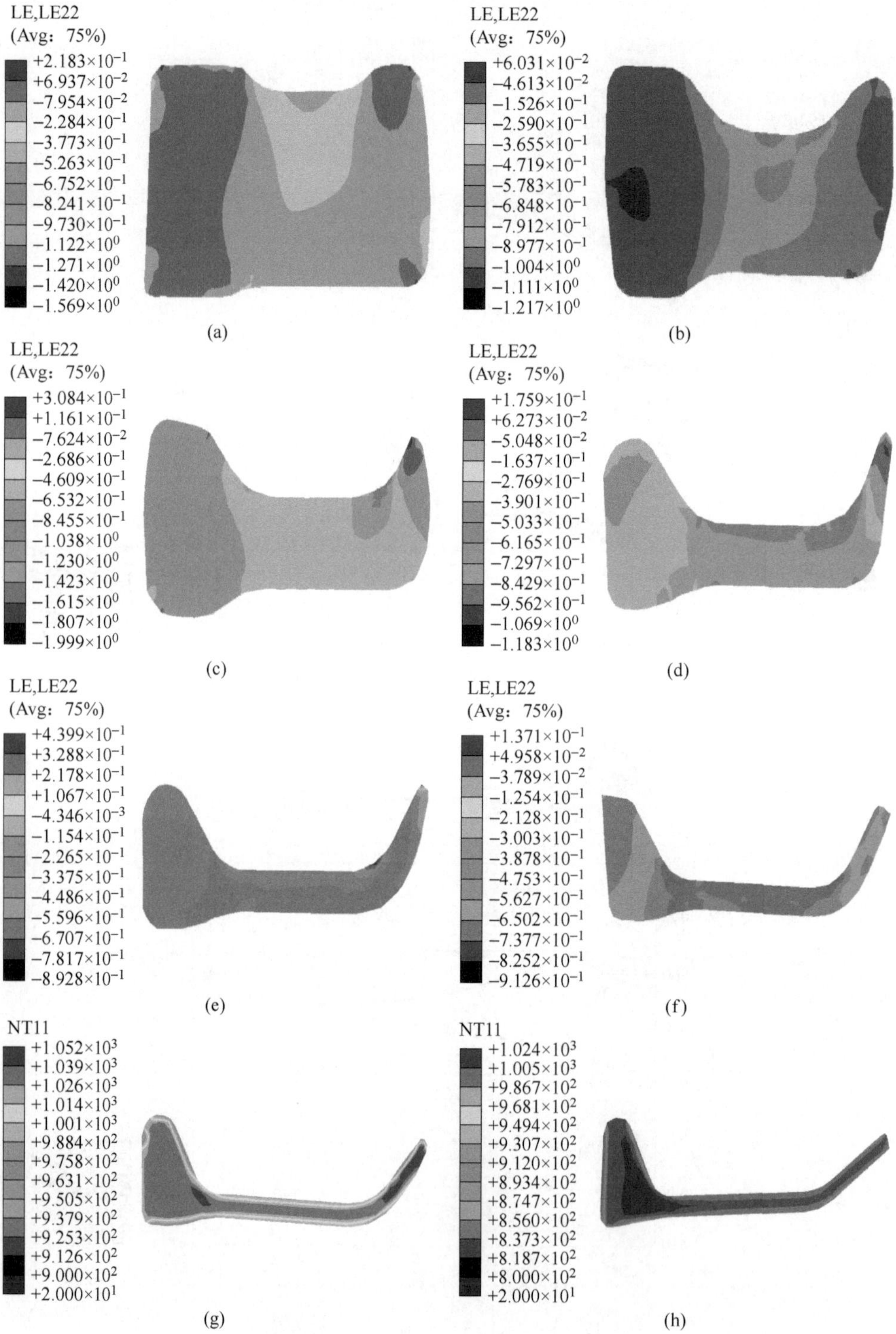
LE,LE22
(Avg：75%)
$+2.183\times10^{-1}$
$+6.937\times10^{-2}$
-7.954×10^{-2}
-2.284×10^{-1}
-3.773×10^{-1}
-5.263×10^{-1}
-6.752×10^{-1}
-8.241×10^{-1}
-9.730×10^{-1}
-1.122×10^{0}
-1.271×10^{0}
-1.420×10^{0}
-1.569×10^{0}
(a)
LE,LE22
(Avg：75%)
$+6.031\times10^{-2}$
-4.613×10^{-2}
-1.526×10^{-1}
-2.590×10^{-1}
-3.655×10^{-1}
-4.719×10^{-1}
-5.783×10^{-1}
-6.848×10^{-1}
-7.912×10^{-1}
-8.977×10^{-1}
-1.004×10^{0}
-1.111×10^{0}
-1.217×10^{0}
(b)
LE,LE22
(Avg：75%)
$+3.084\times10^{-1}$
$+1.161\times10^{-1}$
-7.624×10^{-2}
-2.686×10^{-1}
-4.609×10^{-1}
-6.532×10^{-1}
-8.455×10^{-1}
-1.038×10^{0}
-1.230×10^{0}
-1.423×10^{0}
-1.615×10^{0}
-1.807×10^{0}
-1.999×10^{0}
(c)
LE,LE22
(Avg：75%)
$+1.759\times10^{-1}$
$+6.273\times10^{-2}$
-5.048×10^{-2}
-1.637×10^{-1}
-2.769×10^{-1}
-3.901×10^{-1}
-5.033×10^{-1}
-6.165×10^{-1}
-7.297×10^{-1}
-8.429×10^{-1}
-9.562×10^{-1}
-1.069×10^{0}
-1.183×10^{0}
(d)
LE,LE22
(Avg：75%)
$+4.399\times10^{-1}$
$+3.288\times10^{-1}$
$+2.178\times10^{-1}$
$+1.067\times10^{-1}$
-4.346×10^{-3}
-1.154×10^{-1}
-2.265×10^{-1}
-3.375×10^{-1}
-4.486×10^{-1}
-5.596×10^{-1}
-6.707×10^{-1}
-7.817×10^{-1}
-8.928×10^{-1}
(e)
LE,LE22
(Avg：75%)
$+1.371\times10^{-1}$
$+4.958\times10^{-2}$
-3.789×10^{-2}
-1.254×10^{-1}
-2.128×10^{-1}
-3.003×10^{-1}
-3.878×10^{-1}
-4.753×10^{-1}
-5.627×10^{-1}
-6.502×10^{-1}
-7.377×10^{-1}
-8.252×10^{-1}
-9.126×10^{-1}
(f)
NT11
$+1.052\times10^{3}$
$+1.039\times10^{3}$
$+1.026\times10^{3}$
$+1.014\times10^{3}$
$+1.001\times10^{3}$
$+9.884\times10^{2}$
$+9.758\times10^{2}$
$+9.631\times10^{2}$
$+9.505\times10^{2}$
$+9.379\times10^{2}$
$+9.253\times10^{2}$
$+9.126\times10^{2}$
$+9.000\times10^{2}$
$+2.000\times10^{1}$
(g)
NT11
$+1.024\times10^{3}$
$+1.005\times10^{3}$
$+9.867\times10^{2}$
$+9.681\times10^{2}$
$+9.494\times10^{2}$
$+9.307\times10^{2}$
$+9.120\times10^{2}$
$+8.934\times10^{2}$
$+8.747\times10^{2}$
$+8.560\times10^{2}$
$+8.373\times10^{2}$
$+8.187\times10^{2}$
$+8.000\times10^{2}$
$+2.000\times10^{1}$
(h)

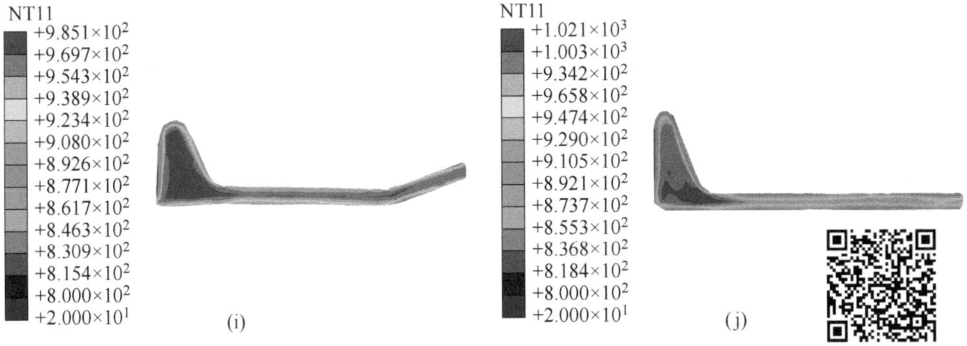

彩图

图 3-13 不同道次轧制时截面温度的变化

（a）K10；（b）K9；（c）K8；（d）K7；（e）K6；（f）K5；（g）K4；（h）K3；（i）K2；（j）K1

图 3-14 为轧制过程中轧件截面真实应变变化情况，通过各道次截面真实应变云图可以发现，球扁钢轧制 K9 道次时球头和腹板真应变差异最大，K6 道次时，球头和腹板的真实应变最接近，且该道次下球头和腹板均满足发生再结晶的条件，在该道次结束后停留 5～10 s，使轧件发生完全再结晶，此时球头和腹板处的晶粒大小更接近，整个截面的组织也更均匀。

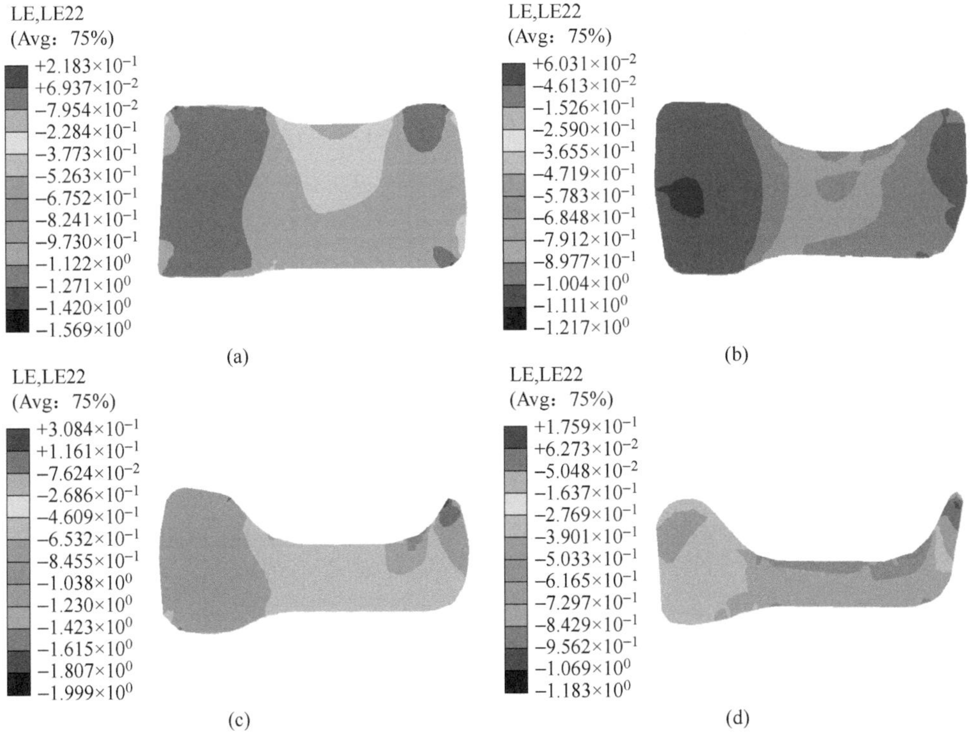

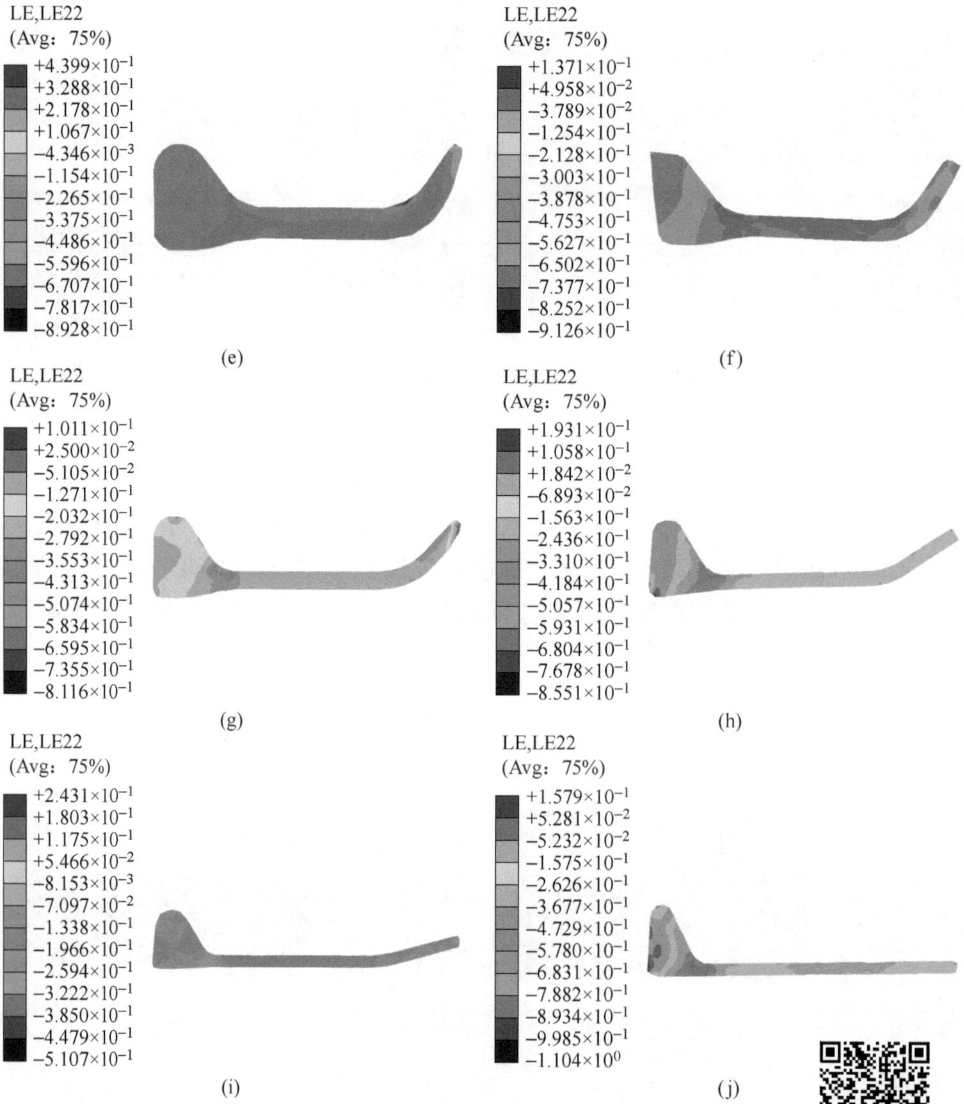

图 3-14 不同道次轧制过程中横截面的真实应变变化
(a) K10；(b) K9；(c) K8；(d) K7；(e) K6；(f) K5；
(g) K4；(h) K3；(i) K2；(j) K1

彩图

3.2.2 典型型钢不同冷却方式下的场变化

在 3.2.1 节的数值模拟基础上，利用 ABAQUS 中的 Heat transfer 进行了球扁钢冷却过程的有限元模拟。球扁钢冷却过程中主要存在热辐射、热传导和热对流

3 种换热方式。由于热轧结束时，球扁钢的球头和腹板已经存在温差，因此该模型通过读取上一结果的 ODB 文件，在热轧最后一道次的出口温度的基础上进行冷却模拟，其结果考虑了热轧结束时的温差，更符合实际情况。图 3-15 为球扁钢冷却 5 min 和 10 min 时的截面温度分布云图。

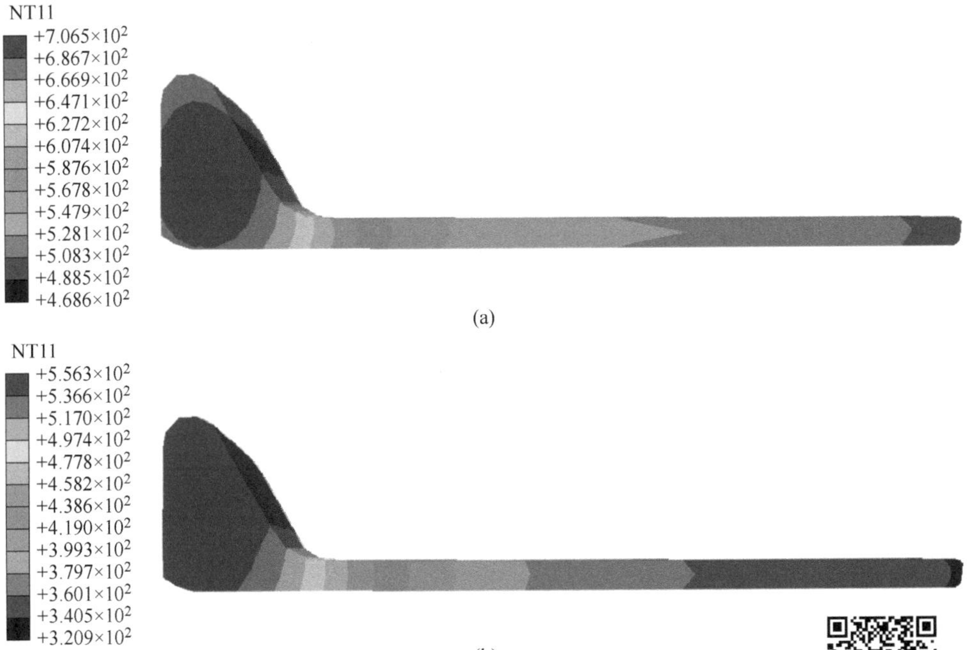

(b)

图 3-15 球扁钢冷却过程中的温度分布云

(a) 5 min；(b) 10 min

彩图

提取球扁钢冷却过程中 4 个关键位置的温度随时间变化曲线后发现，腹板由出口温度冷却到 200 ℃需要 18～20 min，而球头处则需要 30 min 以上的时间。

图 3-16 反映了球扁钢冷却过程中的温差随时间的变化情况。可以看出，冷却时间为 8.5 min 时，球扁钢内部的温差（1 点和 4 点）出现最大值 216 ℃。此时，球扁钢截面的温度分布如图 3-17 所示。

图 3-18 为通过 JMatPro 计算出的该材料的 CCT 曲线。由图 3-18 中可以看出，当冷速大于 6 ℃/s 时，可以得到贝氏体组织。当冷速为 2～6 ℃/s，得到的组织为贝氏体 + 铁素体。当冷速在 2 ℃/s 以下时，得到的组织为铁素体和珠光体。

根据模拟结果可以计算出球扁钢各个部位的平均冷却速度。在 550 ℃以上时，1、2、3 和 4 处的平均冷速分别为 1.9 ℃/s、1.6 ℃/s、1 ℃/s 和 0.8 ℃/s。图 3-19 为球扁钢关键位置温度随时间变化曲线，从中可以看出各关键位置相变

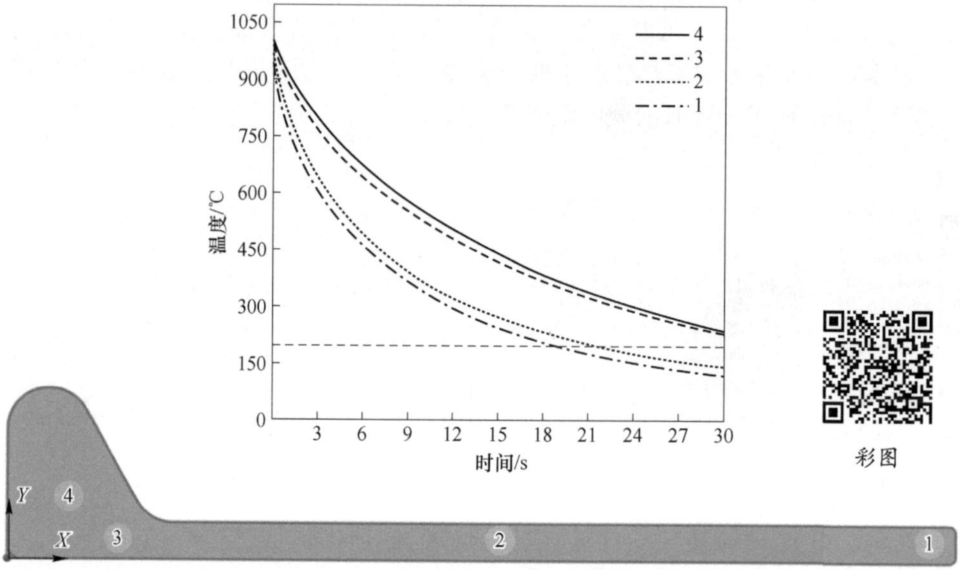

彩图

图 3-16　球扁钢冷却过程温度随时间变化曲线

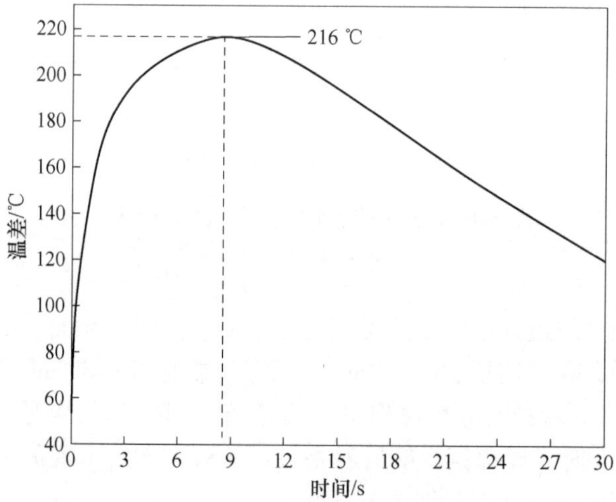

彩图

图 3-17　球扁钢冷却过程中温差随时间变化曲线

开始和相变结束时的温度和时间。1 号位置最先发生相变，此时球头处（4 号位置）的温度为 920 ℃，当 1 号位置相变结束时，球头处（4 号位置）的温度为 763 ℃。4 号位置最后发生相变，此时腹板边部（1 号位置）的温度为 595 ℃，当 4 号位置相变结束时，腹板边部（1 号位置）的温度为 395 ℃。

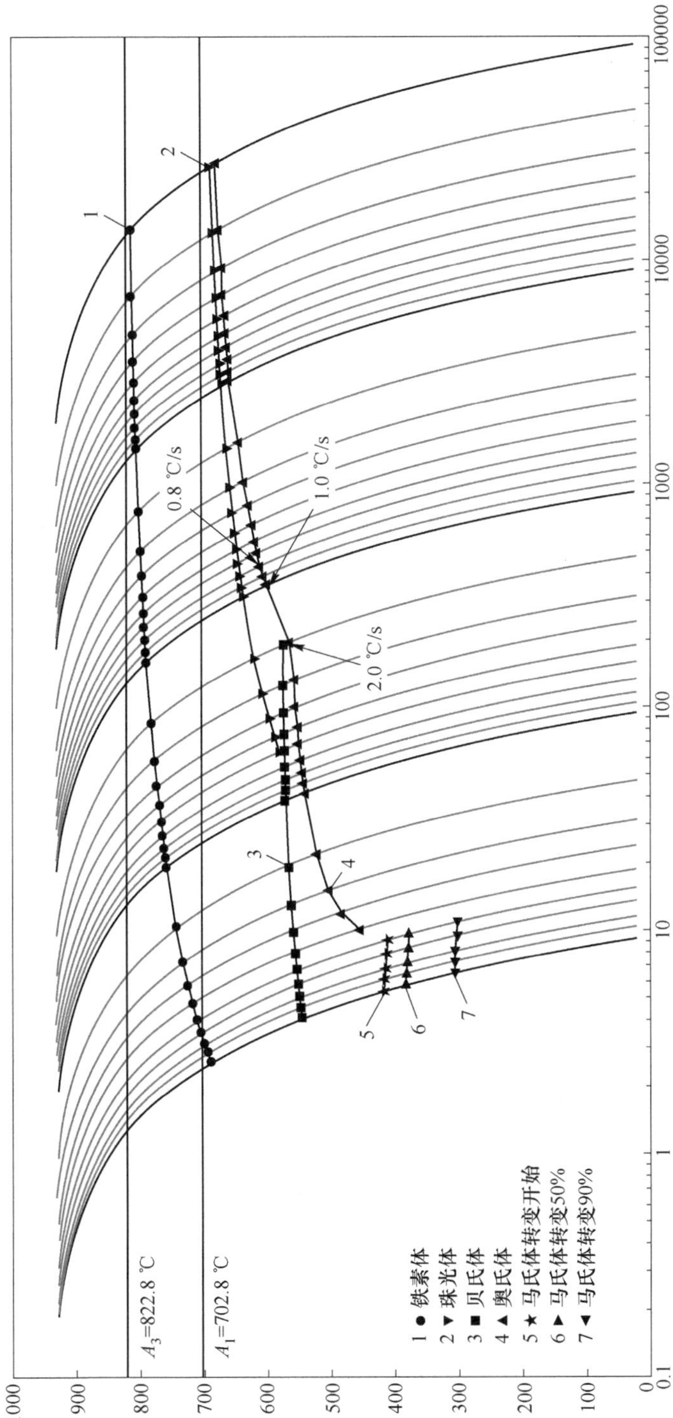

彩图

图 3-18 JMatPro 计算的 CCT 曲线

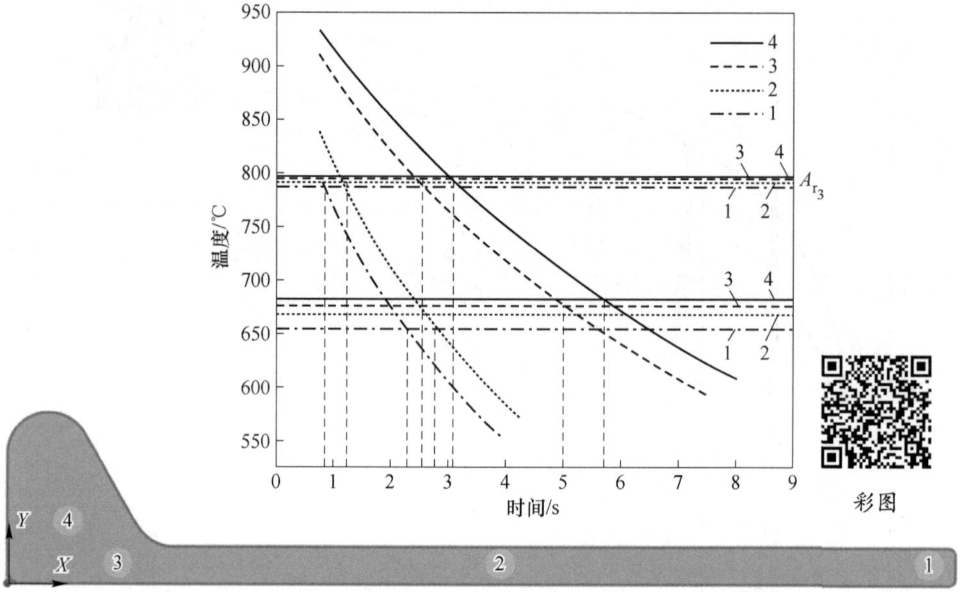

彩图

图 3-19　球扁钢的冷却过程

球扁钢在轧后冷却过程中，整体呈现出球头散热慢、腹板散热快的规律，腹板首先发生相变，当腹板相变结束时，球头心部才刚刚开始相变，由于球头和腹板发生相变的时间不同，相变造成的体积膨胀也不尽相同，将会导致球扁钢在冷却过程中发生弯曲。除此之外，由于球头和腹板间温差的存在也会导致腹板内应力的产生，造成球扁钢弯曲。因此为了实现球扁钢的板形良好控制，首先要解决的是球扁钢轧后的截面冷却不均匀问题。

可以通过对球头局部进行水冷，加快球头的散热速度，从而改善球扁钢冷却过程中的板形控制问题。

3.2.3　型钢全截面的多尺度表征及性能测试

材料的微结构特征与服役过程中的性能演化表征是研究重点，其决定了材料在特定服役条件下的功能完整性及服役安全性。显微组织表征主要利用光学显微镜、扫描电子显微镜、透射电子显微镜等；力学性能表征主要包括拉伸试验、冲击试验等。对型钢的显微组织表征和力学性能测试尤为重要，结合全截面的多尺度组织表征和性能测试可开发出高性能的型钢。本节主要以泰兴市聚峰压延科技有限公司生产的 AH36 球扁钢的表征及测试为例。

泰兴市聚峰压延科技有限公司所生产的 AH36 球扁钢成品的取样位置如图 3-20 所示，对 1 ~ 7 位置进行取样，观察其轧面组织。

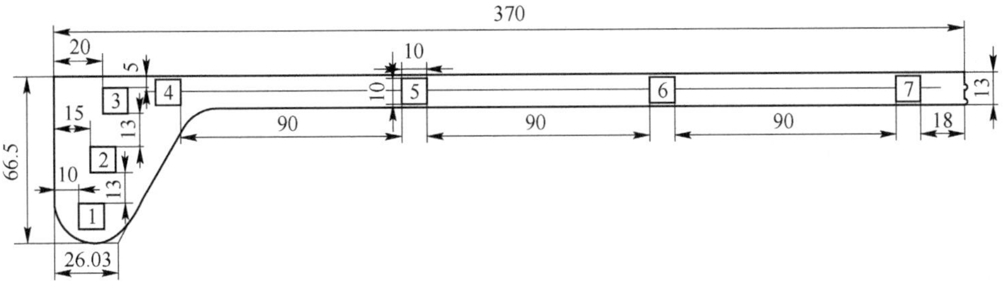

图 3-20 球扁钢金相组织取样位置

图 3-21 为成品球扁钢不同位置的金相照片。球头位置组织主要为铁素体、珠光体，但成品中存在一些魏氏组织。球头不同位置组织无明显差异，腹板位置相比于球头位置，其压下量相对较大，存在明显的带状组织，并且晶粒尺寸明显变小。不同位置晶粒尺寸见表 3-1。

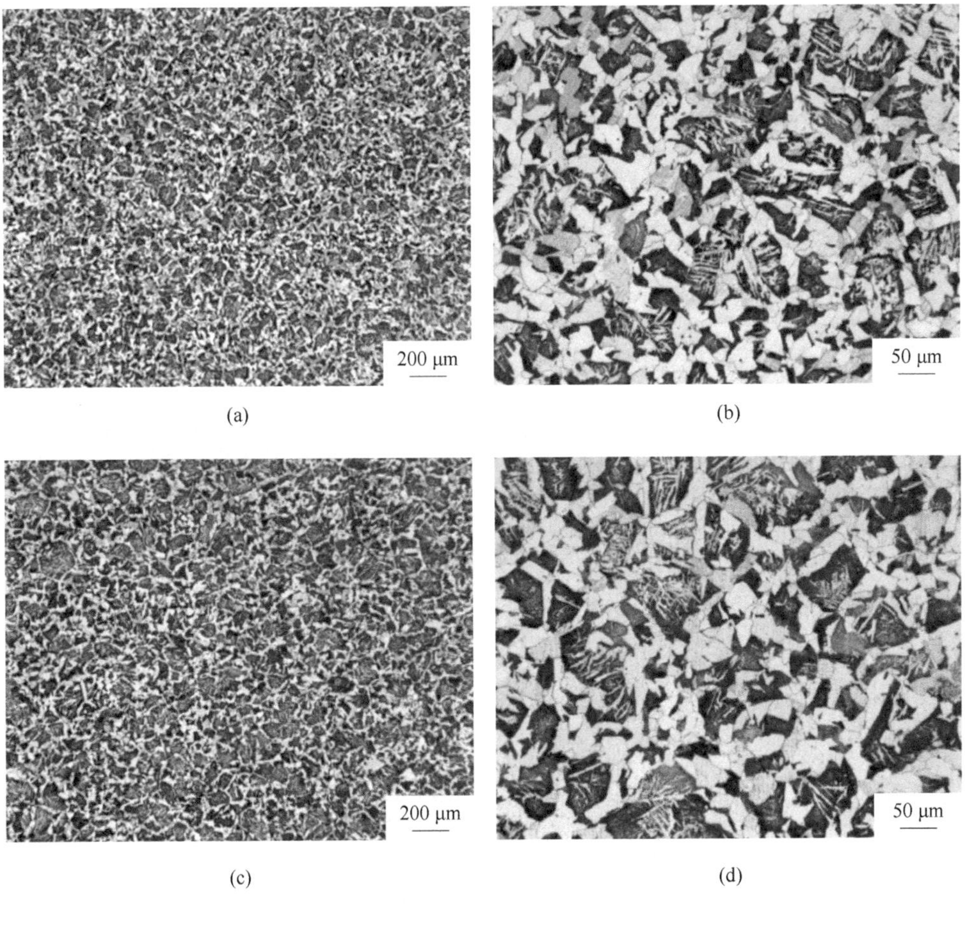

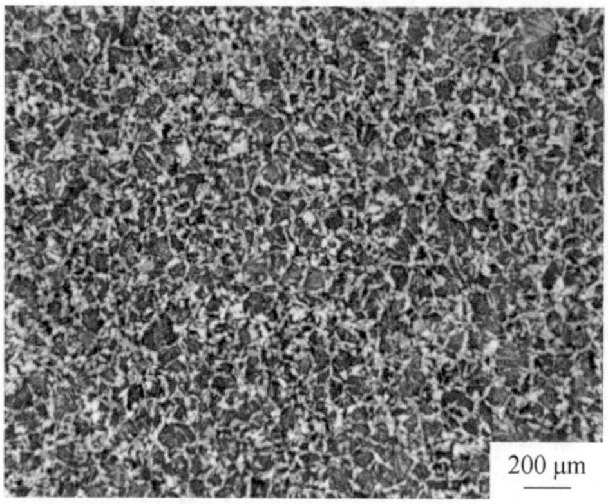

(e)

(f)

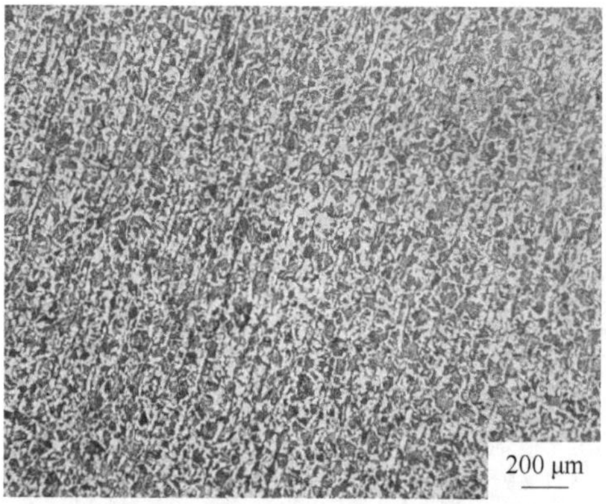

(g)

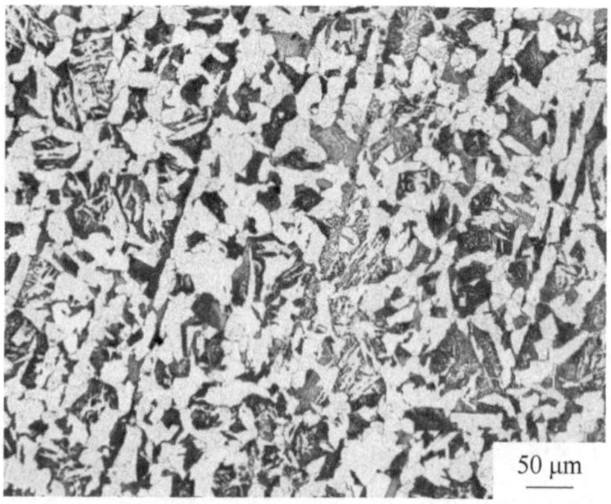

(h)

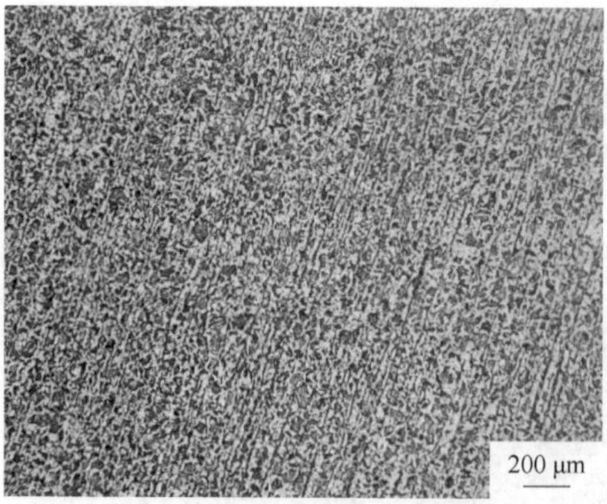

(i)

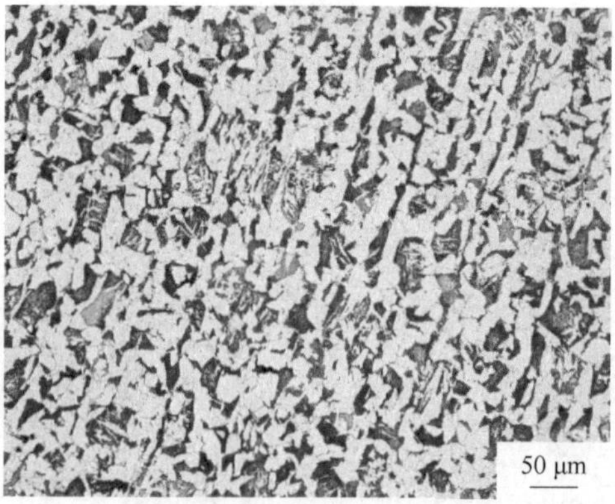

(j)

(k)

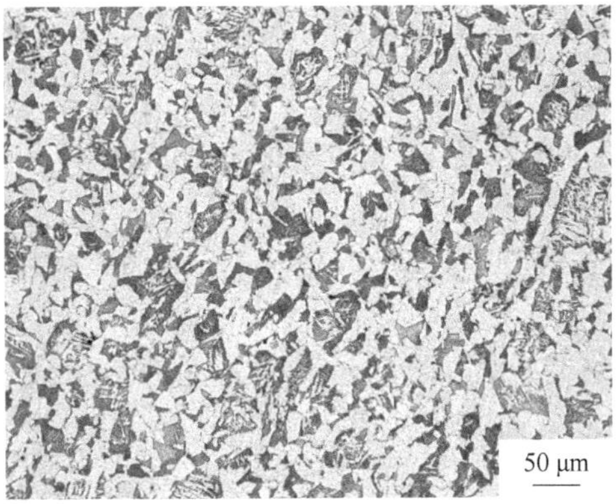

(l)

(m)

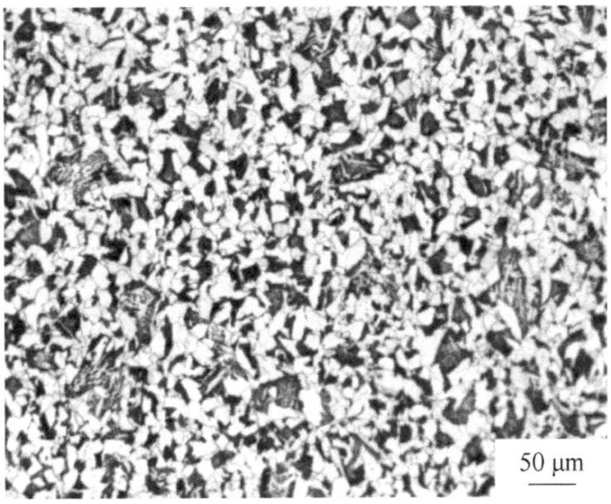

(n)

彩图

图 3-21 球扁钢不同位置的光学显微镜照片
(a) 位置 1 成品组织 50 倍；(b) 位置 1 成品组织 200 倍；
(c) 位置 2 成品组织 50 倍；(d) 位置 2 成品组织 200 倍；
(e) 位置 3 成品组织 50 倍；(f) 位置 3 成品组织 200 倍；
(g) 位置 4 成品组织 50 倍；(h) 位置 4 成品组织 200 倍；(i) 位置 5 成品组织 50 倍；
(j) 位置 5 成品组织 200 倍；(k) 位置 6 成品组织 50 倍；(l) 位置 6 成品组织 200 倍；
(m) 位置 7 成品组织 50 倍；(n) 位置 7 成品组织 200 倍

表 3-1 球扁钢不同位置的晶粒尺寸

位置	1	2	3	4	5	6	7
尺寸/μm	30	33	32	26	23	22	18

对比而言，球头 1、2、3 位置晶粒尺寸相对较大，球头平均晶粒尺寸超过 30 μm，腹板 5、6、7 位置晶粒尺寸相对较小，约为 20 μm，由于 4 位置处于球

头与腹板的连接处，晶粒尺寸处于球头与腹板之间，均存在魏氏组织，其中，腹板位置存在明显的带状组织。为进一步精细化观察魏氏组织，对其在扫描电子显微镜下进行观察，不同位置的魏氏组织如图 3-22 所示。发现在魏氏组织中，存在马氏体圈，其对组织产生不利的影响。魏氏组织的存在会对材料的塑性和冲击韧性影响较大，呈负面影响，同时使得韧脆转变温度升高。

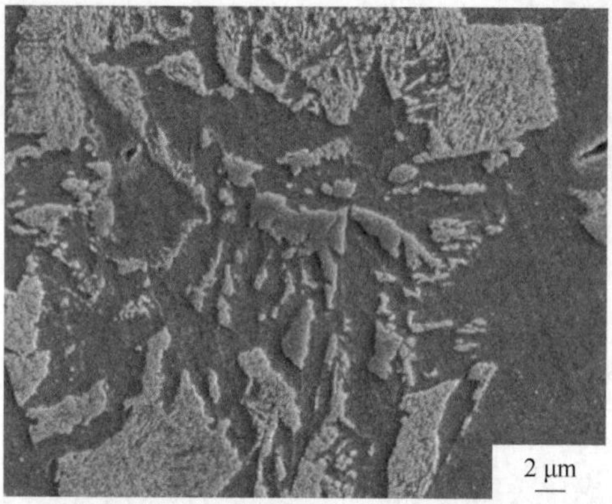

(a)

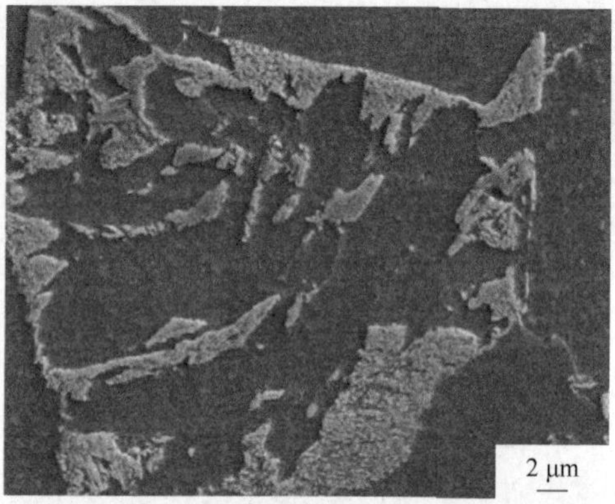

(b)

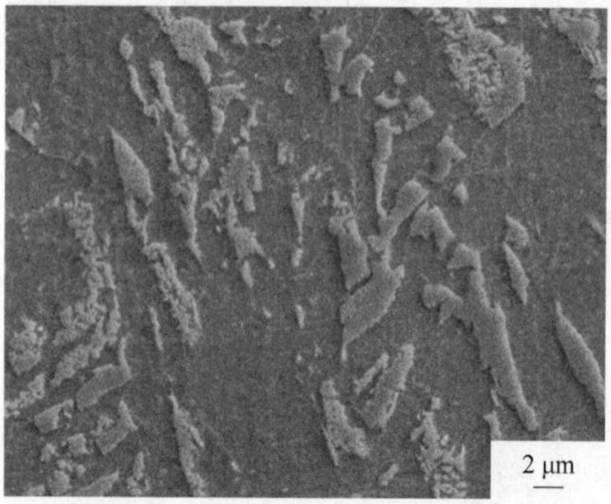

(c)

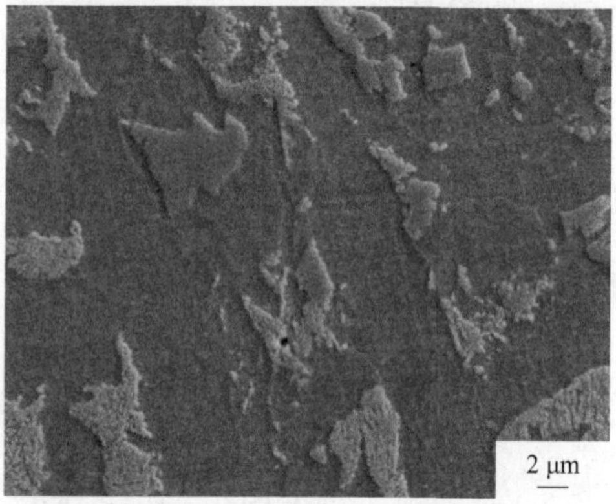

(d)

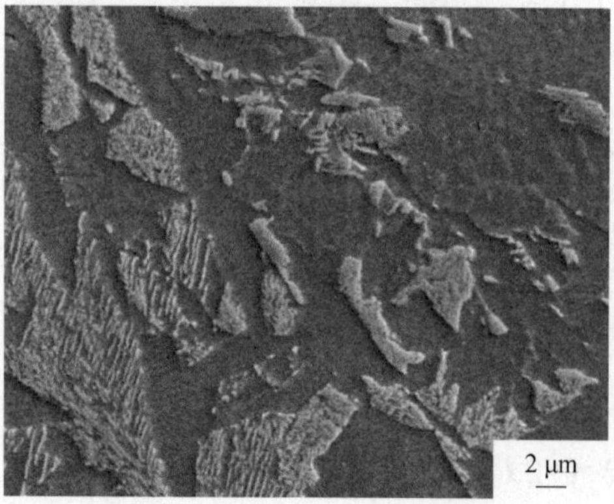

(e)

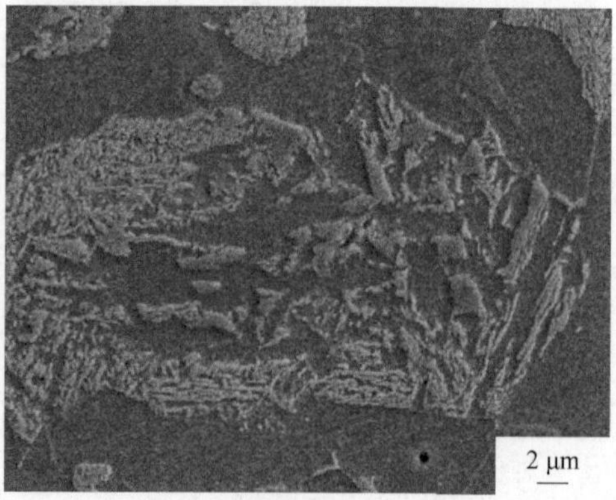

(f)

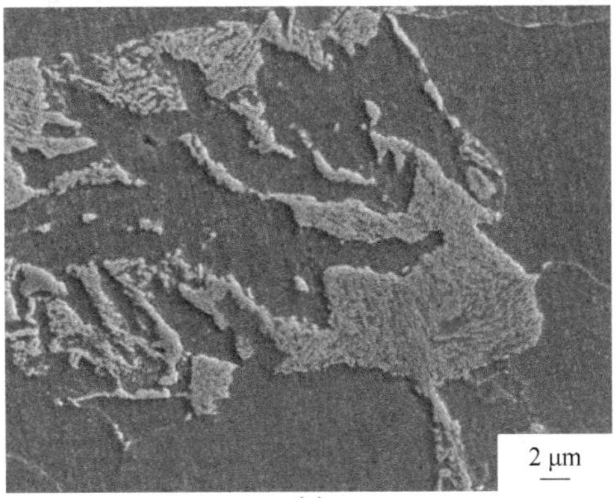

(g)

图 3-22　球扁钢不同位置魏氏组织的扫描电子显微镜照片

(a) 位置 1 成品魏氏组织；(b) 位置 2 成品魏氏组织；(c) 位置 3 成品魏氏组织；
(d) 位置 4 成品魏氏组织；(e) 位置 5 成品魏氏组织；(f) 位置 6 成品魏氏组织；
(g) 位置 7 成品魏氏组织

对以上 7 个位置的力学性能进行测定，测定不同位置屈服强度、抗拉强度、断后伸长率以及冲击功。选用 V 形冲击试样，分别测试其在 0 ℃、－20 ℃、－40 ℃ 时的纵向冲击功。不同位置的力学性能测试结果见表 3-2 和表 3-3。针对表 3-3 冲击功进行分析，球头位置冲击功明显低于腹板位置，一方面，是由于魏氏组织的存在进一步降低了材料的冲击性能，另一方面，是晶粒尺寸大小的差异性对材料的冲击性能产生了影响。

表 3-2　不同位置的拉伸性能

取样位置	屈服强度/MPa	抗拉强度/MPa	断后伸长率/%
位置 1	442	599	29
位置 2	466	608	29
位置 3	453	601	29
位置 4	461	601	29
位置 5	391	601	29
位置 6	391	602	30
位置 7	411	602	32

表 3-3　不同位置的冲击性能

温度/℃	冲击功/J						
	位置 1	位置 2	位置 3	位置 4	位置 5	位置 6	位置 7
0	40	14	13	21	61	66	152
-20	37	8	9	11	18	34	122
-40	6	5	5	5	20	12	70

3.2.4　典型型钢轧制过程中的组织演变

钢材在采用不同的热加工技术处理后，内部组织的分布情况、形态以及比例都会发生不同程度的改变。此外，型钢在热轧过程中会发生不同的物理冶金现象，如回复、再结晶和加工硬化等，这些冶金变化决定了产品最终的微观组织和力学性能，从而在一定程度上决定了产品的使用性能。目前，许多学者已经模拟了多种热轧型钢在轧制过程中的组织变化。梁志芳等人通过数值方法求解20MnSi 钢筋在线冷却过程中的温度场，进而求得组织场，并分析了各控冷工艺参数对钢筋在线冷却过程中淬透层深度的影响。刘健等人采用热处理软件 COSMAP 对 H 型钢的轧后控冷进行组织场数值模拟，探明了 H 型钢在控冷过程中组织转变机理以及控冷对钢材显微组织和力学性能的影响规律。马劲红等人利用 DEFORM-3D 软件对 H 型钢轧制过程中的再结晶过程进行数值模拟，分析了影响动态再结晶和静态再结晶的因素，并分析了不同压下量时 H 型钢的再结晶情况。

金属的再结晶一般会在金属塑性变形引起的最大畸变处形核，比如，晶界处、变形带、有大的夹杂物的区域等。在变形区，当应变能够达到临界应变时，就会发生动态再结晶。经再结晶之后，由于塑性变形而生成的内应力可以被完全消除，并且最后可以使金属趋于一种稳定的状态。本节将介绍在 3.2.1 节基础上开展球扁钢的再结晶模拟所得到的结果。

对 AH36 球扁钢进行静态再结晶动力学研究，采用 Avrami 表达式：

$$X_{srex} = 1 - \exp\left[-0.693\left(\frac{t}{t_{0.5}}\right)^n\right] \tag{3-1}$$

式中　t——两次压缩间的时间间隔，s；

$t_{0.5}$——材料静态再结晶体积分数达到 50% 所用的时间，s；

n——材料常数。

$$t_{0.5} = a_1 \varepsilon^{n_1} d_0^{n_2} \dot{\varepsilon}^{n_3} \exp\left(\frac{Q}{RT}\right) \tag{3-2}$$

式中　a_1，n_1，n_2，n_3——与材料有关的常量；

ε——应变；

$\dot{\varepsilon}$——应变速率；

R——气体常数，8.314 J/(mol·K)；

T——热力学温度，K；

Q——静态再结晶激活能，kJ/mol；

d_0——初始奥氏体晶粒尺寸，μm。

根据不同条件下的双道次实验结果进行计算、拟合，从而计算得出静态再结晶模型中所需的参数，具体模型如下：

$$X_{srex} = 1 - \exp\left[-0.693\left(\frac{t}{t_{0.5}}\right)^2\right] \tag{3-3}$$

$$t_{0.5} = 5.396\mathrm{e}^{-10}\varepsilon^{-1.5}d_0^{1.47}\dot{\varepsilon}^{-0.373}\exp\left(\frac{134724.218}{RT}\right) \tag{3-4}$$

图 3-23 为 K10 道次结束后球扁钢的再结晶情况分布云图，从图中可以看出，在 K10 道次结束后，轧件前端已经发生完全静态再结晶，但轧件末端由于刚出轧辊，还未有足够的待温时间发生静态再结晶。此时轧件的静态再结晶分布情况十分不均。在 K10 道次轧制结束后待温 1.5 s，可以看出在待温 1.5 s 的时间内轧件

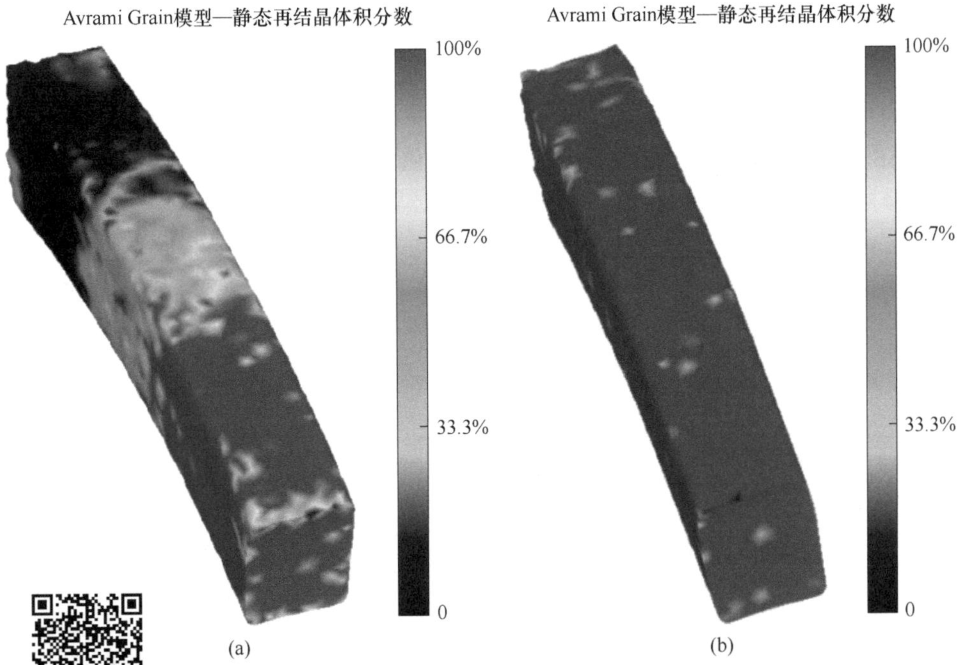

彩图

图 3-23　K10 道次结束后球扁钢的再结晶分布云图
(a) 待温 0 s；(b) 待温 1.5 s

发生了完全静态再结晶，整个轧件的再结晶情况更加均匀。图 3-24 为 K6 道次结束后球扁钢的再结晶情况，从图中可以看出，当轧件在 K6 道次结束后待温 5 s，轧件发生了完全静态再结晶。

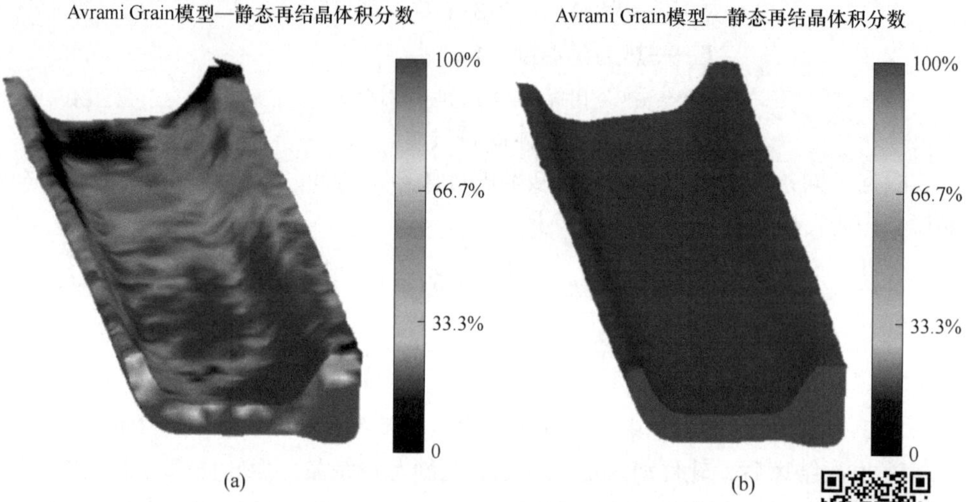

图 3-24　K6 道次结束后球扁钢的再结晶分布云图

（a）待温 0 s；（b）待温 5 s

彩图

终轧结束后球扁钢的再结晶分布如图 3-25 所示。提取模拟结果终轧道次结束后球扁钢的再结晶情况，球头的再结晶体积分数约为 37. 3%，腹板的再结晶体积分数约为 46. 2%，如图 3-26 所示。试制后利用电子背散射衍射（EBSD）实验确定球扁钢球头的再结晶体积分数约为 39. 0%，腹板的再结晶体积分数约为 47. 8%，如图 3-27 所示。模拟结果与实验结果吻合，证明了该模型的准确性。

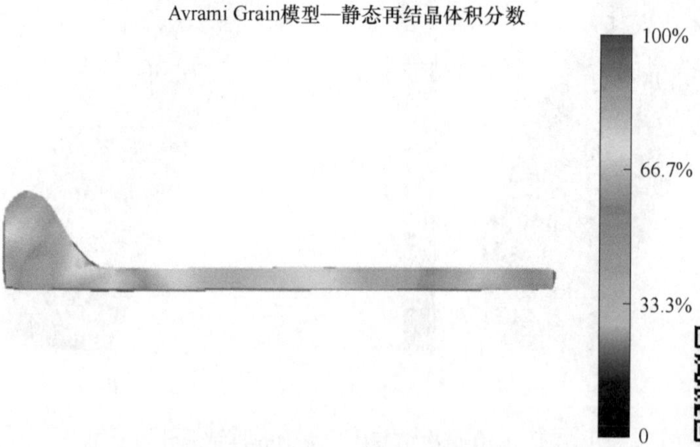

图 3-25　模拟获得终轧结束后球扁钢的再结晶分布

彩图

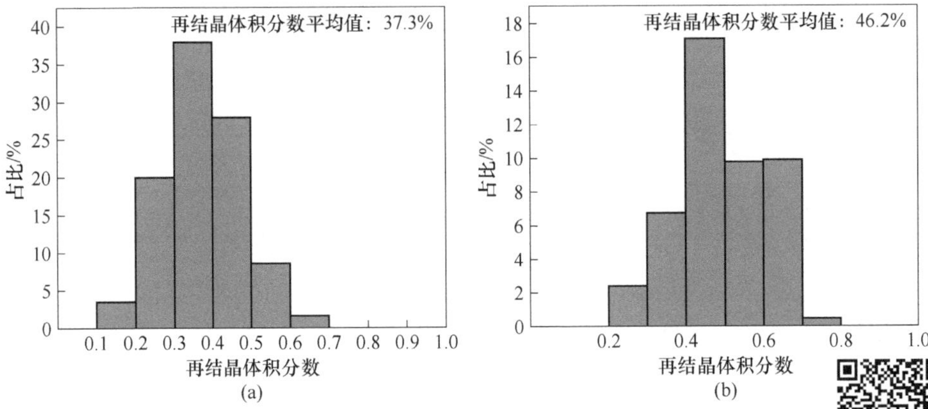

图 3-26　模拟获得终轧结束后球扁钢的再结晶分布数据
（a）球头；（b）腹板

彩图

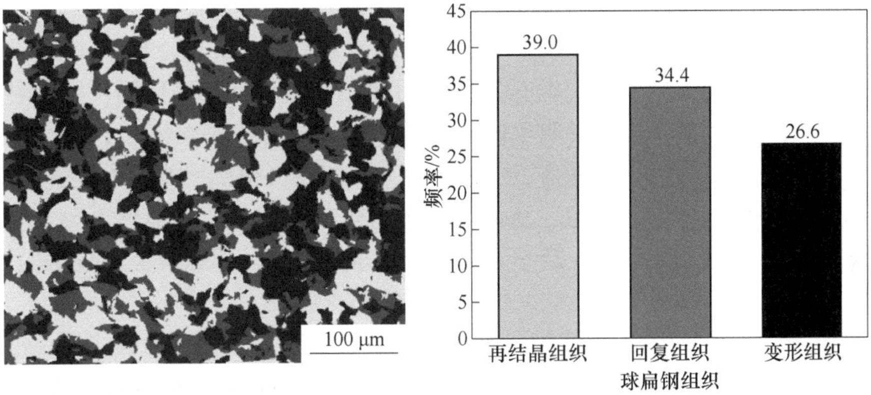

(a)

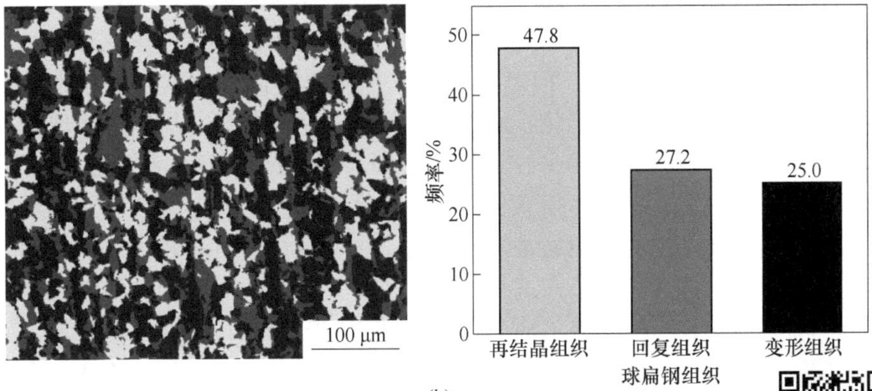

(b)

图 3-27　EBSD 实验获得的球扁钢再结晶情况
（a）球头；（b）腹板

彩图

3.3　智能化技术及应用

3.3.1　智能化技术发展简介

3.3.1.1　智能化技术概念

智能化是指事物在计算机网络、大数据、物联网和人工智能等技术的支持下，所具有的能满足人的各种需求的属性。智能化技术在其应用中主要体现在计算机技术、精密传感技术、GPS 定位技术的综合应用。随着产品市场竞争的日趋激烈，产品智能化优势在实际操作和应用中得到非常好的运用，其主要表现在：提高操作者作业环境，减轻了工作强度，提高了作业质量和工作效率；一些危险场合或重点施工应用得到解决；环保、节能；提高了机器的自动化程度及智能化水平；提高了设备的可靠性，降低了维护成本；故障诊断实现了智能化等。

3.3.1.2　智能化技术的发展

原始社会，人类无意中发现经火所烧烤过的食物更具有可食性，便开始探索取火的方式。为便捷生存，人类开始圈养动物并种植可食用的植物。封建社会，为了提高粮食的产量，人们发明了体力牛耕的种植方式。在西方社会，最初的工业发展需要众多劳动力，为提高工业生产效率，蒸汽机得以发明，为了进一步提高工业生产力，电力应运而生，从此人类进入电气时代。所以能够看到，舒适、便捷的生活，简单、高效的生产一直是人类追求的目标，那么智能化技术的出现与发展也是人类社会对于生产、生活追求的必然产物。

18 世纪中期，为减少繁重的脑力计算，使复杂的数字运算能够快捷、准确，第一台计算机便由此产生。这是具有划时代意义的，同时也是现代化智能技术得以出现与发展的最初的基础。计算机的使用与发展越来越简单、快速，使其褪去了繁重的设备束缚，并开始进入人们的生活中。计算机的广泛使用使得信息的传播摆脱了时间与距离的束缚，信息的使用更加简单方便，信息化社会由此而到来。信息化社会的到来为智能化技术奠定了最终的坚实基础。所以说智能化技术的出现与发展源于三方面：第一，人类对于简单便捷的生产生活的追求；第二，计算机的发明与使用；第三，信息化技术的发展与成熟。

智能化技术在产生的初期通常对于一些事物所反馈的信息及传来的数据进行一定的分析，并根据分析结果来进行一定的操作指令，从而达到一些简单的事务处理。随着智能化技术的发展与成熟，现在其应用已经非常广泛，在生活上，如交通的控制、监控及自动处理系统等；在生产上，如机械制造的智能化、水电厂的智能化等；在科技上，如航天系统等，现在的智能化技术已经发展到涉及各个领域。智能化技术无疑是人类社会文明的重要标志，并且在各方面为人类提供着更好的服务，使人类的生活发生了本质上的变化。

3.3.1.3 智能化技术未来的发展趋势

智能化技术的发展趋势大致有以下三点。

(1) 性能发展方向：1) 高速高精度高效化；2) 柔性化；3) 工艺复合型和多轴化；4) 实时智能化。

(2) 功能发展方向：1) 用户界面图形化；2) 科学计算可视化；3) 插补和补偿方式多样化；4) 内装高性能 PLC 控制模块；5) 多媒体技术应用。

(3) 体系结构的发展：1) 集成化；2) 模块化；3) 网络化。

3.3.2 智能化技术在轧钢过程中的应用

3.3.2.1 承钢轧钢加热炉控制系统优化

河钢（河钢集团有限公司）承钢（承德钢铁集团有限公司）棒材事业部一棒加热炉为三段步进双蓄热式加热炉。为减少燃料消耗，降低氧化烧损，提高加热质量，承钢于 2019 年采用北京和隆优化科技股份有限公司优化控制系统对加热炉燃烧部分进行了技术改造，实现了加热炉燃烧优化控制，优化空燃比、钢坯加热质量、炉内温度、炉内气氛（空燃比）、炉压、排烟温度等工艺参数，从而达到节约燃气消耗、减少氧化烧损的目的。

承钢轧钢加热炉增加了一套北京和隆优化控制系统，如图 3-28 所示。优化控制系统的功能在于实现全自动控制，通过准确的空燃配比调控，降低燃料消耗量，降低氧化烧损。根据加热炉燃烧制度设定的炉膛温度，自动调节煤气、空气

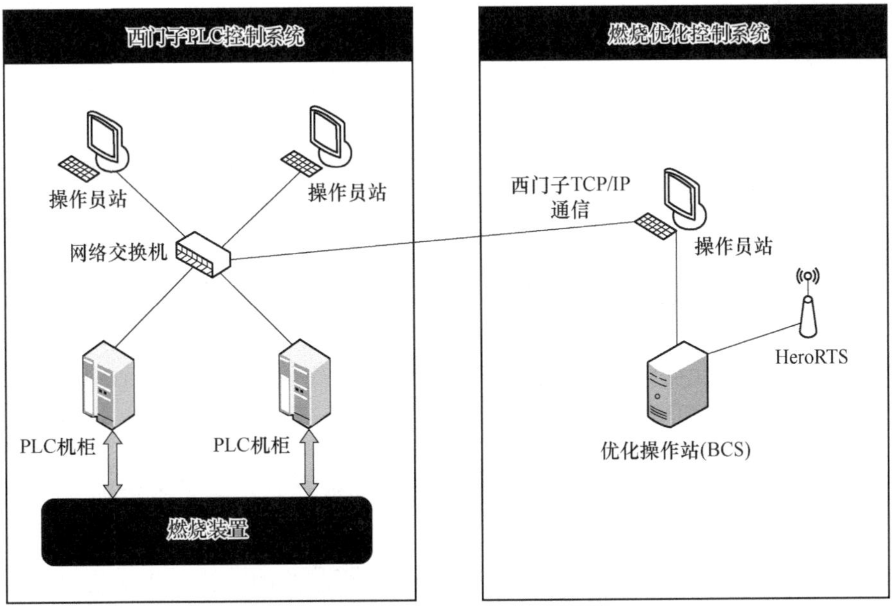

图 3-28 优化控制系统组成示意图

支管阀门，稳定炉膛温度在精度范围内；同时在蓄热体允许范围内尽可能地提高烟温，增大烟气的热量利用率，提高空气和煤气入炉的温度；控制炉膛压力在微正压，减少能量在炉门口的泄漏浪费。

除炉膛温度和压力控制回路外，还采用了烟温控制回路，根据对应的支管流量来前馈控制烟温阀门的动作，同时采用软伺服技术、扰动观察器、重叠控制技术等先进控制算法，提高烟温的控制精度。另外，还建立了智能语音报警功能、通信故障自动切换功能、安全限幅与联锁功能、仪表故障的自动处理功能和故障诊断与容错控制功能，以及加热炉经济运行统计与考核功能。

一棒加热炉优化控制系统经过优化改造应用一年后，提高了加热炉燃烧系统的自动化水平，使加热炉轧钢温度运行更加平稳，生产更安全，在相同钢种、相同生产节奏下优化控制系统较改造前各段炉膛温度、排烟温度波动明显减小，煤气能耗显著下降，减少了氧化烧损，提高了企业的经济效益。

3.3.2.2　轧机颤振智能监控与抑制提速技术

宝钢股份（宝山钢铁股份有限公司）、北京科技大学等单位围绕关键共性问题，经过持续攻关研发，取得的成果和关键技术如下。

（1）研制了基于轧机颤振相关大数据的时空融合模型，开发了基于信息物理系统（Cyber-Physical Systems，CPS）的颤振在线监测预警系统，实现报警能量阈值的自适应学习以及振源智能识别。

（2）建立和完善轧机机电液界多态耦合振动理论体系，提出和完善轧机机电液界多态耦合振动理论。

（3）研制了连铸机振动、连铸坯硬度波动和形貌、轧机耦合振动在线监测系统，实现铸轧流程整体监测和振动基因遗传追溯功能，为确定诱发轧机振动的根源提供了数据支撑。

（4）研制轧机多态耦合振动解耦抑振器，获得了多个频率抑振信号，分别送到压下和主传动控制系统中进行振动相位控制和幅值控制，达到消减轧机振动幅值和振动能量。

先后在国内23个轧机组应用后，月平均发生颤振次数降幅超50%；颤振导致的月平均废钢切除量降幅近90%；轧机提速4%以上，轧机牌坊垂振速度由原来的8 mm/s降低到1 mm/s，抑振效果显著，为全国数百条生产线上的轧机振动问题提供了一整套实用的解决方案。

3.3.2.3　数字化、智能化轧制工厂建设

近年来，中国钢铁工业信息化、数字化、智能化步伐已走在工业企业的前列，2019年，生产设备数字化率达到49.8%。轧钢工序主要是通过智能化关键技术实现轧制过程多工序协调优化、装备智能运行与监测，智能化决策、动态排程与生产管理，全流程产品质量在线监控、工艺优化、轧制过程组织性能一体化智能控制等。宝钢硅钢部实现生产组织网络化、产品全生命周期全过程管理及工

厂全流程智慧化，以及现场无人化。

2015 年至今，工业和信息化部已经陆续公布了 4 批智能制造试点示范项目，钢铁行业累计有 9 个项目进入示范名单。其中，宝钢 1580 热轧产线是业内最早的示范项目，打造出了钢铁行业智能样板车间。1580 热轧智能车间系统框架如图 3-29 所示，智能车间设定技术指标及项目实际验收时的技术指标见表 3-4。宝钢 2050 产线的自动化升级和数据中心项目目前已上线。协同智慧平台聚焦数据感知、知识萃取、优化决策、挖掘数据的潜在价值，以生产、质量、设备、能源、成本等为基柱，打造物理车间的数字孪生体。宝武绿色发展与智慧制造将马钢第四钢轧厂作为重点项目，推出热轧智慧工厂“双线双智控”模式，通过新增 13 项智能装备技术、数百个视频传感，连接 40 余个外部系统，实现全域数据感知。通过研发 38 项关键技术将板坯库、加热炉、轧线、磨辊间、能介、远程运维六大单元进行集中操控，打造生产在线优化和管控精益求精的运行新模式。

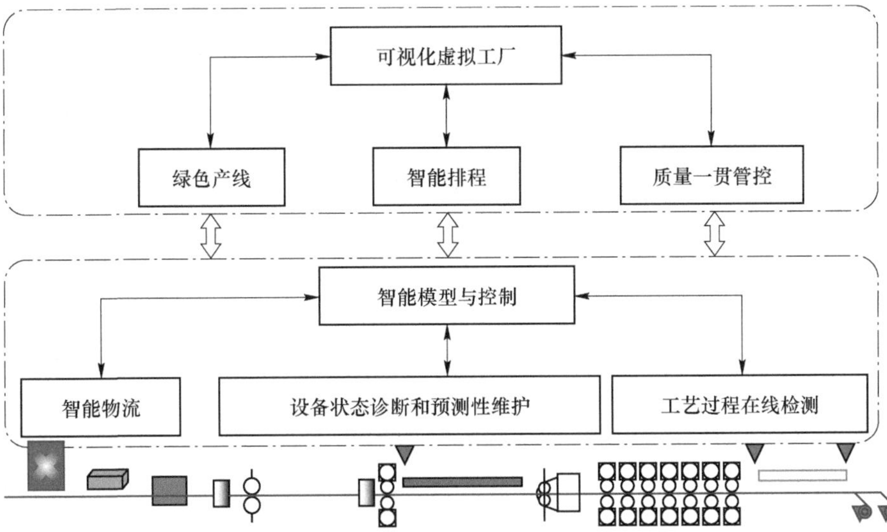

图 3-29 1580 热轧智能车间系统框架示意图

彩图

表 3-4 1580 热轧智能车间项目主要技术指标

设定参数	设定指标/%	实际验收指标/%
工序能耗降低	5	5.12
质量成本下降	20	26.16
劳动效率提升	10	12.50
自动化轧钢率提升	6	9.01

首钢京唐（首钢京唐钢铁联合有限责任公司）在2250及1580热轧线建设热轧工厂级全量数据平台以及质量智能管控、设备智能运维、能源管理和成本、无人库区和智能物流、环保消防监控、机器人、智能视觉装备应用、数据报表分析等1个平台、7个中心构建智能工厂、智能生产、物流及服务方面开展了大量工作。宝钢（宝钢集团有限公司）、首钢（首钢集团有限公司）、鞍钢（鞍钢股份有限公司）、河钢等一大批钢铁企业与中国移动、华为、中兴通讯等合作，推动5G技术与钢铁工业的结合，主要应用于远程操作、监控、运维等。

3.4　智能化技术在典型型钢中的应用

3.4.1　神经网络在H型钢性能预报中的应用

钢铁行业是典型的长流程工业，每天产生数以万计的数据，数据资源对其来说是一种无形的宝贵资产，探索其中潜在的规律用于工业生产指导，将推动企业的升级与发展。钢铁产品的力学性能一直是生产厂家与客户关注的核心要素，传统的“试错法”进行成分工艺调试以期望满足相应的力学性能，会导致产品的浪费，同时效率低，周期长，无法事先实现产品质量控制。随着数据挖掘及机器学习的快速发展，基于各种学习算法实现钢铁材料性能预测已经成为研究热点。

机器学习算法中的BP神经网络实现了Minsky多层网络设想，它不仅有输入节点、输出节点，而且可以有一层或多层隐节点。BP神经网络的结构图如图3-30所示。当信号输入时首先传到隐节点，经过作用函数层，再把隐节点的输出信号传播到输出层节点，经过处理后给出输出结果。本节以内蒙古建龙（包钢万腾钢铁有限责任公司）的数据为例，介绍利用BP神经网络根据成分、工艺实现对热轧Q355B牌号H型钢的力学性能进行预报的研究。

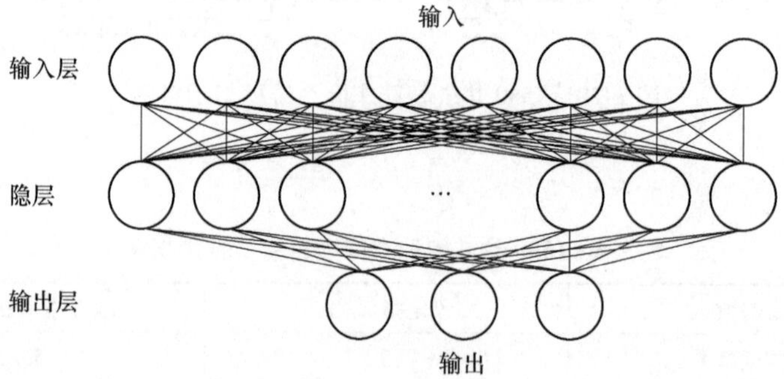

图3-30　BP神经网络结构图

完成Q355BH型钢力学性能预报需要有一个图3-30所示的BP网络模型，包括要设计出输入层、隐层和输出层的层数及各层的单元数。人工神经网络可以输入各种影响 H 型钢力学性能的相关因素，但是考虑到网络模型的收敛速度，应该在保证力学性能预测模型所必需的信息量的基础上，尽量减小系统的规模，所以要对各种影响因素进行充分的分析和筛选。

首先对收集的工业数据进行特征工程处理，并根据特征相关性分析筛选用于模型构建的特征值，最终选择 Q355BH 型钢的化学成分（C、Si、Mn、P、S）的质量分数和部分对性能影响显著的工艺参数（加热温度、均热温度、开轧温度、终轧温度、终冷温度）作为网络的输入参数，将力学性能（以屈服强度、抗拉强度和伸长率为主要指标）作为网络的输出参数。由于本案例样本数量的有限，以及不同特征值间存在复杂的关联性，所以选用只含有一个隐层的三层 BP 网络。部分样本数据见表 3-5。

表 3-5 Q355BH 型钢部分数据

成分(质量分数)/%					工艺/℃					力学性能		
C	Si	Mn	P	S	加热温度	均热温度	开轧温度	终轧温度	终冷温度	R_{eL} /MPa	R_m /MPa	A /%
0.19	0.24	1.06	0.025	0.017	1204	1203	1113	0985	890	379	517	29
0.19	0.24	1.06	0.025	0.017	1209	1200	1121	0987	894	377	515	28
0.19	0.25	1.06	0.022	0.018	1209	1200	1117	984	892	403	513	26
0.19	0.25	1.06	0.022	0.018	1206	1198	1122	985	892	401	511	27
0.19	0.23	1.07	0.029	0.018	1212	1197	1119	990	899	378	513	29
0.19	0.23	1.07	0.029	0.018	1210	1200	1117	988	900	380	514	30
0.19	0.24	1.05	0.027	0.014	1206	1201	1122	999	877	382	526	31
0.19	0.24	1.05	0.027	0.014	1213	1207	1126	988	877	385	526	28
0.2	0.23	1.07	0.025	0.017	1223	1199	1123	980	876	388	518	30
0.2	0.23	1.07	0.025	0.017	1211	1201	1125	988	877	381	519	30
0.19	0.23	1.12	0.022	0.018	1220	1196	1121	986	870	380	522	32

为验证所设计的 BP 网络模型在预测 H 型钢力学性能方面的准确性，在训练完毕的 BP 网络模型输入同型号 H 型钢的成分及工艺，将模型预测的力学性能与工厂采集的数据对比。表 3-6 列出了部分预报结果与实测数据。根据实验数据分析，采用 BP 神经网络模型的预测结果与实测数据的相对误差在较低水平。因此，运用机器学习模型对 H 型钢的力学性能进行预测可作为一种可靠的技术手段应用于生产中。

表 3-6 BP 网络模型预报数据与工厂采集的数据对比

类别	输入值 1			输入值 2		
w(C)/%	0.18			0.18		
w(Si)/%	0.27			0.29		
w(Mn)/%	1.2			1.49		
w(P)/%	0.021			0.027		
w(S)/%	0.025			0.024		
加热温度/℃	1230			1255		
均热温度/℃	1251			1250		
开轧温度/℃	1132			1132		
终轧温度/℃	1034			1026		
终冷温度/℃	971			976		
力学性能	输出预报值	输出实测值	相对误差/%	输出预报值	输出实测值	相对误差/%
R_{eL}/MPa	385	405	4.9	405	389	2.6
R_m/MPa	525	552	4.8	552	538	1.3
A/%	29	28	3.6	28	29	3.3

在机器学习模型中，解释和量化每个特征对模型预测结果的影响和贡献同样重要，特别是在复杂的深度学习或回归模型中，它们的“黑盒”特性使得理解其决策过程变得更加困难。为了增强模型的透明度并阐明其决策机制，本案例使用 SHAP（SHapley Additive exPlanations）模型进行进一步的分析。

本案例使用 SHAP 模型计算每个特征对抗拉强度预测结果的贡献，通过量化特征对模型输出的影响，判断哪些特征对预测结果起到了关键作用。

SHAP 值计算结果如图 3-31 所示，图中纵坐标特征按对模型预测影响的大小排序，影响力较大的特征排在图的上方。正值的 SHAP 值表示该特征的高值推动预测结果向正相关方向变化，颜色条表示特征值的大小，见二维码中的彩图，红色代表特征值较高，蓝色代表特征值较低，从图中可以观察到，Mn 含量位于最上方，大部分点的 SHAP 值集中在右侧，说明它对抗拉强度影响最为显著，且在一定范围内，Mn 含量的增加对抗拉强度有提升作用。终冷温度和均热温度的 SHAP 值接近零，意味着这些特征对抗拉强度的影响较为微弱。通过该方法，我们可以深入理解模型的预测机制，并为进一步的模型优化和分析提供有价值的依据。

3.4.2 机器学习在低成本型钢开发中的应用

目前，关于钢铁材料中合金元素的优化主要通过“成分设计—实际生产—性

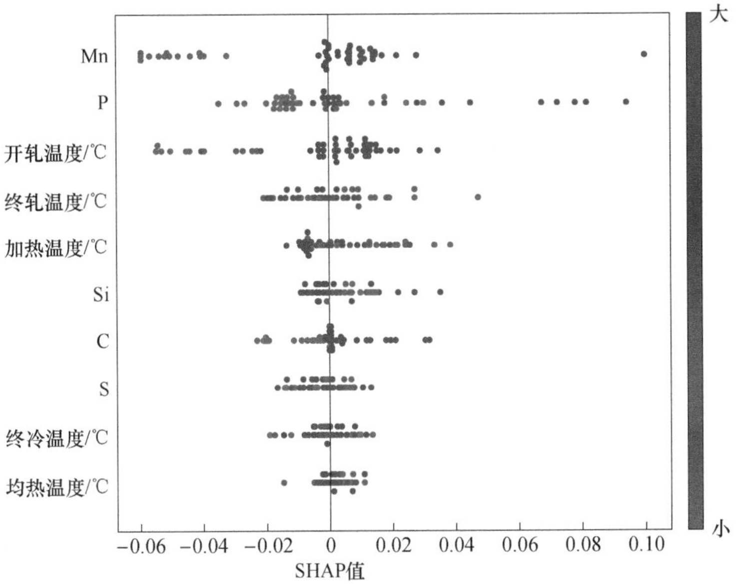

彩图

图 3-31　SHAP 值总结图

能测试—成分优化—性能测试”的“试错”过程，这既降低了研发效率，同时也不可避免地增加一些大规格型钢的制备成本，与钢材的低成本化发展趋势背道而驰。随着工业信息化的深入发展，机器学习因在海量数据的处理、整合和学习方面的优势，推动了其在钢铁行业的应用与发展。本节介绍了通过机器学习实现南钢小、中、大规格角钢降本增效的案例。

为降低 V 含量，最终实现降低南钢角钢生产成本的目的，南钢与北京科技大学合作，利用机器学习算法进行预测，以近些年宿迁金鑫生产的各规格角钢作为数据创建模型，采用了 V-N 微合金化，在屈服强度、抗拉强度和冲击功的预测都满足要求的情况下，实现最低 V 含量的预测。

3.4.2.1　小规格（∠160×160）降本分析

∠160×160 规格角钢原始采用 Q420TC-2 牌号进行轧制，V 元素质量分数的目标范围为 0.04%~0.065%，目标 V 质量分数为 0.045%，从生产现场获得的数据发现，该规格角钢 V 质量分数普遍位于目标范围的上限值，即 0.05%~0.065%，经过预测分析后发现，可以对其进行降钒去 Al 处理，将其 V 质量分数成分由上限值调整至目标范围下限值，即 0.04%~0.05%，并进行了生产，其降本前后性能详见表 3-7。

从表 3-7 可以发现，当 $w(\mathrm{V})$ 由 0.05%~0.065% 降低至 0.04%~0.045% 时，该规格角钢的屈服强度降低 10~20 MPa，余量约有 50 MPa。冲击功方面并

无明显变化。证明∠160×160 规格角钢可以采用 Q420TC-2 牌号生产，其中 V 可以偏下限。针对∠160×160 规格，南钢目前固化采用的是 4.5V 无 Al 生产，且性能满足要求，已实现成本的降低。

表 3-7　∠160×160 规格降本前后性能对比分析

规　格	V 成分(质量分数)/%	屈服强度/MPa	抗拉强度/MPa	冲击功/J
∠160×160×10	0.045~0.05	484	620	52
	0.05~0.065	494	630	54
∠160×160×12	0.045~0.05	464	600	120
	0.05~0.065	487	645	94

3.4.2.2　中规格（∠180×180）降本分析

∠180×180 规格角钢原始采用 Q420TC-1 牌号进行轧制，w(V) 的目标范围为 0.06%~0.08%，目标 w(V) 为 0.07%，经过预测分析后发现，可以对其进行降钒生产，将其 w(V) 由 0.07% 降低至 0.05%，同时添加 80 kg 氮化合金，并进行了生产，其降本前后性能详见表 3-8。

表 3-8　∠180×180 规格降钒性能对比

规　格	成分(钢种)	屈服强度/MPa	抗拉强度/MPa	冲击功/J
∠180×180×16	5V3Al+80VN	447	559	144
	7V	457	608	148
∠180×180×14	5V3Al+80VN	454	607	131
	7V	458	603	158

从表 3-8 可以发现，当 w(V) 由 0.07% 降低至 0.05% 添加 80 kg 氮化合金时，该规格角钢的屈服强度降低约 10 MPa，余量约有 50 MPa。冲击功方面并无明显变化，相比∠160×160 而言，该规格角钢冲击功较高。生产证明∠180×180 规格可以采用降钒复合钒氮生产。针对∠180×180 规格，南钢固化牌号为 Q420TC-3，采用的是 5V3Al+80 kg 氮化合金生产，现阶段添加的氮化合金为氮化锰硅，且性能满足要求，已实现成本的降低。

7V3Al 成分的角钢最初采用钒氮合金，出现了力学性能不合格现象，改判率高达 10.5%，经 BP 神经网络预测分析，采用 5.5V3Al+70 kg 复合钒氮以及 5V3Al+100 kg 复合钒氮进行生产，试生产结果发现力学性能均满足要求。目前南钢不采购复合钒氮，改用加氮化锰硅合金［w(V)＝0.068%＋60 kg 氮化锰硅］，性能 100% 合格，改判率降低至 0。

经过计算，160 规格角钢吨钢 V 降低 0.005%，每吨钒氮合金含量 17 万元，吨钢节约 11 元；180 规格角钢吨钢 V 降低 0.02%，每吨增加 80 kg 复合钒氮，每吨钒氮合金含量 17 万元，吨钢节约 36 元；250 规格角钢由 7V3Al（钒氮合金）改为 [w(V) = 0.068% + 60 kg 氮化锰硅]，吨钢降本 30 元。针对降本后的成分体系进行生产，2021 年，南钢角钢累计生产 16.1 万吨，其中 220×220 坯型生产 3.6 万吨，产品规格主要为 14 号、16 号角钢；250×300 坯型生产 8.01 万吨，产品规格为 18 号、20 号角钢；250×350 坯型生产 4.49 万吨产品规格为 22 号、25 号角钢。其中，220×220 和 250×300 坯型生产的产品总体性能稳定，余量充足。合格率 100%。2021 年南钢大角钢累计生产 4.49 万吨，其中 22 号角钢生产 2.52 万吨，Q420TC-1 牌号为 2.13 万吨，Q355TC-2 牌号为 0.39 万吨；25 号角钢生产 1.97 万吨，Q420TC-1 牌号为 1.79 万吨，总体性能稳定，余量充足。合格率 100%。

∠250×250 规格试生产钢力学性能见表 3-9。

表 3-9 ∠250×250 规格试生产钢力学性能

牌　号	冶炼号	上屈服强度/MPa	下屈服强度/MPa	抗拉强度/MPa	伸长率/%	冲击功/J
5.5V3Al80VN	1200100131	452	450	608	24	46
	1200100132	457	446	607	24	40
	1200100133	426	425	594	25	57
	1200100134	445	443	607	24	98
5V3Al100VN	1191205394	442	440	601	23	49
	1191205395	437	436	600	23	70
	1191205396	442	440	599	23	54

参 考 文 献

[1] 严婷婷. 数字化技术在山西大同九龙壁展示中的运用 [D]. 太原: 太原理工大学, 2021.

[2] 黄德中, 魏宏玲. 数字化技术在轮胎模具设计制造中的应用 [J]. 模具技术, 2002 (3): 40-42, 50.

[3] 周祖德, 余文勇, 陈幼平. 数字制造的概念与科学问题 [J]. 中国机械工程, 2001 (1): 109-113.

[4] 康永林. "十三五" 中国轧钢技术进步及展望 [J]. 钢铁, 2021, 56 (10): 15.

[5] 康永林, 朱国明, 陶功明, 等. 高精度型钢轧制数字化技术及应用 [J]. 钢铁, 2017, 52 (3): 49-57.

[6] 梁志芳, 王迎娜, 李午申, 等. 20MnSi 钢筋冷却的淬透层深度 [J]. 天津大学学报, 2007, 40 (11): 1387-1390.

[7] 刘健, 侯福增, 于晓光, 等. H 型钢控冷后组织场模拟及性能预测 [J]. 热加工工艺, 2014, 43 (10): 94-96, 100.

[8] 马劲红, 李慧. H 型钢轧制过程的再结晶数值模拟 [J]. 河北联合大学学报 (自然科学版), 2012, 34 (2): 35-39.

[9] 张永全, 李鹏. 智能控制在轧钢加热炉上的节能应用 [J]. 工业炉, 2021, 43 (3): 38-41.

[10] Yan X Q, Qi J B, Wang X X. An active method suppressing rolling mill vibration: disturbance estimation and compensation algorithm [J]. 钢铁研究学报: 英文版, 2019, 26 (7): 7.

[11] 张健民, 单旭沂. 热轧产线智能制造技术应用研究——宝钢 1580 热轧示范产线 [J]. 中国机械工程, 2020, 31 (2): 246-251.

[12] 张立明. 人工神经网络的模型及其应用 [M]. 上海: 复旦大学出版社, 1993.

[13] 徐东涛. H 型钢控制冷却过程温度场的数值模拟及力学性能预报 [D]. 鞍山: 辽宁科技大学, 2006.

[14] 于浩, 王辊, 李宇晗, 等. 一种基于有限元模拟的球扁钢轧制工艺优化方法: 中国, CN113486461B [P]. 2023-09-19.

4 型钢中残余应力的产生及控制

4.1 残余应力的种类

在没有外部机械和热载荷作用的情况下，存在于材料内部并处于自平衡状态的应力称为残余应力。机械加工和强化工艺都会引起残余应力，此外，不均匀塑性变形和相变也会引起残余应力。残余应力的存在有时不会立即表现出来，而是当工件在服役时因工作应力与残余应力的叠加，使总应力超过强度极限时，便出现裂纹和断裂。由此可见，一般而言，残余应力是有害的。

依据不同的标准，可以将残余应力进行分类。本节列举出较为常见的残余应力分类情况。

4.1.1 残余应力按照应力相互作用或平衡范围分类

残余应力按照应力相互作用或平衡范围分类如下所述。

(1) 第一类残余应力或称宏观应力。它是由工件不同部分的宏观变形不均匀性引起的，故其应力平衡范围包括整个工件。

(2) 第二类残余应力或称显微应力。它是由晶粒或亚晶粒之间的变形不均匀性产生的，在晶粒或亚晶粒之间保持平衡，这种内应力有时可达到很大的数值，甚至可能造成显微裂纹并导致工件破坏。

(3) 第三类残余应力或称超显微应力。它是由于工件在塑性变形中形成的大量点阵缺陷（如空位、间隙原子、位错等）引起的。

4.1.2 按金属学分类

按金属学分类如下所述。

(1) 体积应力与宏观应力对应。

(2) 组织应力与显微应力对应。

(3) 镶嵌应力与超显微应力对应。

4.1.3 按应力产生的工艺过程分类

按应力产生的工艺过程分为铸造残余应力、焊接残余应力、压力加工残余应力、切削加工残余应力、热处理残余应力、镀层残余应力、表面硬化处理残余应力、矫直残余应力等。

4.1.4　按引起应力的结构、工艺分类

按引起应力的结构、工艺分类如下所述。

（1）结构应力，由于结构设计、几何形状和尺寸等原因而引起的零件残余应力。

（2）工艺应力，由于零件制造工艺和使用过程中的某些原因而引起的残余应力。

4.1.5　按物理学分类

按物理学分类如下所述。

（1）热应力或温度应力，由于零件不均匀的冷却或加热过程中温度梯度的影响，使零件产生不均匀的收缩或膨胀所引起的残余应力。

（2）相变应力，由于金属材料进行相变或扩散过程而形成的应力。

（3）加工应力，零件加工时受加工力的作用所产生的塑性变形而引起的残余应力。

4.1.6　按应力存在的长短分类

按应力存在的长短分类如下所述。

（1）暂时应力，在零件制造工艺过程中发生又随工艺过程的结束而消失的应力。

（2）永久性应力，在零件制作过程的某一阶段产生，但当此过程结束后，一部分应力仍然保留在零件内部而形成的残余应力。

早期测量残余应力均采用机械法，后期随着电子技术的兴起，应变片等试验仪器被应用到残余应力测量中。按照对试件的破坏程度进行划分，目前常用的残余应力测量方法主要可以分为全破坏性测量法、部分破坏性测量法以及非破坏性测量法三类。

（1）全破坏性测量法。全破坏性测量法的原理是采用切割的方式释放构件内部的残余应力，这一过程会产生位移和应变，之后在重点部位测量产生的位移和应变，便可通过计算推导出残余应力的分布形式。全破坏性测量法是最早被使用的残余应力测量手段，也是现在使用最广泛的残余应力测量方法。就结构工程应用而言，全破坏性测量法中的切割法已被证明是最佳方法。切割法相对其他方法操作简单且经济，并且可以精确测量残余应力的分布。Tebedge 详细规定了分割法的操作步骤、试件制备及所用的测量工具。具体测量步骤可以分为以下几部分，首先标记试件中间区域为被测量区域；然后在被测量区域内按照 254 mm 间

距进行钻孔，利用 Whittemore 手持式应变仪测量两钻孔的实际间距作为初始间距；然后利用手锯或者机床加工方式将被测量区域切出，使用手持式应变仪再次测量两钻孔间距；最后通过同样的切割方式将被测量区域分割成规定尺寸的长条，此时可以认为长条内不同方向的残余应力均释放完毕，使用手持式应变仪测量此时两钻孔间的距离，并将该距离作为终止间距，根据被测量长条两钻孔间距离的前后变化计算出对应的应变，根据应力应变关系进而计算出残余应力值。

（2）部分破坏性测量法。部分破坏性测量法对被测量构件造成的创伤比全破坏性测量法小很多，创伤不会影响构件的正常使用，并且测量得到的结果也比较准确，该方法在已建成大型结构的残余应力测量试验中使用较多。盲孔法是使用最为广泛的部分破坏性测量法。盲孔法是随着应变电测技术发展起来的一种基于弹性力学理论的残余应力测量方式，如图 4-1 所示。其原理为在被测量构件的表面贴上应变花，通过在应变花的中心打孔释放内部应变从而测量（当打孔深度为孔径 1.2 倍时认为残余应力完全释放）。释放的内部应变会被孔位周围的应变花测量，最后根据应力应变关系计算得到测点的残余应力值。

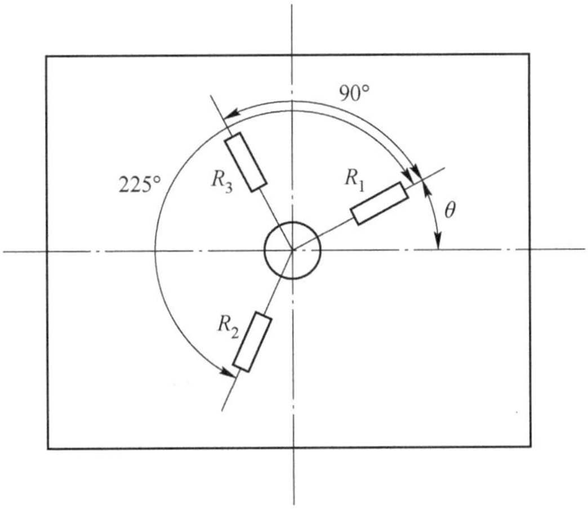

图 4-1 盲孔法测量残余应力示意图

（3）非破坏性测量法。非破坏性测量法主要有 X 射线衍射法、磁测法以及超声波法。这些方法的最大优势在于测量残余应力的过程中不会对被测量构件造成任何损伤，但缺点为探测范围小，结果不够精确，只适用于粗略测量。非破坏性测量法测量的基本原理基本相同，正常情况下，金属内部晶面簇的晶面间距是均匀的，当金属由于残余应力在内部产生应变，那该应变必然会导致该区域的晶面间距发生位移，从而使各种波对应的衍射峰值发生变化，最后通过计算方程处理即可得到残余应力值。

上述这些残余应力的测量方法各有优缺点，如图 4-2 所示，根据实际情况选择合适的检测方法。

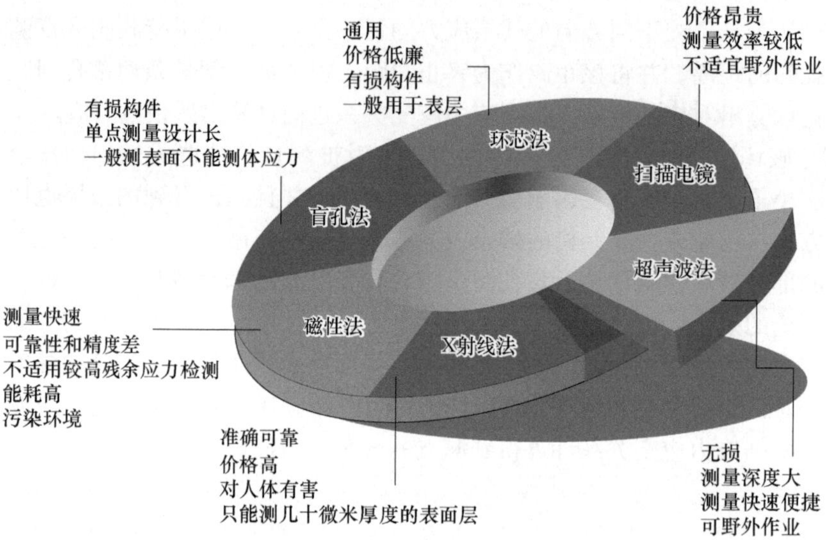

彩图

图 4-2　残余应力检测方法及特点

4.2　影响残余应力的因素

残余应力归根结底是由于材料内部不同区域的失配效应造成的，一切能够引起材料内部产生不均匀变化的因素都会产生残余应力，其中包括塑性变形、热影响以及化学作用。

型钢内部的残余应力是由于型钢在轧制/焊接等成型的过程中，由于制作工艺（如火焰切割、焊接工艺、矫正调直、反弯曲等）的直接作用，以及在之后的冷却过程中的温度不均匀等因素造成的。不均匀塑性变形、温度不均匀以及相变或沉淀析出引起的体积变化和化学变化均能够引起残余应力的产生。例如，淬火产生的残余应力就是由热应力和相变应力产生的。拉拔、冷加工产生的残余应力是由塑性变形不均匀产生的。切削加工残余应力与机械应力所造成的塑性变形以及热应力产生的塑性变形有关等。

本节选取典型型钢——H 型钢，分析残余应力的产生及影响因素。

H 型钢轧制时金属流动大，纵向延伸比较长。由于工件是一个不可分割的整体，各个部分变形时互相制约，在变形后相互作用的力即为内应力。加工后的内应力即为 H 型钢的残余应力。

以热轧 H 型钢为例，在生产过程中所经过的每一道加工工序都会使钢材内部的残余应力发生变化。产生残余应力的原因主要有以下三类。

（1）温度不均匀产生的残余应力：热轧 H 型钢的生产过程经历了钢坯加热、开坯、去除氧化层、多道次轧制、热锯、矫直等多道工序，H 型钢在轧制过程中，钢材一直保持高温状态，钢材的材料性能随着加工温度的变化发生相应的变化，主要体现在弹性模量和屈服强度两个方面。H 型钢在热轧过程中，由于腹板和翼缘的厚度不同，这两部分的热膨胀率、热传导率等热力学状态和温度场也不同，这就导致之后的冷却过程中，腹板和翼缘的瞬间冷却程度不均匀。在轧制完成之后冷却的初期，钢材冷却慢的部分收缩变形较小，冷却快的部分收缩变形较大，收缩变形较小的区域受到收缩变形较大的区域的约束，从而在冷却较快的部位产生拉应力，冷却较慢的部位产生压应力。当 H 型钢逐渐冷却到室温后，各部分之间的温度逐渐趋于一致，原来冷却较慢的部分的继续收缩受到其他已经冷却完毕的部分的阻碍，使得 H 型钢各部分之间的拉压应力逐渐转变方向，最终在 H 型钢中形成自相平衡的残余应力分布形式。

（2）不均匀塑性变形产生的残余应力：这种残余应力是 H 型钢在生产过程中比较常见的残余应力。H 型钢会在生产制造过程中经历多道工序，每经历一道工序都可视为是一次施加外部荷载和卸载的过程，当 H 型钢与轧机相互作用即施加外部荷载时，H 型钢的部分区域会发生不均匀的塑性变形而且 H 型钢各部位的力学性能也会存在差异；当卸载时，这些不均匀的塑性变形不会完全恢复，该区域就会产生残余应力。

（3）相变和析出在试件内部引起不均匀体积变化而产生的残余应力：H 型钢在生产制造过程中经历温度的大幅变化，温度的急剧变化会使 H 型钢内部发生组织转变，由于不同组织的质量体积不同，因此 H 型钢必然发生质量和体积的变化。由于 H 型钢表面和心部存在温度差，因此当表面与心部组织转变不同时，H 型钢内部完全相变结束部分和相变尚未结束部分同时存在，这样 H 型钢内外质量体积变化不同，就会产生残余应力。

总的来说，由于 H 型钢断面异型，各个部分变形率不同。腹板厚度小于翼缘厚度，冷却时腹板和翼缘冷却速度不同导致 H 型钢存在很大的结构应力和残余热应力。热轧 H 型钢残余应力的存在，对其性能产生影响，特别是对于性能优越的大尺寸、腰腿厚度比大的大型 H 型钢影响最为明显。存在较大的残余应力容易引起一系列问题，例如，腹板波浪、腹板开裂、火焰切割或焊接时产生裂纹等。

经过国内外学者对型钢内部残余应力的总结研究，发现 H 型钢内部残余应力分布存在若干特点和规律，如图 4-3 和图 4-4 所示，总结如下。

（1）H 型钢残余应力主要是沿型钢轴向方向的拉或压应力。

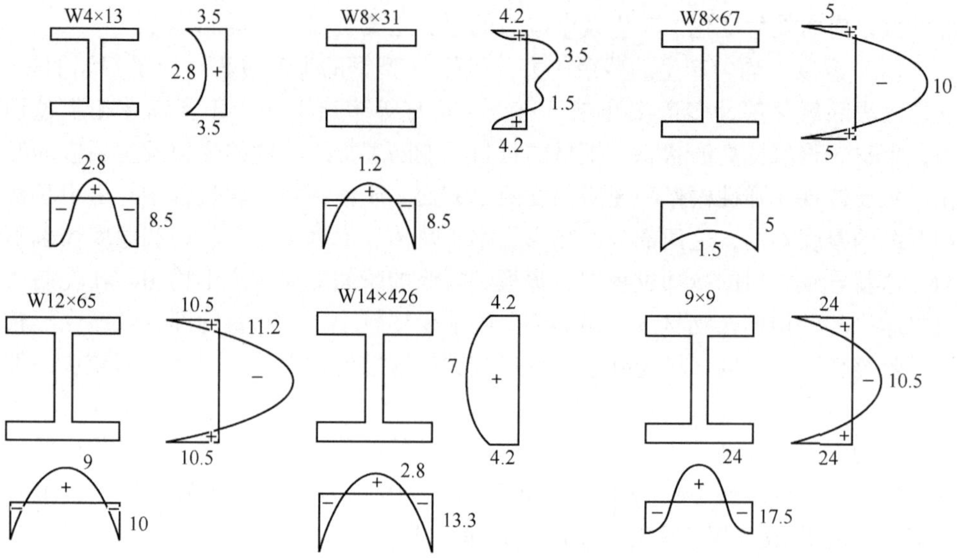

图 4-3　美国若干有代表性 H 型钢截面残余应力的分布

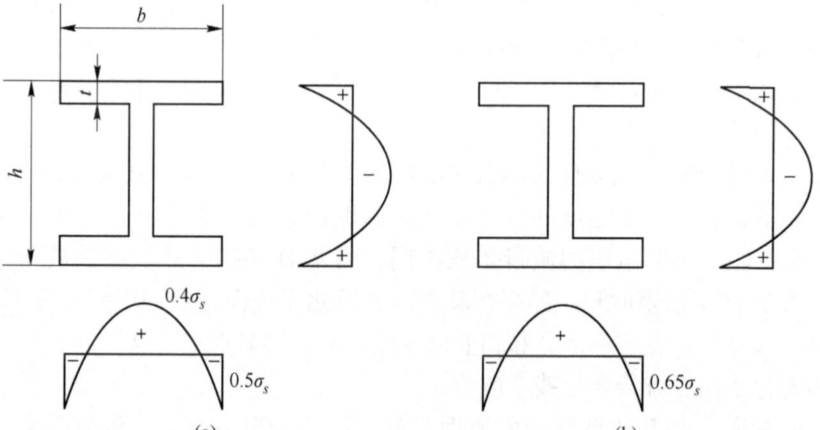

图 4-4　欧洲 H 型钢截面残余应力的大小和分布综合结果

（a）热轧宽翼缘 H 型钢截面；（b）焊接 H 型钢截面

（2）热轧和焊接型 H 型钢截面残余应力沿高度方向呈对称分布，近似抛物线或多段直线，中部一般为压应力。

（3）随着截面尺寸增大，焊接产生的残余应力减小。

（4）轧制翼缘端部应力为压缩，焰切翼缘端部应力为拉伸。

（5）沿轧件长度方向残余应力均匀不变，但在靠近端部（长度约等于截面最大尺寸）的范围内，残余应力降低。

（6）翼缘厚度 t 小于 25 mm 的截面，其残余应力沿厚度变化不大；t 小于 12 mm，变化很小可忽略；t 大于或等于 40 mm，变化显著且呈非线性。

4.3　型钢中残余应力的控制

4.3.1　残余应力的危害

残余应力并不会立即使型钢破坏，也不会影响型钢自身的强度，而当型钢受到外部荷载作用，外部应力与内部残余应力之和超出承受极限时，型钢便会因为残余应力的存在而出现一系列的破坏现象。

残余应力会降低结构刚度。在结构受到外部荷载作用，由荷载造成的外部应力与内部残余应力之和超出屈服强度时，结构受力处的材料就会丧失继续承受荷载的能力，该区域内会发生局部塑性变形。由此可见，因为残余应力而产生的小范围塑性变形区会削弱结构的有效截面积并对结构刚度产生较大的影响。

残余应力会降低构件的抗疲劳性能。在不同条件和环境因素下，残余应力对疲劳的影响也不尽相同。它与残余应力分布规律和量值、材料的弹性性能、外部应力的分布情况及残余应力在应力交变时的稳定性等因素有关。一般来说，承受疲劳荷载的构件，残余压应力会加强构件的疲劳强度；残余拉应力会降低构件的疲劳强度。另外，当残余应力所在区域存在应力集中现象时，残余应力对构件抗疲劳性能的影响会增大。

残余应力会降低构件的稳定性。以受压杆件为例，残余应力会使受压杆件提前进入弹塑性阶段，并降低了受压杆件的稳定承载力，并且残余应力对受压杆件弱轴的影响程度远大于对受压杆件强轴的影响。当外部施加的应力和结构内部的残余应力相叠加，两者之和达到钢材屈服点之后，该区域便无法继续承载外部荷载，进而使受压杆件实际的计算截面积缩小，最终破坏了受压杆件原有的稳定性。

H 型钢腹板部位在开坯轧制过程中的压下大，减薄强，在连轧过程中，散热也就较强，温降相对剧烈；翼缘部位的金属变形量大，R 角部位的厚度仍旧最大，不宜于热量的散失，同时随着变形量的不断累加，大量塑性功转变为热能，使变形部位的温度有所上升。在切割过程中，当残余应力超过自身强度时会引起腹板的开裂。典型的 H 型钢在切割过程中产生的腹板开裂如图 4-5 所示。

此外，焊接中由于高温短时作用于焊缝处，导致该处迅速升温后又很快冷却，温度变化急剧，引起焊件内部产生不均匀塑性变形，使焊件冷却后内部存在并自身保持平衡的应力，被称为焊接残余应力。典型的由于焊接过程而产生的焊缝裂纹如图 4-6 所示。

彩图

图 4-5　H 型钢腹板开裂

彩图

图 4-6　焊缝区裂纹

焊接残余应力的危害如下。

（1）对焊件强度的影响：残余应力与外力作用叠加导致应力场不均匀分布，在外力作用下使焊件危险部位提前屈服。焊件中的拉伸焊接残余应力集中处，如果受到循环载荷作用，则会导致结构疲劳强度下降。

（2）对焊件刚度的影响：残余应力使焊件产生局部形变，导致焊件的抗弯刚度和截面侧向刚度下降。

（3）对结构稳定性的影响：残余应力虽然自身保持平衡但是并不稳定，残余应力与结构受到的外力叠加，会使结构局部失稳，整体稳定性下降。残余应力对结构稳定性的影响主要受结构的几何形状及应力分布影响，一般情况下，残余应力对非封闭式截面的影响比其对封闭式截面的影响要大。

(4) 对材料制作及加工精度的影响：由于残余应力会降低材料刚度，当材料刚度比较小时，残余应力的存在对材料制作及其加工精度的影响就会很大。

4.3.2　残余应力控制原理及应用

残余应力是一种固有应力，当结构不受外部荷载作用时，残余应力在结构内部能够达到自我平衡的状态。残余应力并不会立即使结构破坏，也不会影响结构自身的强度，而当结构受到外部荷载作用，外部应力与内部残余应力之和超出承受极限时，结构便会因为残余应力的存在而出现一系列的破坏现象。切削、焊接、热处理等加工方式均会不同程度地产生残余应力。

针对结构构件残余应力的消除方法主要有自然时效法和人工时效法两种。

自然时效法：自然时效法是最古老的消除残余应力的方法。该方法就是把需要处理的结构构件静置不做任何处理，经历几个月甚至几年的风吹日晒，给予结构构件反复的温度应力，在温度应力的作用下，促使构件释放和消除内部存在的残余应力。自然时效法消除残余应力的过程缓慢，只能消除较小的残余应力，但是对构件没有任何副作用，构件的尺寸和稳定性都得以保存，而且在反复的温度应力作用下，还会小幅度提高构件的刚度，因此某些精密构件均采取自然时效法和人工时效法共同使用的做法。

人工时效法包括热处理时效法、锤击法、振动法、超声冲击法等。

(1) 热处理时效法是金属加工制造过程中经常使用的一种方法，包括淬火处理、回火处理、正火处理。淬火处理中钢材会被加热至900 ℃，并保持一段时间，然后迅速将钢材放置于水中或者油中快速冷却，淬火处理会改善钢材的强度，但会降低钢材的塑性和韧性。回火处理在淬火处理之后，将经历过淬火处理后的构件重新加热至500～600 ℃，并保持温度在此区间内一段时间，该步骤会降低淬火处理带来的残余应力。正火处理在回火处理之后，它借助热处理设备，将回火处理后的构件由室温缓慢加热至900 ℃，并保持温度4～8 h，而后将保温温度降至120 ℃以下，最后将构件在空气中冷却至常温，正火处理可以释放部分的残余应力。

(2) 锤击法分为手工锤击法和机械锤击法，锤击法通过锤击使结构构件内部产生一定的塑性伸长，从而释放在金属加工制造过程中产生的内部残余应力，从而达到改善和均衡构件原有残余应力的目的。

(3) 振动法利用专业的振动设备产生周期性的振激，周期性的外力在某一频率时会与构件内部的微观晶粒组织产生共振，从而使晶粒组织重新分布，降低构件残余应力的峰值。

(4) 超声冲击法是使用专业设备发射超高频超声波冲击构件表面，因为超高频的超声波本身的能量巨大，超声波可以在极短的时间内高速冲击构件，此时构件被冲击区域的温度会以极高的速度上升至 600 ℃，此温度持续时间又极短，构件会迅速冷却至常温。这种超高频能量的输入会使金属晶粒组织发生重组，从而释放部分残余应力。

4. 3. 3　大数据分析在残余应力控制中的应用

随着工业信息化的转型及发展，生产数据量正飞速增长。作为工业生产的附加产物，大数据已逐渐引起了人们的重视，如何探寻其中的潜在价值，发现其中隐藏规律用以指导其生产，已经成为企业急需解决的问题。型钢矫直与残余应力控制除理论分析外，仿真模拟在型钢的残余应力分析与控制中也具有重要的参考价值与意义。

应力是描述材料内力集中度的概念，应力场是材料某一点的瞬时应力状态，为表示材料的应力分布情况，采用 Mises 等效应力和长度方向应力（S33）分别说明钢板的应力分布状态。Von Mises 是一种应力屈服准则，通常将它的值称为 Mises 等效应力。屈服准则描述的是当材料受到多方向的应力状态时，各分量的应力状态处于一定关系时，材料进入屈服阶段，这一状态称为屈服准则。图 4-7 是热轧后实验钢的 1 ~6 点位置的显微组织图。图 4-8 所示为试验钢的 Mises 等效应力。

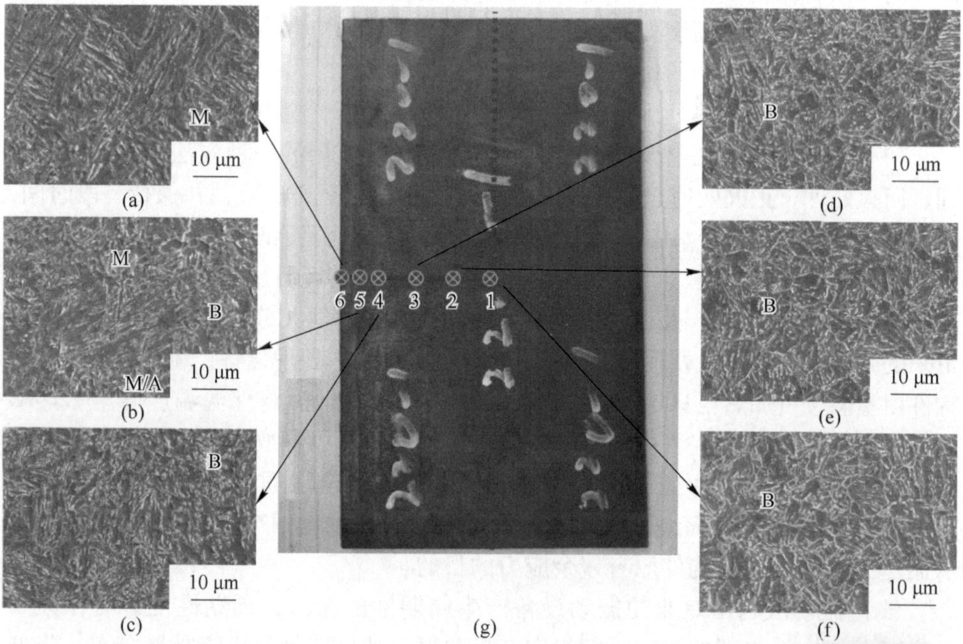

图 4-7　试验钢不同位置的组织形貌图

彩图

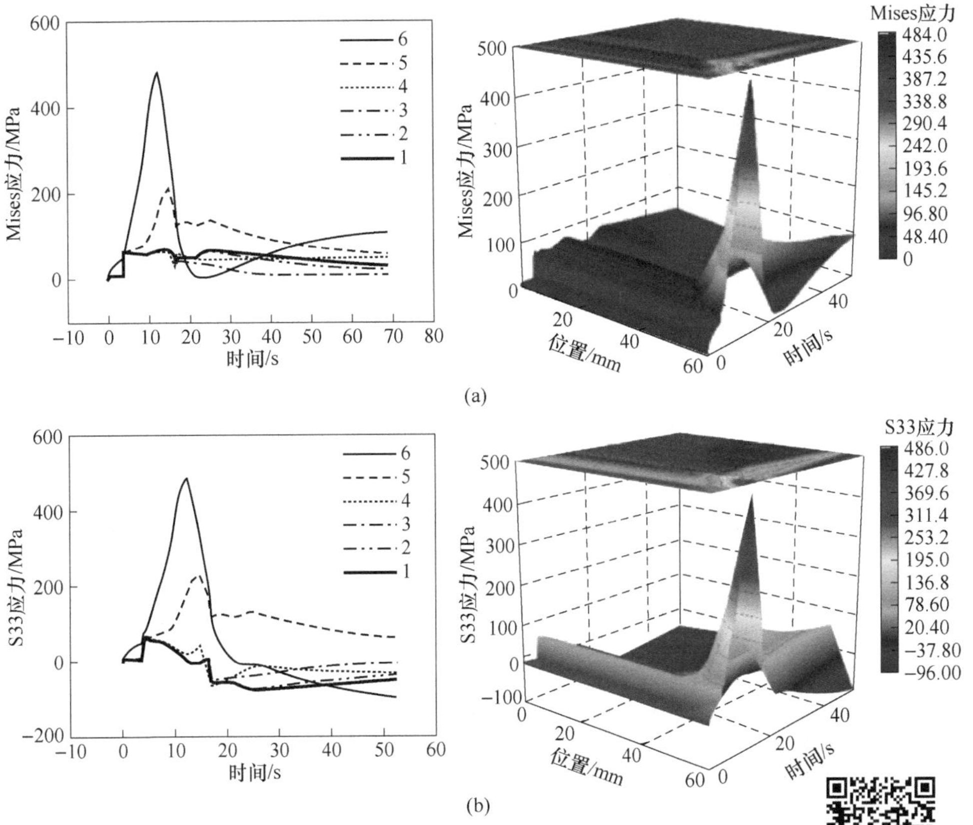

图 4-8　Mises 等效应力与长度方向应力（S33）演变规律

（a）Mises 应力演变规律；（b）长度方向（S33）应力演变规律

彩图

在第一阶段结束时，6 点位置 Mises 等效应力为 48 MPa，1 点位置的应力为 8 MPa。第二阶段结束时，6 点的应力达到 192 MPa，1 点的应力为 45 MPa。在第三阶段过程中，6 点应力逐渐减小至 91 MPa，1 点的应力逐渐减小至 45 MPa。

由于建模过程中假设上下表面冷却过程均匀，板宽方向冷却对称，所以钢板的法向残余应力（S11）和横向的残余应力（S22）较小，不是影响板形的主要因素，轧向残余应力即长度方向残余应力（S33）显著影响板形。

在第一阶段结束时，6 点位置 S33 应力为 50 MPa，1 点位置的应力为 5 MPa。第二阶段结束时，6 点的应力达到 190 MPa，1 点的应力转变为压应力，为 −2 MPa。在第三阶段过程中，6 点应力转变为压应力，为 −95 MPa，1 点的应力逐渐增加至 −49 MPa。

对比残余应力演化与材料屈服强度改变过程如图 4-9 所示，可以清晰地观察到在层流冷却开始时，边部外表面应力有一略微高于屈服强度的过程，造成了材料发生轻微的塑性变形。之后的过程由于温度降低，材料的屈服强度提升，残余应力一直低于屈服强度，未发生塑性变形。材料内部的残余应力未得到有效的释放，处于较高的水平。

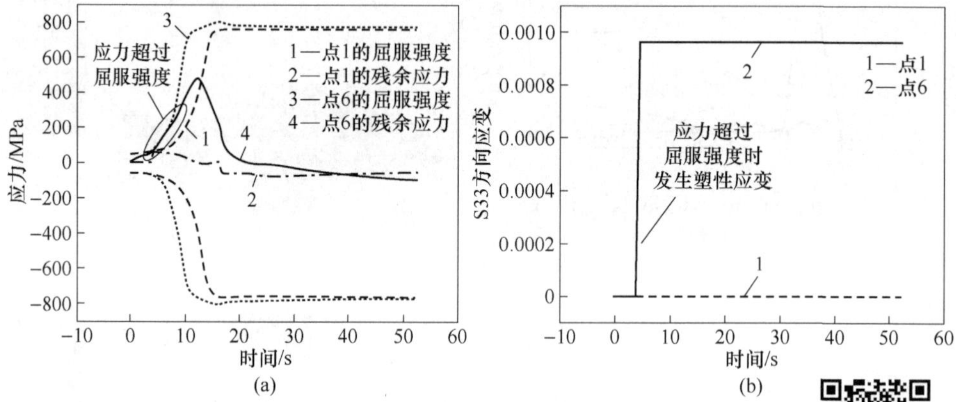

图 4-9　对比残余应力演化与材料屈服强度改变过程
（a）S33 方向应力与材料屈服强度演化过程对比；（b）S33 方向应变

彩图

机器学习预测 H 型钢矫后弯曲情况如下所述。

在实际生产现场过程中，H 型钢在矫直之前经历了轧制、冷却等多道工艺，H 型钢内部会存在一定的残余应力，一般难以通过仿真模拟等手段进行解决。因此，基于机器学习，通过收集现场的实际矫直数据，以期通过机器学习来探寻各矫直辊对于弯曲情况的影响。

在机器学习中，将上排 5 个辊的压下量作为输入，将对应的矫后上下弯曲程度作为输出。通过内蒙古建龙现场收集了多个规格的矫直数据进行了机器学习。在预测过程中，仅改变某一个矫直辊的压下量，其余 4 辊的压下量不变。表 4-1 ~ 表 4-5 为某一规格 H 型钢改变某一辊压下量对上弯情况的机器学习预测结果。

表 4-1　上排 1 号辊对上弯情况的预测结果

上 1 号辊压下量/mm	上 2 号辊压下量/mm	上 3 号辊压下量/mm	上 4 号辊压下量/mm	上 5 号辊压下量/mm	弯曲情况
3.4	11.8	4.3	6.2	3.5	上弯 5.04 mm
3.5	11.8	4.3	6.2	3.5	上弯 4.33 mm
3.6	11.8	4.3	6.2	3.5	上弯 3.76 mm
3.7	11.8	4.3	6.2	3.5	上弯 2.89 mm
3.8	11.8	4.3	6.2	3.5	上弯 2.01 mm

表 4-2 上排 2 号辊对上弯情况的预测结果

上 1 号辊压下量/mm	上 2 号辊压下量/mm	上 3 号辊压下量/mm	上 4 号辊压下量/mm	上 5 号辊压下量/mm	弯曲情况
3.8	12.2	4.3	6.2	3.5	上弯 4.14 mm
3.8	12.1	4.3	6.2	3.5	上弯 3.79 mm
3.8	12.0	4.3	6.2	3.5	上弯 3.43 mm
3.8	11.9	4.3	6.2	3.5	上弯 2.85 mm
3.8	11.8	4.3	6.2	3.5	上弯 2.01 mm

表 4-3 上排 3 号辊对上弯情况的预测结果

上 1 号辊压下量/mm	上 2 号辊压下量/mm	上 3 号辊压下量/mm	上 4 号辊压下量/mm	上 5 号辊压下量/mm	弯曲情况
3.8	11.8	3.9	6.2	3.5	上弯 5.56 mm
3.8	11.8	4.0	6.2	3.5	上弯 4.69 mm
3.8	11.8	4.1	6.2	3.5	上弯 3.76 mm
3.8	11.8	4.2	6.2	3.5	上弯 2.92 mm
3.8	11.8	4.3	6.2	3.5	上弯 2.01 mm

表 4-4 上排 4 号辊对上弯情况的预测结果

上 1 号辊压下量/mm	上 2 号辊压下量/mm	上 3 号辊压下量/mm	上 4 号辊压下量/mm	上 5 号辊压下量/mm	弯曲情况
3.8	11.8	4.3	6.6	3.5	上弯 4.55 mm
3.8	11.8	4.3	6.5	3.5	上弯 3.74 mm
3.8	11.8	4.3	6.4	3.5	上弯 3.29 mm
3.8	11.8	4.3	6.3	3.5	上弯 2.91 mm
3.8	11.8	4.3	6.2	3.5	上弯 2.01 mm

表 4-5　上排 5 号辊对上弯情况的预测结果

上 1 号辊压下量/mm	上 2 号辊压下量/mm	上 3 号辊压下量/mm	上 4 号辊压下量/mm	上 5 号辊压下量/mm	弯曲情况
3. 8	11. 8	4. 3	6. 2	3. 1	上弯 6. 22 mm
3. 8	11. 8	4. 3	6. 2	3. 2	上弯 5. 30 mm
3. 8	11. 8	4. 3	6. 2	3. 3	上弯 4. 42 mm
3. 8	11. 8	4. 3	6. 2	3. 4	上弯 3. 47 mm
3. 8	11. 8	4. 3	6. 2	3. 5	上弯 2. 01 mm

通过机器学习预测，针对某一钢厂的 H 型钢矫直实际情况，通过调节矫直辊的压下量进行改善弯曲情况，且现场操作情况与预测结果吻合。

4. 4　H 型钢矫直残余应力分析

4. 4. 1　H 型钢矫直理论分析

H 型钢矫直过程会发生弹塑性变形，本节采用弹塑性弯曲理论，对 H 型钢构件的弹塑性变形行为进行描述，讨论 H 型钢弯曲时弯曲主要参数与弯曲程度的数值关系。

4. 4. 1. 1　弯曲变形与应力的关系

H 型钢因其断面结构的特点，矫直时通常采用卧式辊矫。由于结构对称，构件弯曲时除中性层不变形外，其翼缘上部产生拉伸（压缩）变形，翼缘下部产生压缩（拉伸）变形；腹板通常是按不发生塑性变形的状态来考虑的。当材料发生弹塑性变形时应力与应变之间则不再遵循全量虎克定律而呈现某种非线性关系。

对于理想弹塑性材料的 H 型钢，当断面高度为 H 时，假设在距中性层 $H_t/2$ 处达到弹性极限变形。其应力应变关系有：在弹性区厚度 H_t 内，轧件断面高度处的应力与应变仍然是简单的线性关系；在弹塑性区（$H-H_t$）内，应力超过弹性极限后保持 σ_t 值不变，则：

边界应变为：$\varepsilon_h=\dfrac{\varepsilon_t}{H_t}H$

任意厚度处的应变为：$\varepsilon_z=\dfrac{2\varepsilon_h}{H}z$

弹性区厚度 H_t 内的应力为：$\sigma_z=\dfrac{2\sigma_t}{H_t}z$

4.4.1.2 弯矩比与弯曲变形程度的关系

弹塑性变形区厚度（$H-H_t$）内的应力：$\sigma_z=\sigma_t$

设H型钢为理想材料，H_t 为截面上弹性区的高度，定义弹性区高度与截面高度的比值为弹区比 ξ，即 $H_t/H=\xi$ 表示弯曲变形程度。以截面发生弹塑性变形为研究对象，当翼缘上部产生拉伸变形，翼缘下部产生压缩变形时，该截面上的应力分布为：

$$\sigma(x,z)=\sigma_s,\frac{H_t}{2}\leqslant z\leqslant\frac{H}{2}$$

$$\sigma(x,z)=\frac{2\sigma_s}{H_t}y,-\frac{H_t}{2}\leqslant z\leqslant\frac{H_t}{2}$$

$$\sigma(x,z)=-\sigma_s,-\frac{H}{2}\leqslant z\leqslant-\frac{H_t}{2}$$

根据实际矫直条件，通常腹板不发生塑性变形，令H型钢截面的宽厚比 $\beta=\frac{2t_2}{B}$，高厚比 $\eta=\frac{t_1}{H}$，设弯距与弹性极限弯距的比值为弯距比，即 $\overline{M}=\frac{M}{M_t}$，则H型材的弯距比为：

$$\overline{M}=\frac{(1.5-0.5\xi^2)\beta+(1-\beta)\eta^3/\xi}{\beta+\eta^3-\beta\eta^3}$$

上式表达的H型断面型材弯距比与弯曲程度的关系，即弯距比方程。可见，H型钢的弯距比与断面的宽厚比 β、高厚比 η 及弯曲程度有关。对于某一具体规格的H型材，只要给出弯曲程度便可直接或用差值法求出相应弯曲程度下的弯距比 M 值，即弯距对弹性极限弯距的倍数关系，进而结合具体的材质可算出其弯距值。

尽管理论计算可以推导出弯曲变形与应力的关联关系，但这些分析主要集中在材料的理想弹塑性行为和简化的假设模型上。然而，理论分析方法无法充分考虑实际工程中的复杂因素，例如几何非线性、边界条件、局部效应及材料非均匀性等。并且传统的理论模型对于应力分布、塑性区域的具体形态，以及应力集中等问题的分析往往存在一定局限。采用有限元方法进行数值模拟，可以更为精确地分析H型钢在弯曲过程中应力分布的实际情况，为工程设计提供详细和可靠的应力预测。

4.4.2 H型钢矫直模拟

采用ANSYS Workbench软件的LS-DYNA模块进行H型钢矫直过程的有限元模拟。矫直模拟针对于规格400 mm×200 mm×8 mm×13 mm的H型钢进行。其中，模拟矫直的H型钢具体尺寸如图4-10所示，现场实际矫直机为10辊矫直机，其矫直辊的具体尺寸及分配如图4-11所示。

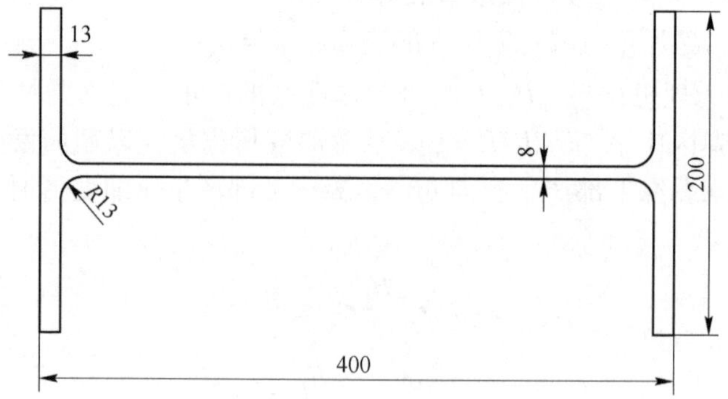

图 4-10　H 型钢尺寸

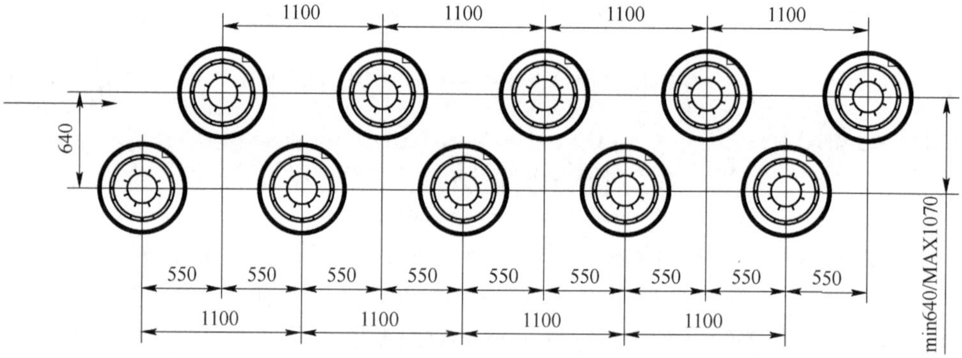

图 4-11　矫直机配辊

4.4.2.1　矫直模型建立

矫直的模型由 1 根 H 型钢和 10 个矫直辊共同组成，其中 10 个矫直辊上下各 5 个，矫直模型的建立如图 4-12 所示。通过调节上排 5 个矫直辊的位置，从而模拟实际矫直过程中压下量的改变，上排 5 个矫直辊不同的位置设置即为不同的压下量分配方案。

H 型钢矫直过程中，在通过 10 个矫直辊时将产生 8 个三角变形区，如图 4-13 所示，从左至右为矫直方向，上下相邻三个辊组成的封闭三角形区域依次命名为 Ⅰ ~ Ⅷ。此外，模拟过程中需设置上排辊的压下量，压下量分配见表 4-6。

表 4-6　压下量分配

上排辊号	1 号	2 号	3 号	4 号	5 号
压下量/mm	5.5	8.7	3.3	5	4.5

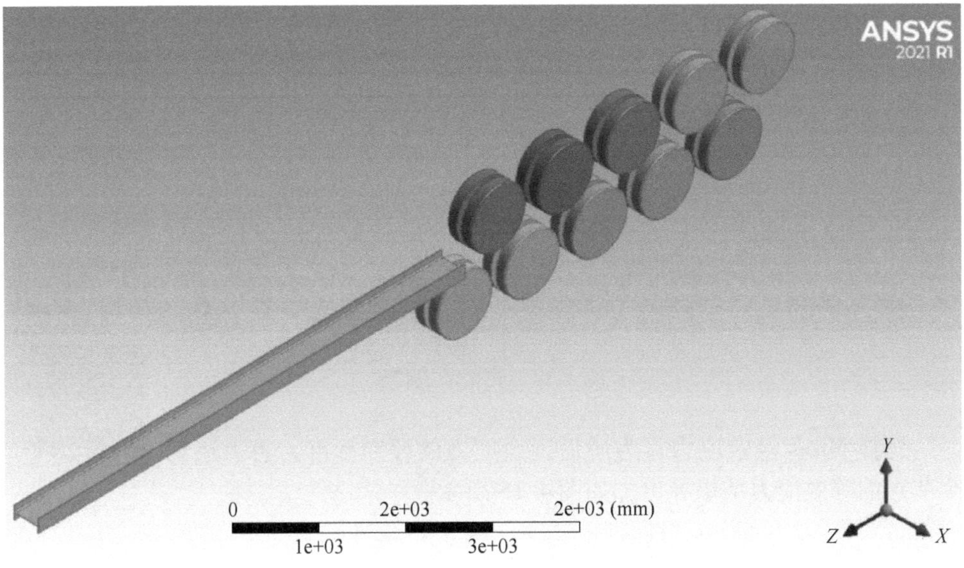

图 4-12 H 型钢矫直模型

彩图

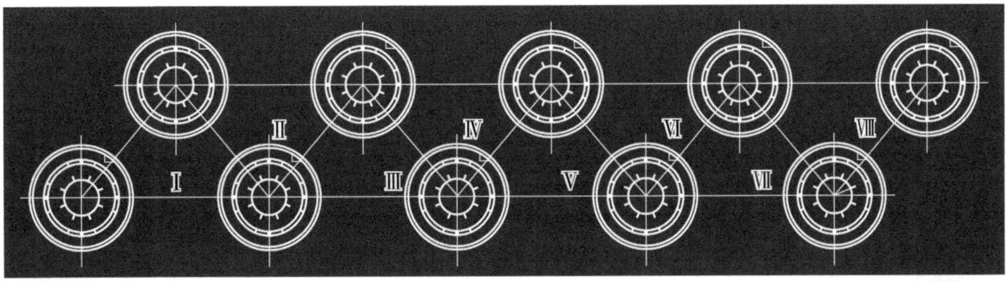

图 4-13 矫直三角变形区

彩图

4.4.2.2 矫直过程分析

矫直模型建立之后，在材料数据库中输入 H 型钢的物理参数，通过设置矫直辊与 H 型钢的接触关系、设置各上排辊的压下量、赋予矫直辊和 H 型钢的初始条件、建立网格等步骤之后，进行矫直过程仿真模拟。

在 H 型钢腹板位置，如图 4-14 所示，选取以下六个节点进行分析，其中，*A*、*B*、*E*、*F* 点为腹板与矫直辊接触部分，*C*、*D* 点为腹板与矫直辊非接触部分。

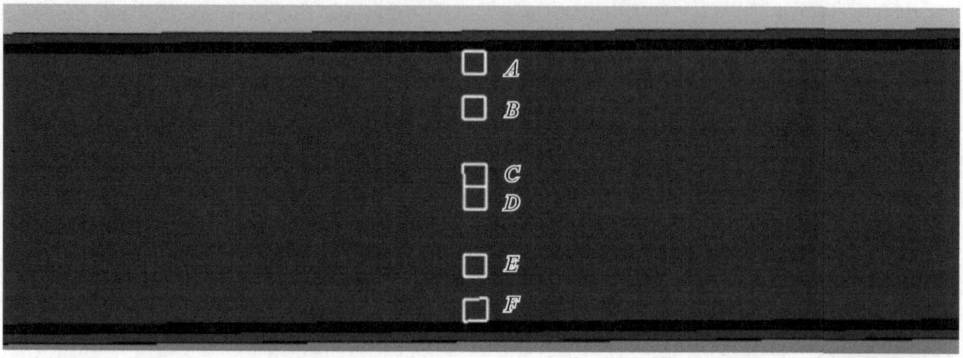

图 4-14　腹板节点位置

彩图

选择 Mises 等效应力作为矫后残余应力的评判标准，将上述 6 个节点的等效应力结果导出，如图 4-15 所示。

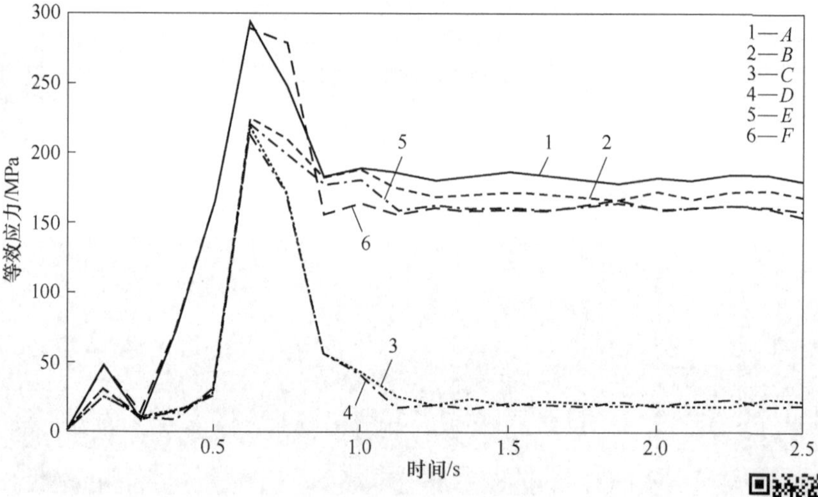

图 4-15　矫后腹板各节点 Mises 等效应力

彩图

从图 4-15 可以看出，*A*、*B*、*E*、*F* 点为腹板与矫直辊接触部分，在矫直过程中发生了塑性变形，应力最大值为 294 MPa；矫直之后的残余应力较大，最大为 180 MPa。*A*、*F* 点较 *B*、*E* 点更靠近 *R* 角，矫直过程中出现明显的应力差值。*C*、*D* 点为腹板与矫直辊非接触部分，应力小，矫直之后的残余应力也小。

下面将分别针对矫后 H 型钢的头部、尾部以及中部进行分析，并从 Mises 等效应力、沿腹板宽度方向的应力、沿腹板厚度方向的应力以及沿矫直方向的应力等多个角度进行分析。

沿矫直方向，从与矫直辊接触和非接触两个方面，等距离取点进行分析。具体所取各节点情况如图 4-16 所示。

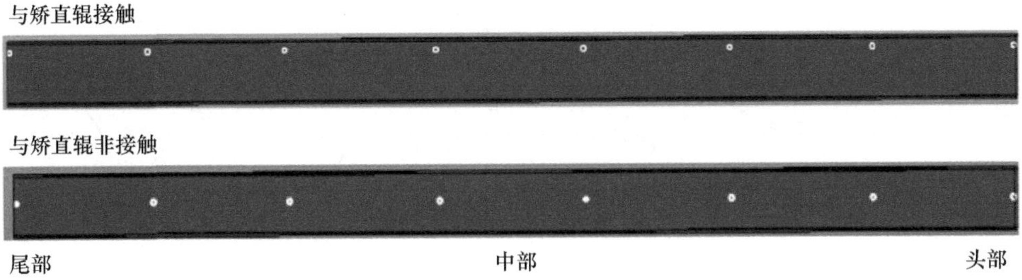

图 4-16　各节点所取位置

彩图

如图 4-17 所示，左侧均为与矫直辊非接触的残余应力情况，右侧均为与矫直辊接触的残余应力情况。

由图 4-17 可以看出，对于等效应力：与矫直辊非接触部位，等效残余应力

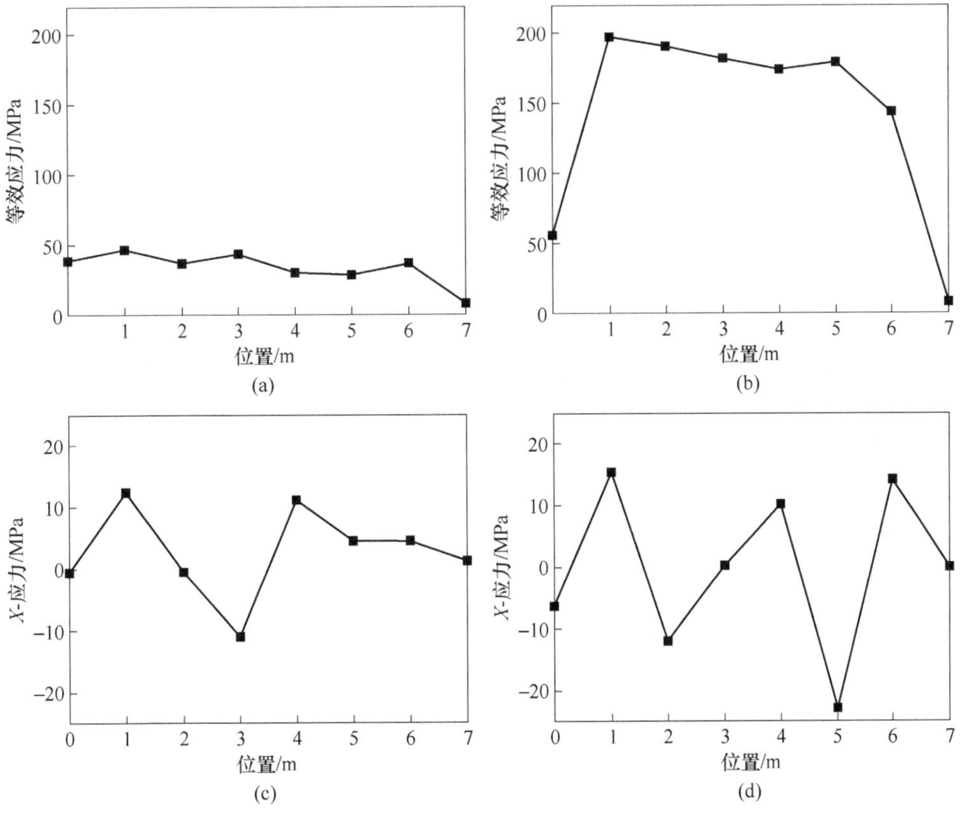

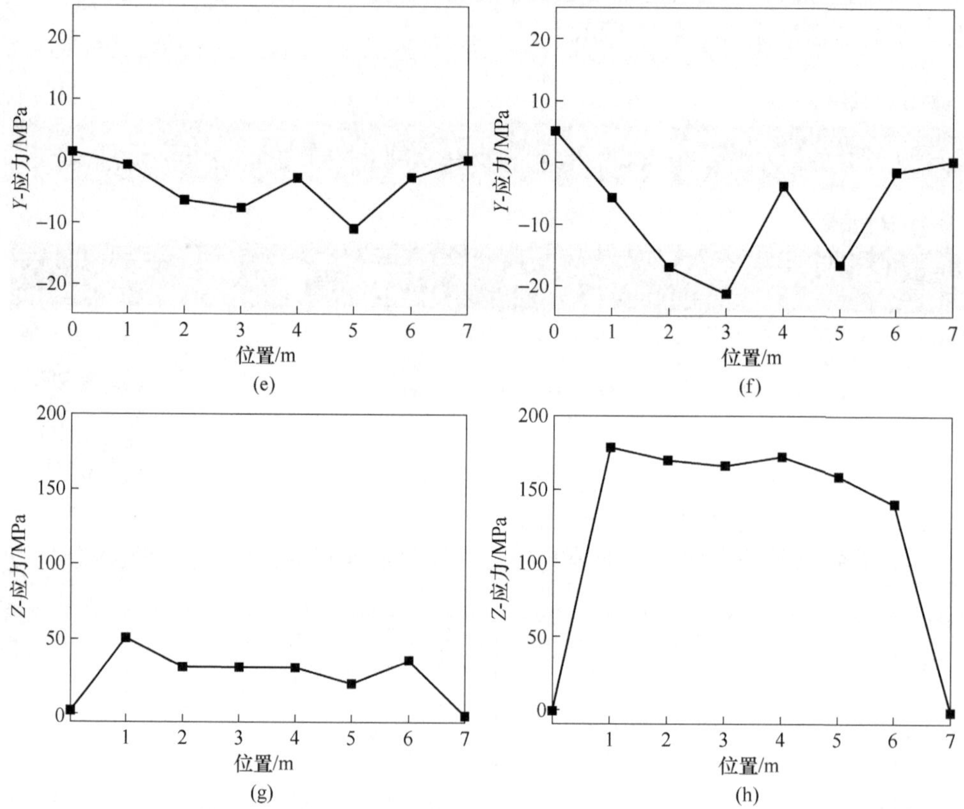

图 4-17　整体残余应力折线图

（a）（b）等效应力；（c）（d）X-应力；（e）（f）Y-应力；（g）（h）Z-应力

偏低，中部最高达到 47 MPa，头部和尾部残余应力偏低，最低为 9.25 MPa；与矫直辊接触部位，等效残余应力较高，中部最高达到 198 MPa，头部和尾部残余应力偏低，最低为 6.33 MPa。对于 X-应力：与矫直辊非接触部位，沿腹板宽度方向的残余应力波动较小，中部拉应力最高达到 12.5 MPa，中部压应力最高为 11.1 MPa；与矫直辊接触部位，沿腹板宽度方向的残余应力波动较大，中部拉应力最高达到 15.4 MPa，中部压应力最高为 23.1 MPa。对于 Y-应力：与矫直辊非接触部位，沿腹板宽度方向的残余应力波动较小，头部拉应力最高达到 1.27 MPa，中部压应力最高为 11.1 MPa；与矫直辊接触部位，沿腹板厚度方向的残余应力波动较大，头部拉应力最高达到 4.79 MPa，中部压应力最高为 21.4 MPa。对于 Z-应力：与矫直辊非接触部位，沿矫直方向的残余应力波动较小，中部拉应力最高达到 50.6 MPa，尾部拉应力最低为 0.258 MPa；与矫直辊接触部位，沿矫直方向的残余应力波动较大，中部拉应力最高达到 178 MPa，尾部拉应力最低为 1.03 MPa。

H 型钢矫后整体的应力云图如图 4-18 所示。

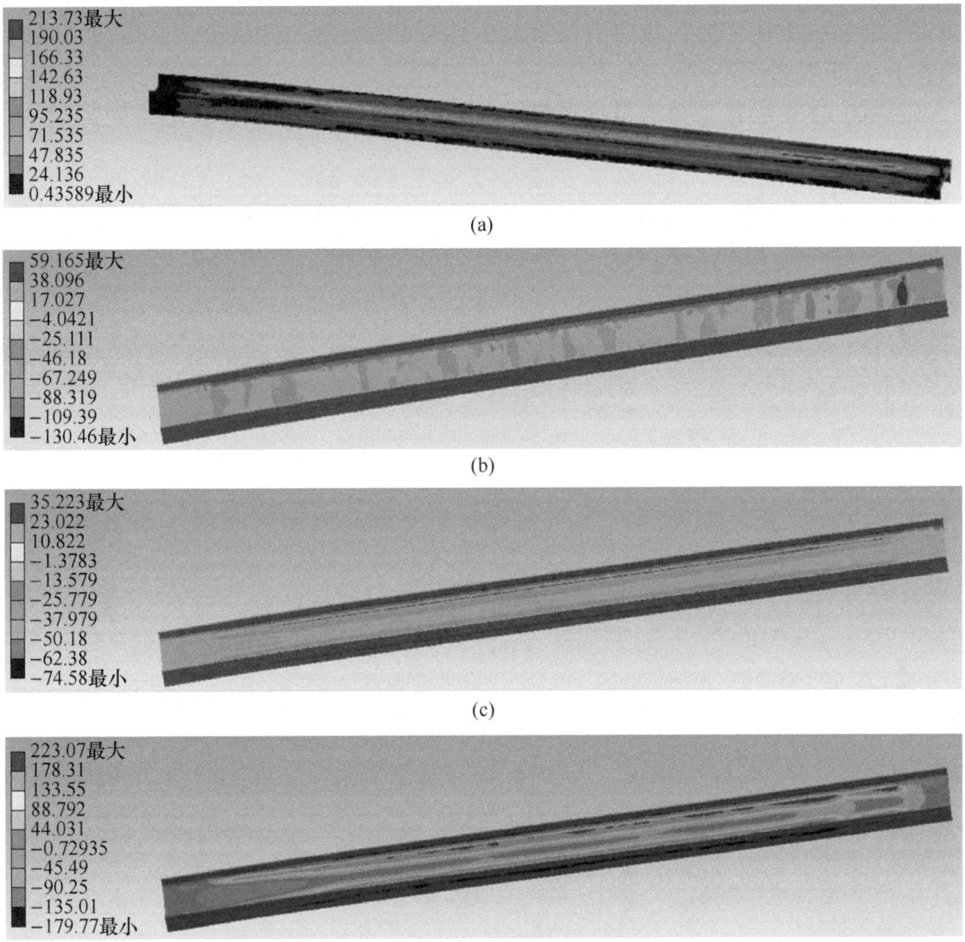

图 4-18 矫后 H 型钢整体应力云图

(a) 等效应力；(b) *X*-应力；(c) *Y*-应力；(d) *Z*-应力

彩图

由图 4-18 可以看出：对于等效应力，矫直完成后的残余应力分布不均匀；具有中部应力大、头尾应力小的特点；与矫直辊接触部分的应力大，非接触部分的应力小；最大值在腹板与矫直辊接触的部位，最小值在翼板上。对于 *X*-应力：矫直完成后，沿腹板宽度方向存在拉应力和压应力；压应力主要分布在与腹板接触的 *R* 角部位；拉应力最大值在矫直辊与腹板接触的部位；压应力最大值在与腹板接触的 *R* 角部位。对于 *Y*-应力：矫直完成后，沿腹板厚度方向上存在拉应力和压应力；在腹板连接的 *R* 角部位有较大的压应力；拉应力最大值在中部与矫直辊接触的腹板部位；压应力最大值在与腹板连接的 *R* 角部位。对于 *Z*-应力：矫直完成后，沿矫直方向存在拉应力和压应力；在腹板连接的 *R* 角部位有较大的压应力；拉应力最大值在与矫直辊接触的腹板部位；压应力最大值在 *R* 角外侧部位。

此外，还将矢量主应力进行了导出和分析，如图 4-19 ~ 图 4-21 所示。

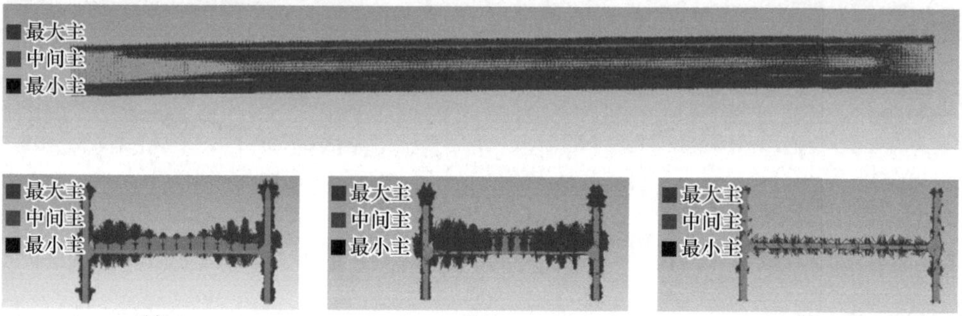

(a)　(b)　(c)

图 4-19　矢量最大主应力

（a）尾部；（b）中部；（c）头部

彩图

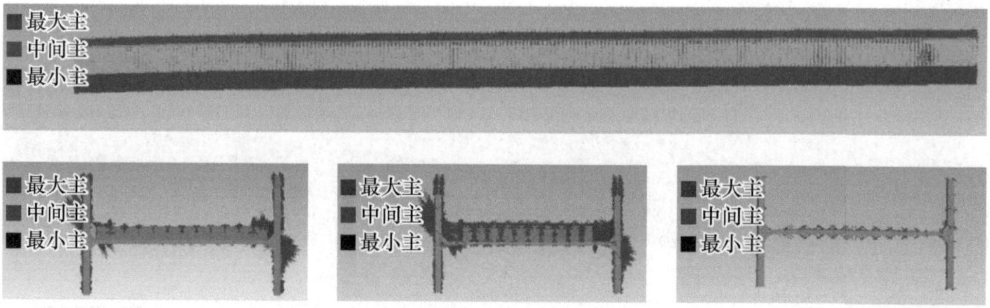

(a)　(b)　(c)

图 4-20　矢量中间主应力

（a）尾部；（b）中部；（c）头部

彩图

由图 4-21 可以看出，最大主应力集中分布在 H 型钢中部，与矫直辊接触的腹板部位有较大的最大主应力，与矫直辊非接触的腹板部位的最大主应力较小。中部的腹板与翼板接触的 *R* 角外侧部位有较大的中间主应力。最小主应力集中分布在中部的腹板与翼板接触的 *R* 角部位。

本节通过 ANSYS 软件，对 H 型钢矫直过程进行了仿真模拟，并通过选取不同位置的节点对矫后残余应力进行了比较分析，并通过选择多个维度的应力进行

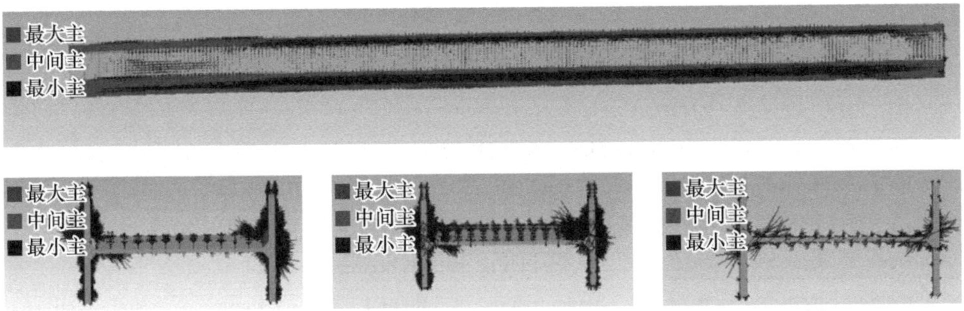

(a) (b) (c)

图 4-21 矢量最小主应力

(a) 尾部；(b) 中部；(c) 头部

彩图

了分析，得出以下结论。

H 型钢矫直之后，残余应力分布不均匀，应力分布不均对板形的控制不利。H 型钢头部、中部、尾部的残余应力有所差别。中部的残余应力的数值高于头部和尾部。在腹板连接的 R 角部位、腹板与矫直辊接触的地方存在较高的残余应力，而与矫直辊非接触部分的残余应力数值较小。通过比较 H 型钢矫后的 Mises 等效应力、沿腹板宽度方向的应力、沿腹板厚度方向的应力以及沿矫直方向的应力发现，矫后的残余应力沿腹板呈对称分布。

参考文献

[1] 张鑫，刘海锋，韩军科，等. 盲孔法测量热轧角钢截面残余应力及方差分析 [J]. 建筑结构，2019，49 (2)：97-102.

[2] Tabatabaeian A, Ghasemi A R, Shokrieh M M, et al. Residual stress in engineering materials: a review [J]. Advanced Engineering Materials, 2022, 24 (3): 2100786.

[3] 高玉魁. 残余应力基础理论及应用 [M]. 上海：上海科学技术出版社，2019.

[4] Ueda Y, Kim Y C, Yuan M G. A predicting method of welding residual stress using source of residual stress (report Ⅰ): characteristics of inherent strain (source of residual stress) (mechanics, strength & structural design) [J]. Transactions of JWRI, 1989, 18 (1): 135-141.

[5] 朱国明，康永林，陈伟，等. H 型钢空冷过程中残余热应力的有限元分析 [J]. 机械工程材料，2008，32 (4)：77-80.

[6] 王铭. 双级推料离心机转鼓焊接残余应力研究 [D]. 杭州：浙江工业大学，2012.

[7] 张卫斌，洪慧平. H 型钢冷却过程温度场模拟 [J]. 安徽冶金科技职业学院学报，2008，18 (2)：5-7.

[8] 王丽敏，刘德红. 热轧 H 型钢与工字钢型号对照及性能参数比较：《热轧 H 型钢和部分 T 型钢》[J]. 钢结构，2000，15 (2)：53-57.

[9] 王国周. 钢结构残余应力分布的若干特点 [J]. 工业建筑，1981，11 (8)：31-35.

[10] 任喜强. 热轧 H700×300 型钢残余应力的控制 [D]. 唐山：河北联合大学，2014.

[11] 杨娜，龙丽华，杨庆山. 残余应力对 H 型钢楔形梁相关屈曲的影响 [J]. 特种结构，2006 (1)：13-16.

[12] 黄向红. 焊接残余应力对疲劳强度的影响及改善 [J]. 热加工工艺，2010，39 (15)：167-169.

[13] 钮鹏，丁静姝，金春福，等. 残余应力对碳纤维增强压弯 H 型钢弹塑性稳定性的影响研究 [J]. 工程力学，2019，36 (z1)：31-36.

[14] 鲜光洪. 带几何缺陷的 H 型钢矫直 [D]. 北京：北京科技大学，2011.

[15] 万先松，王式研，殷璟，等. H 型钢多辊矫直理论研究及应用 [C] 中国金属学会. 2012 年全国轧钢生产技术会议论文集（下）. 重庆赛迪冶炼装备系统集成工程技术研究中心有限公司；中冶赛迪工程技术股份有限公司，2012：5.

5 高品质型钢一体化形性调控技术

5.1 高品质型钢形性调控的目标

近年来，随着我国海洋油气、特高压电力输送以及船舶制造业等行业的不断发展，制造相应设备所需的结构钢的数量及性能要求也越来越多。海洋油气行业所需的结构钢大多是以 H 型钢为代表的异型断面型钢，大型邮轮、散装货轮、集装箱船舶等大型船只的制造常需要大量的球扁钢；而对于特高压电力行业，最常用的结构钢为电力角钢。

对于 H 型钢、球扁钢和电力角钢等型钢，由于其常作为制造大型承重构件的结构钢，且在大气环境中服役，故这些型钢最常见的性能要求即为高强度和高韧性，特别是低温韧性。

高强度一直是型钢发展的方向：一方面出于比强度以及节约成本等方面的考虑，趋于使用更高强度的钢；另一方面提高钢的强度，还可增大钢结构的承载能力和作业能力。随着海洋油气、特高压电力输送以及船舶制造业等行业的不断发展，高强轻量化将是结构用型钢的主要发展趋势。从经济效益上讲，对于海洋平台用钢，将其屈服强度由 420 MPa 提高到 500 MPa 以上，海洋工程结构可减重约 20%，预计国内每年可节约海洋平台用钢约 14 万吨，节约资金 8.4 亿元。

韧性是反映产品质量的一个重要指标，随着社会的发展，对结构安全性、产品韧性的要求也越来越高。对于型钢而言，其服役环境温度有时较低，特别强调低温韧性，要求产品具有低的韧脆转变温度。钢材的韧脆转变严重威胁到构件的使用安全，历史上曾有很多船只、桥梁、压力容器等，因钢材发生韧脆转变而遭到破坏，造成了严重的事故。对于低温用钢来说，韧性是尤为重要的一个性能指标。

除高强度和韧性外，良好的焊接性能也是高品质型钢需要具备的性能。作为大型焊接装备，焊接工作在大型钢结构建造中的所占工时和成本比例较大。普通结构用型钢焊前需进行预热，焊后需进行热处理，通过提高结构用型钢的焊接性能，不仅可以减少甚至免去焊前预热和焊后热处理工序，大大提高建造效率，降低建造成本；还可有效减少或避免裂纹等焊接缺陷发生，提升钢结构的内在质量。因此，高品质型钢对焊接性的追求是无止境的。通过工艺技术革新，提高高品质型钢的焊接性将是国内外厂家不断发展的方向和追求的目标。

5.1.1　合金系统与组织结构设计

5.1.1.1　合金元素对型钢强度的影响

要满足高品质型钢的高强度要求，在合金系统设计中最有效的方法是采用微合金化技术。微合金化技术始于 20 世纪 60 年代，是一种通过加入微合金元素（主要为 Ti、V、Nb 等），这些元素固溶在铁基体中时，能够产生晶格畸变，从而起到固溶强化的作用；同时这些微量元素可以与钢中的 C、N 形成微合金析出物 MX（M = Ti，V，Nb；X = C，N），尺寸合适的第二相颗粒可以阻碍位错的运动，从而起到析出强化的作用；微合金元素还能促进钢材内部在轧制时产生大量点、线、面缺陷，为铁素体提供大量的形核点，阻碍晶粒长大，从而起到细晶强化的作用。微合金化技术在明显提高钢材强度的同时，还能使之保持良好的塑韧性以及焊接性。

目前微合金化生产高强度 H 型钢、球扁钢和角钢已得到了广泛研究和应用。马钢公司的邢军等人同时用 Ti/V/Nb 微合金化生产厚重热轧 H 型钢，利用 TiN、NbC 调控奥氏体再结晶的临界应变，从而实现奥氏体再结晶，细化组织，耦合 VN 的析出强化作用，得到厚重热轧 H 型钢平均晶粒尺寸约为 11 μm，屈服强度 416 MPa，抗拉强度为 568 MPa，伸长率为 28%，－20 ℃的低温韧性为 198 J，具备优异的综合力学性能。冯岩青等人研究了不同微合金元素在 Q335B H 型钢生产过程中的应用情况，他们发现在相同的强度和韧性下，Nb 微合金化成本低，但成材率也低；Ti 微合金化成本较低，但产品质量波动较大，Ti 收得率难以控制；V 微合金化成材率高，工艺窗口宽，但生产成本高。

北京国网富达科技发展有限责任公司和河钢集团宣钢公司分别对 V 微合金化生产 Q420 和 Q460 角钢生产进行了探究。研究表明钢中添加微合金元素 V 可以提高角钢的力学性能，其组织主要为带状分布的铁素体和珠光体，不同位置的组织存在差异导致力学性能差异。在不同低温条件下，拉伸性能稳定。随测试温度的降低，冲击功明显减小，但 －40 ℃下冲击功仍有 59.34 J，可达到国家标准规定 E 级。采用钒氮微合金化，脱氧使用铝锰钛铁 0.14 kg/t 和硅铝钡锶 0.6 kg/t，钢水不保铝工艺，可满足 Q460 高强度角钢生产，钒在 Q460 高强度角钢中至关重要，添加量应控制在（0.085 ± 0.005)%，应选用含氮量低的钒氮合金，使钢中氮质量分数小于等于 100×10^{-6}。钢铁研究总院对 V-N 微合金化生产高强球扁钢进行了探究，研究发现 V-N 微合金化球扁钢的强度比单一 V 微合金化显著提高，且球头与腹板的强度差异不大，只有 5 ~ 10 MPa。

5.1.1.2　合金元素对型钢韧性的影响

合金元素对钢材的低温韧性有重要影响。各种常用的合金元素对韧脆转变温度的影响如图 5-1 所示。

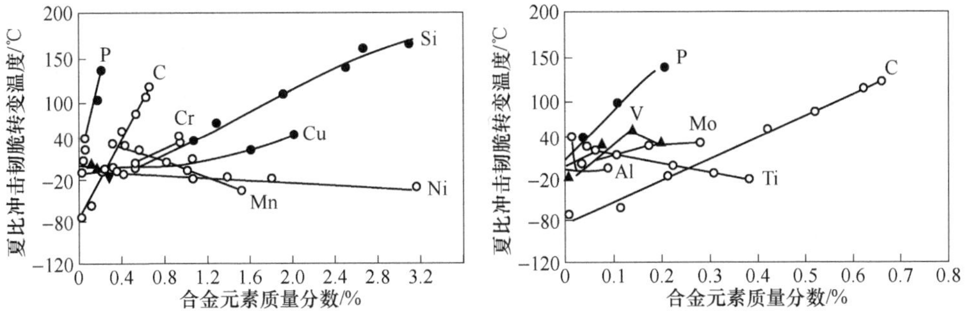

图 5-1 合金元素对钢材韧脆转变温度的影响

可以看到，锰、镍元素使钢材的韧脆转变温度降低，铝元素几乎没有影响；钛、钒之类的微合金元素在含量较低时提高韧脆转变温度，达到某一含量后，使其降低；其他合金元素都会不同程度地提高韧脆转变温度，其中碳、硅、磷之类的固溶原子对韧脆转变温度的升高作用特别显著。碳含量、锰含量以及镍含量对温度-冲击功曲线的影响如图 5-2 所示。

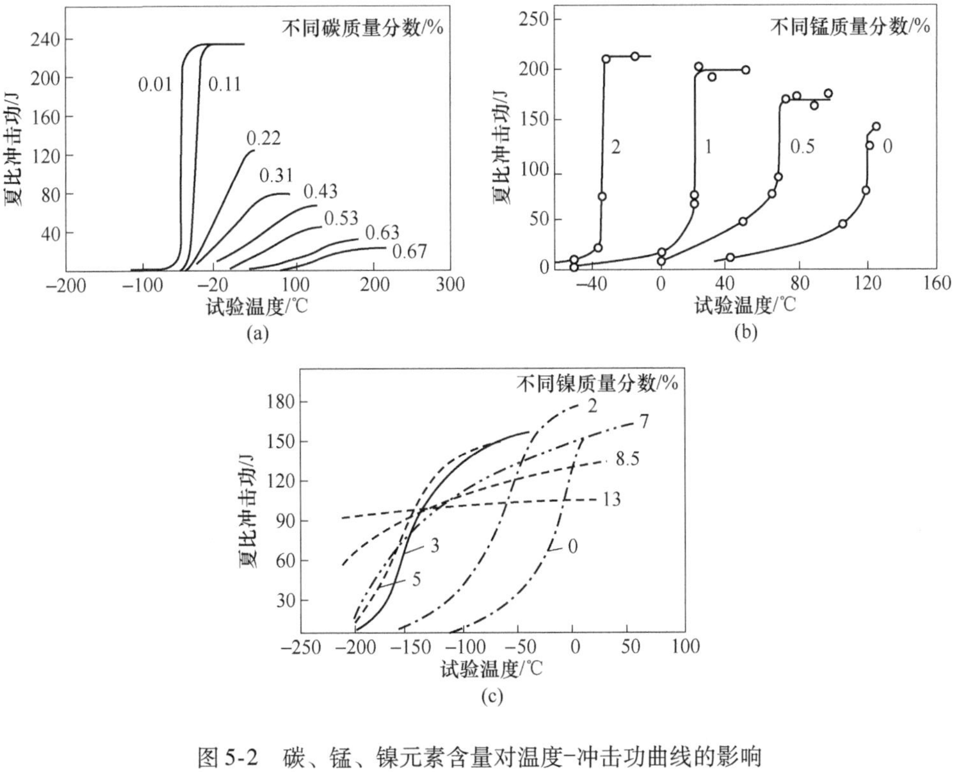

图 5-2 碳、锰、镍元素含量对温度-冲击功曲线的影响

（a）碳元素的影响；（b）锰元素的影响；（c）镍元素的影响

可以看到，减少碳含量、增加锰或镍含量能显著降低钢材的韧脆转变温度，锰碳比越高，韧脆转变温度越低。镍元素可以延缓钢材脆化的趋势，消除突然的韧脆转变现象。根据经验，每增加1%的镍元素，韧脆转变温度约降低10 ℃。此外，硫、磷、砷、锡、铅、锑等元素均会损害钢的韧性，提高韧脆转变温度。一般认为，这些元素会在晶界偏析，降低晶界的表面能，促进沿晶断裂。最新的研究发现，微量的硼元素能够抑制有害元素在晶界的偏聚，降低钢的韧脆转变温度，提高低温韧性，最佳的硼的质量分数约为 10×10^{-6}。

钢中N元素含量高，有利于促进钢中TiN的液析，形成大的夹杂物，造成低温韧性的下降或冲击功的波动。N元素含量过高时，自由的N原子就会增多，其固溶到铁素体基体中，作为α-Fe的间隙固溶原子，起到固溶强化的作用，固溶强化的主要微观作用机制是弹性相互作用。

5.1.1.3　显微组织对型钢韧性的影响

钢铁材料的韧性与金相组织密切相关，有学者研究表明，在具有均匀双相显微组织的钢材中，塑性变形主要在较软的铁素体中进行，较硬的另一种组织的存在可以抵抗断裂的发生，使得这类钢具有较高的强屈比，因此高品质型钢所需要的显微组织主要为铁素体和珠光体。

一般情况下，在韧性方面：回火组织 > 退火组织 > 正火组织 > 淬火组织；同类组织中，低碳组织的韧性高于高碳组织的韧性，面心立方相的韧性高于体心立方相的韧性，平衡状态相的韧性高于过饱和状态相的韧性。利用霍尔-佩奇公式可以发现：细化晶粒是唯一的既提高强度又提高韧性的方法。试验结果证实在基体结构类型相同的情况下，无论是铁素体、贝氏体还是马氏体，其韧脆转变温度（T_c）与晶粒尺寸（d）之间均存在一定的线性关系，如图5-3所示。

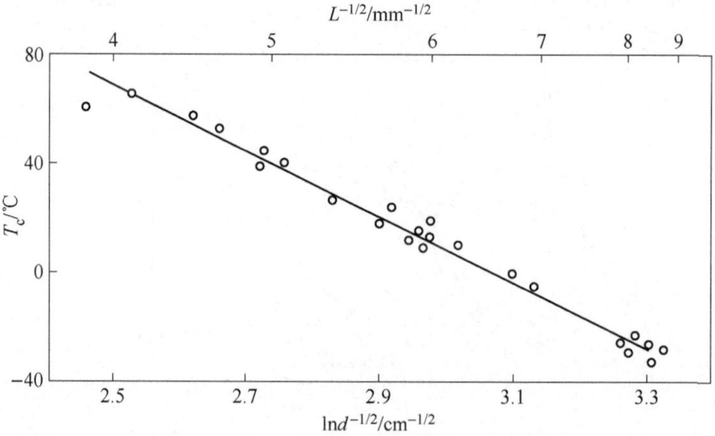

图5-3　韧脆转变温度与晶粒度的关系

利用 Smith 模型可以发现，钢中脆性相的细化和球化也能提高韧性，降低韧脆转变温度。因此，降低基体的能量、细化晶粒以及碳化物的球化都是提高钢材韧性的有效方法。改变钢中的魏氏组织对提高材料的低温韧性有积极影响。在金相显微镜下可以观察到从奥氏体晶界生长出来的近于平行的或其他规则排列的铁素体加珠光体组织，总称为魏氏组织，如图 5-4 所示。

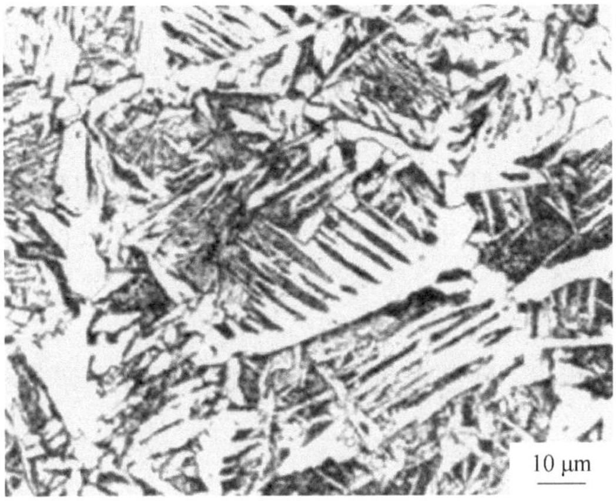

彩图

图 5-4 魏氏组织

带状组织是造成低温冲击功整体较低的原因之一，它的形成主要是凝固时溶质元素在树枝晶间区域富集偏聚，热轧时表面等轴晶区和内部柱状晶区都被拉长成带状，当轧后冷速不够快时，各区域溶质元素浓度不同，使得相应区域相变温度不同造成的。由于带状组织相邻带的显微组织不同，它们的性能也不相同，在外力作用下，性能低的带易暴露出来，而且强弱带之间会产生应力集中，故而造成总体力学性能降低，并具有明显的各向异性。所以在生产中要严格控制带状组织的产生。

5.1.2 型钢尺寸精度及组织均匀性控制

高品质型钢产品在轧制过程中金属各部分变形极不均匀，局部变形异常复杂，在轧制过程中极易出现侧弯、扭转、折叠等缺陷，且工艺改进复杂。而随着市场竞争的日益激烈，用户对异型钢产品的表面质量、尺寸精度等方面提出的要求却越来越高。因此需对高品质型钢产品开发过程中的轧制工艺、孔型设计、导卫装置等进行优化。

对于 H 型钢，轧制力是其热轧过程中需要考虑的重要力能参数，其准确性会受到轧制温度、接触弧长度、平均变形速度等多个力能参数的影响。燕山大学张国瑞遵循一定的技术要求，完成了对各个型号的粗轧过程的孔型设计及轧制规程设计，使用 DEFORM 进行仿真模拟得到了既符合断面几何形状和尺寸要求又无表面缺陷的精轧坯，验证了各规格下孔型及轧制规程的可靠性。东北大学尹德全利用数值模拟方法为 J 型门架槽钢和矿 U 型钢的生产工艺提供了优化方案，有效解决了异型钢轧制过程中的侧弯和扭转缺陷。

唐山钢铁集团张春花等人研究发现，由于轧制过程中变形抗力大，轧机负荷高，Nb 微合金化 Q355 热轧 H 型钢在轧制过程中不可避免地存在断面内的不均匀变形，进而造成翼缘板开裂。对此，通过对轧制工序的压下率和对孔型形状尺寸的改进，有效地避免了开裂问题的发生。钢铁研究总院对 V-N 微合金化的球扁钢截面均匀性和连续冷却过程中的组织进行了研究，研究发现，经 V-N 微合金化工艺处理后球扁钢球头比腹板中的 V(C,N) 的析出总量多，颗粒尺寸也更细，第二相的析出强化效果的差异使得球扁钢截面性能更均匀。球扁钢空冷状态下，冷速介于 1 ~ 5 ℃/s，全截面组织为铁素体 + 珠光体 + 贝氏体；冷却过程中球头经过转变区时冷速介于 1 ~ 5 ℃/s，硬度为 225 ~ 231 HV_5；腹板经过转变区时冷速为 2 ~ 3 ℃/s，硬度范围为 231 ~ 263 HV_5。球头心部比腹板硬度低 20 HV_5 左右。

5.2　高品质型钢形性一体化调控

5.2.1　成分调控

成分调控是高品质型钢开发或优化时首先要解决的问题，目前最有效的成分调控方法为集成计算 + 机器学习 + 大数据分析。对目前生产的相关牌号型钢的成分及性能数据进行调研和收集，首先可以采用 Python 语言中的开源数据可视化工具 seaborn 包，对坯料各个合金元素与力学性能的相关性进行可视化分析，绘制出成分与性能的相关性热力图，如图 5-5 所示。从二维码中的彩图可以看到，蓝色表示正相关，蓝色的深度越大，说明正相关性越大，根据成分与性能的相关程度大小，调整与性能相关性最大的成分，以获得相应的性能。

进入 21 世纪，我国船舶及海洋工程装备领域迎来了高速增长的新时期，2019 年国内船舶用钢的需求量在 1200 万吨左右，且呈逐年攀升的趋势。作为船舶专用结构型钢的球扁钢，是建造大型船舶以及各种远洋、沿海、内河船舶以及各类舰艇等不可或缺的专用型材，对船体结构承载能力和安全性有着重要影响。因此本节以球扁钢生产过程中的成分设计为例阐述高品质型钢成分设计方法。

5.2.1.1　数据预处理

在进行成分设计时，首先应对收集到的球扁钢成分和性能数据进行预处理。针对筛选出的钢级为 AH36 的 178 组球扁钢数据进行分析，对其进行归一化处理，归一化后的部分数据结果见表 5-1 和表 5-2。

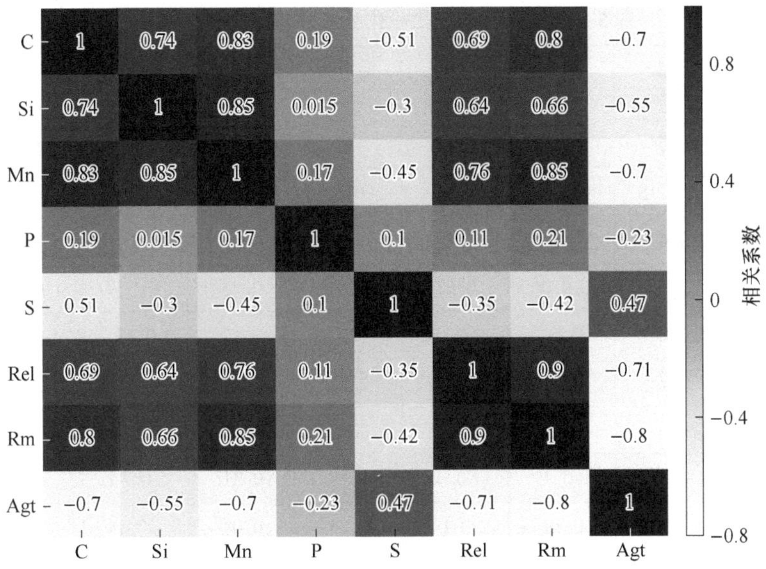

彩图

图 5-5 坯料合金元素与力学性能的热力图

表 5-1 成分数据归一化处理结果

C	Si	Mn	P	S	Ni	Cr	Cu	Mo	V	Al
-0.67	-0.13	-0.88	-0.22	-0.11	-0.74	-0.44	-0.3	-1	-1	-0.04
-0.67	-0.13	-0.88	-0.22	-0.11	-0.74	-0.44	-0.3	-1	-1	-0.04
-0.67	-0.13	-0.88	-0.22	-0.11	-0.74	-0.44	-0.3	-1	-1	-0.04
-0.67	-0.13	-0.88	-0.22	-0.11	-0.74	-0.44	-0.3	-1	-1	-0.04
-0.67	-0.13	-0.88	-0.22	-0.11	-0.74	-0.44	-0.3	-1	-1	-0.04
-0.67	-0.13	-0.88	-0.22	-0.11	-0.74	-0.44	-0.3	-1	-1	-0.04
-0.33	0.13	-0.88	-0.44	-0.11	-0.74	-0.44	-0.52	-1	-1	-0.28
-0.33	0.13	-0.88	-0.44	-0.11	-0.74	-0.44	-0.52	-1	-1	-0.28
-0.33	0.13	-0.88	-0.44	-0.11	-0.74	-0.44	-0.52	-1	-1	-0.28
-0.33	0.13	-0.88	-0.44	-0.11	-0.74	-0.44	-0.52	-1	-1	-0.28
-0.33	0.25	-1	-0.89	-0.56	-0.45	-0.84	-0.3	-1	-1	-0.12
-0.33	0.25	-1	-0.89	-0.56	-0.45	-0.84	-0.3	-1	-1	-0.12
-0.33	0.25	-1	-0.89	-0.56	-0.45	-0.84	-0.3	-1	-1	-0.12
…	…	…	…	…	…	…	…	…	…	…

表 5-2　成分及性能归一化处理结果

Nb	Ceq	屈服强度	抗拉强度	伸长率	冲击功 1	冲击功 2	冲击功 3	冲击功平均值
-0.33	-1	0.61	0.8	0.27	-0.1	-0.13	0.13	-0.08
-0.33	-1	-0.18	0.06	-0.09	-0.15	-0.04	0.18	-0.02
-0.33	-1	0.47	0.56	-0.82	0.2	1	1	1
-0.33	-1	-0.05	-0.06	0.27	0.24	0.25	-0.19	0.06
-0.33	-1	0.08	0.19	-0.09	-0.24	0.17	0.13	0.01
-0.33	-1	0.74	0.31	0.09	0.01	0.11	0.18	0.1
-1	-0.6	1	0.68	0.45	0.13	-0.29	-0.23	-0.24
-1	-0.6	-0.32	-0.19	-0.09	0.17	0.31	0.7	0.53
-1	-0.6	-0.32	0.19	-1	0.03	0.08	-0.14	-0.06
-1	-0.6	-0.45	0.06	0.09	0.26	0.31	0.11	0.26
-0.67	-1	0.34	0.31	0.09	0.26	0.35	0.06	0.26
-0.67	-1	0.08	0.68	-1	-0.15	-0.15	-0.3	-0.32
-0.67	-1	-0.45	0.06	0.27	1	0.44	0.32	0.72
…	…	…	…	…	…	…	…	…

针对归一化后的数据进行相关性分析，其结果如图 5-6 和图 5-7 所示。依据数据分析结果，可得 Mn、Ni、Cu、Al 相对其他元素成分对于屈服强度具有较大的影响，其中，Mn、Ni 元素与屈服强度呈负相关，Cu、Al 元素与屈服强度呈正相关；C、S、Ni、Nb、Mn 相对其他元素成分对于抗拉强度具有较大的影响，其中，C、S、Ni、Nb 元素与抗拉强度呈负相关，Mn 元素与抗拉强度呈正相关；Si、P、Cu 相对其他元素成分对伸长率具有较大影响，其中，Si、P 元素与伸长率呈负相关，Cu 元素与伸长率呈正相关；C、Cu、Mn、Ni、V、Cr 相对其他元素成分对于冲击功具有较大的影响，其中，C、Cu 元素与冲击功呈负相关，Mn、Ni、V、Cr 元素与冲击功呈正相关。

综上所述，成分与性能之间存在一定的相关性并且存在元素之间的协同作用，合理的设计材料的成分对于球扁钢性能的影响有着积极的作用。

5.2.1.2　机器学习建模成分设计

人工神经网络系统是由众多的神经元可调的连接权值连接而成，具有大规模并行处理、分布式信息存储、良好的自组织自学习能力等特点。BP 算法又称为误差反向传播算法，是人工神经网络中的一种监督式的学习算法。BP 神经网络算法在理论上可以逼近任意函数，基本的结构由非线性变化单元组成，具有很强

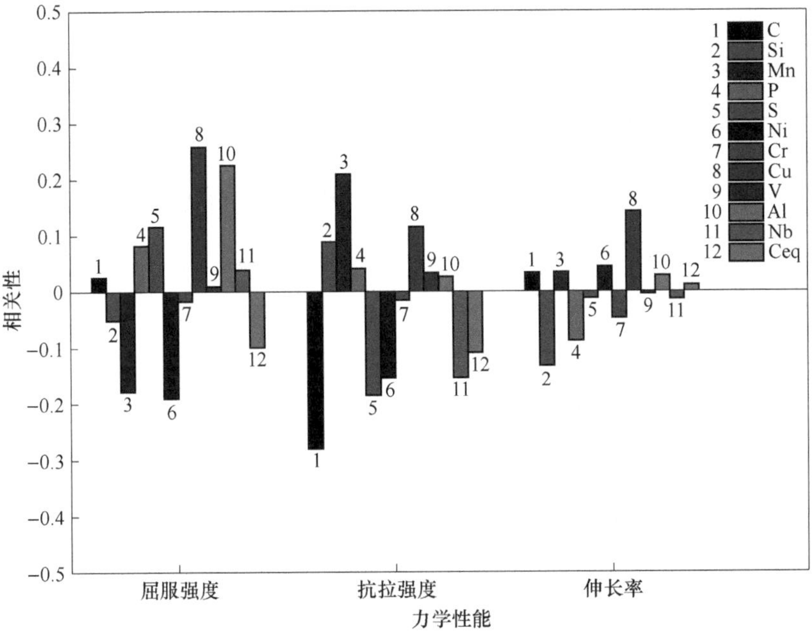

彩图

图 5-6　成分力学性能相关性分析

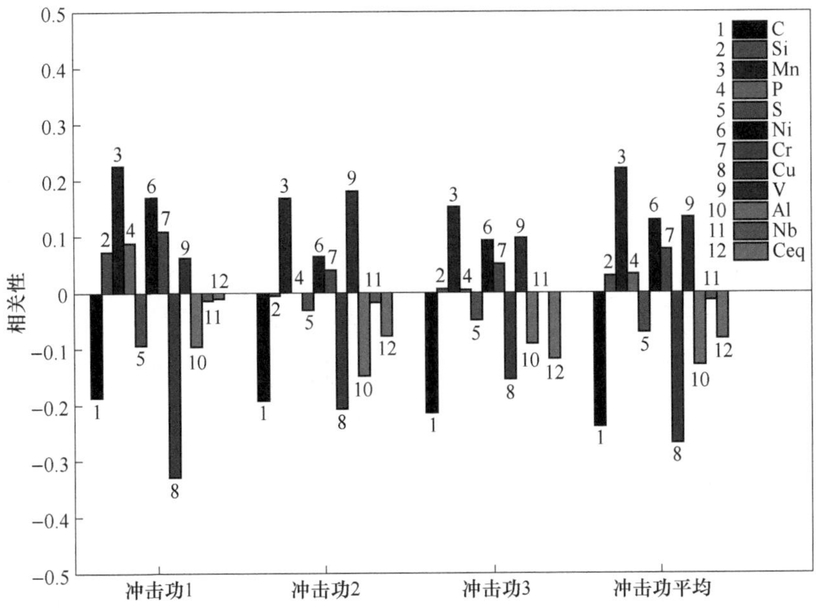

彩图

图 5-7　成分冲击性能相关性分析

的非线性映射能力。而且网络的中间层数、各层的处理单元数及网络的学习系数等参数可根据具体情况设定，灵活性很大，在优化、信号处理与模式识别、智能控制、故障诊断等许多领域都有着广泛的应用前景。

对已筛选出的 AH36 数据，采用神经网络算法，以屈服强度、抗拉强度、伸长率、冲击功作为输入，以成分含量作为输出，对模型进行训练，其训练结果如图 5-8 所示，测试集 R 值达到 0.99744，均方误差（Mean Square Error，MSE）为 6.93×10^{-4}，模型训练结果较好。

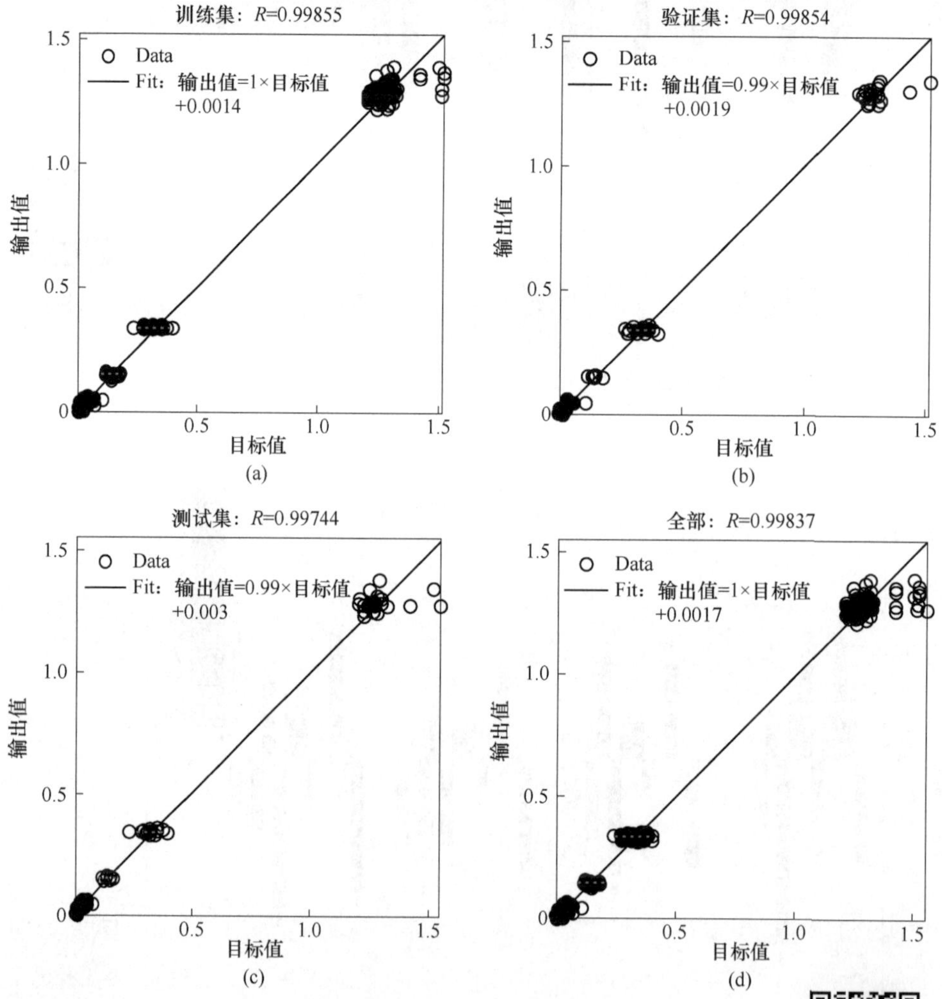

图 5-8　成分预测结果
（a）训练集预测准确率；（b）验证集预测准确率；
（c）测试集预测准确率；（d）全部预测准确率

彩图

采用此模型对球扁钢成分进行设计，结合实际生产数据以屈服强度、抗拉强度、断后伸长率、冲击力作为输入，以成分作为输出，并结合物理冶金规律，最终确定出其成分含量。

5.2.2 组织和工艺协同调控

高品质型钢的组织结构对其性能有着决定性的影响。在制造过程中，通过合理的冶炼、浇注、轧制等工艺参数的控制，可以获得不同形态的晶粒结构和相组成，从而获得所需的力学性能。例如，通过细化晶粒可以提高材料的强度和韧性，通过控制合金元素的含量和分布可以改善材料的耐腐蚀性能和焊接性能等。以下以500 MPa级别热轧H型钢生产过程中的组织工艺协同调控为例，介绍高品质型钢轧制工艺中柔性控轧控冷机制和纳米相层次化析出理论。

5.2.2.1 柔性控轧控冷技术

在H型钢的生产过程中，一般通过对其在再结晶区和未再结晶区进行控轧控冷，从而获得所期望的力学性能。控制轧制和控制冷却技术是通过控制轧制温度和轧后冷却速度、冷却的开始温度和终止温度，来控制钢材高温奥氏体组织形态以及相变过程，最终控制钢材的组织类型、形态和分布，提高钢材的组织和力学性能的一种技术，该技术被誉为20世纪钢铁行业最伟大的成就之一。

控轧过程中分为再结晶区轧制和未再结晶区轧制两个部分。在再结晶区轧制时，通过轧机多道次的大压下变形，从而使再结晶奥氏体产生大量的变形带和位错，这些在奥氏体基体产生的大量缺陷将是微小碳氮化物的形核点，由于在缺陷处能量较大，减少了析出物的形核能量，使得在某一临界温度下，析出物大量形核并长大，这些析出物将是位错向前运动的障碍物，位错要继续向前运动必须绕过析出物或者切过析出物。同时这些弥散析出的微小碳氮化物除了在奥氏体晶内位错和变形带析出，还会在晶界处大量析出，从而对晶界产生钉扎作用，阻碍晶界的正常长大过程，从而产生细化晶粒的作用。在未再结晶区轧制，这个过程主要是控制其总变形量，主要的目的是使其在奥氏体晶粒中产生足够多的变形带、位错和亚晶，增加单位体积内的晶界面积，这些变形带和位错不仅仅是碳氮化物的形核点，更是起到了分割奥氏体的作用，从而在接下来的降温相变过程中，形成的铁素体晶粒细小，而且基体上又有足够的析出物，使得析出强化和细晶强化效果达到最大值。其过程示意图如图5-9所示。

但是，在实际生产过程中，在控轧控冷过程中没有很好地掌握粗轧和精轧阶段的开始轧制温度和终止轧制温度，从而影响在轧制过程中形变带和位错的密度、析出物的析出数量、析出物的粗化程度以及最后铁素体晶粒的尺寸，甚至可能产生混晶组织，这会严重影响H型钢的强度和低温韧性。而本书所提出的柔性控制轧制技术，就是对于某种特定成分的钢种，通过计算以及实验测得其再结

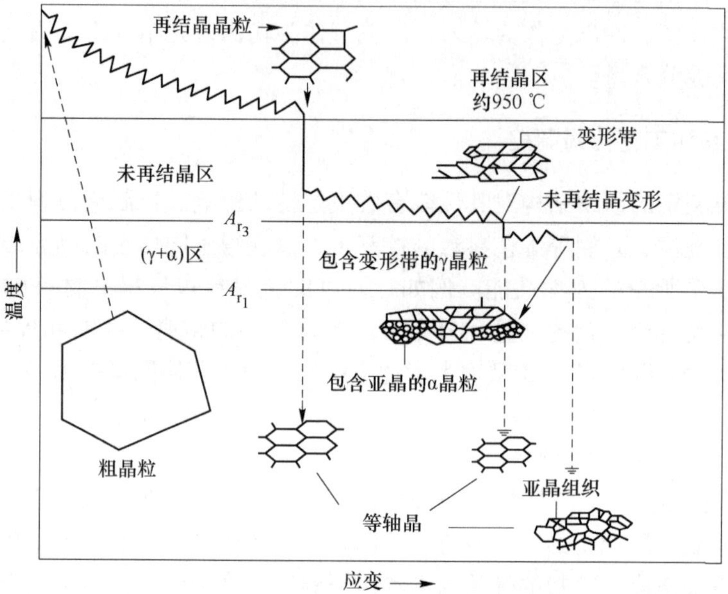

图 5-9　控轧阶段不同组织特征

晶终止温度 T_{nr}、A_{c_1}和 A_{c_3}，再根据轧机的轧制能力，确定较为准确的粗轧开始轧制温度和终轧温度以及精轧开轧和终轧温度，并且控制粗轧阶段每道次间隔轧制时间和道次压下量，以及精轧开轧温度和终轧温度和精轧阶段的总压下量，使得在粗轧阶段析出的碳氮化物弥散分布并且尺寸细小且均一，同时在精轧阶段第二相能够进一步析出并且尽可能降低由变形引起的带状组织对韧性恶化的影响。

H 型钢试轧成分为Ⅰ：0. 16C-0. 15V-0. 02Nb 和Ⅱ：0. 1C-0. 15V-0. 03Nb。工艺参数：最高加热温度为 1200 ℃；均热温度为 1200 ℃；均热保温时间为 2 h。由于坯料原始厚度较大，因此按比例调整压下量，使压下率与实际相近。试制共两种成分四块坯料，均模拟小型线成品翼缘厚度从 75 mm 轧到 9 mm，其中Ⅰ成分坯料均为 125 mm 厚，Ⅱ成分坯料为 110 mm 厚和 130 mm 厚。小型线的开轧温度在 1000 ℃左右，终轧温度可以控制在 880 ℃左右。利用经验公式计算再结晶终止温度，以莱钢实测数据代入公式，得Ⅰ成分的 T_{nr}为 1043 ℃，Ⅱ成分的 T_{nr}为 962 ℃，其中Ⅰ的再结晶终止温度高于小型线开轧温度，因此无法利用再结晶区轧制的细化晶粒效果。同种成分的两块坯料分别轧制五道次和七道次，对比轧制道次数对性能的影响；考虑工艺参数设置的便利性，Ⅱ成分两块坯料的最终厚度相同，以此分析压缩比变化的影响。轧制工艺参数及样品编号见表 5-3 ~ 表 5-6。

表 5-3 Ⅰ成分轧制五道次工艺（1 号）

工序	轧制温度/℃	压下量/mm	压下率/%	轧后厚度/mm
1	1000	48	38.4	77
2	970	30	38.9	47
3	940	18	38.3	29
4	910	9	31.0	20
5	880	5	25.0	15

表 5-4 Ⅰ成分轧制七道次工艺（2 号）

工序	轧制温度/℃	压下量/mm	压下率/%	轧后厚度/mm
1	1000	20	16.0	105
2	980	34	32.4	71
3	960	27	38.0	44
4	940	13	29.5	31
5	920	8	25.8	23
6	900	5	21.7	18
7	880	3	16.7	15

表 5-5 Ⅱ成分轧制七道次工艺坯料 130 mm（3 号）

工序	轧制温度/℃	压下量/mm	压下率/%	轧后厚度/mm
1	1000	25	19.2	105
2	990	37	35.2	68
3	980	26	38.2	42
4	940	14	33.3	28
5	920	7	25.0	21
6	900	5	23.8	16
7	880	3	18.8	13

表 5-6　Ⅱ成分轧制五道次工艺坯料 110 mm（4 号）

工序	轧制温度/℃	压下量/mm	压下率/%	轧后厚度/mm
1	1000	42	38.2	68
2	980	28	41.2	40
3	940	16	40.0	24
4	910	7	29.2	17
5	880	4	23.5	13

上述成分和工艺下的性能见表 5-7 和图 5-10 ~ 图 5-12，H 型钢性能指标中，要求抗拉强度为 610 ~ 770 MPa，断后伸长率不低于 16%。从实验结果来看，各试样的抗拉强度为 690 ~ 730 MPa，断后伸长率均大于 20%，两项指标均显著达标，这与以往试制的结果一致。而屈服强度是以往试制不达标的主要因素，因此重点观察屈服强度结果，在表中仅给出各试样屈服强度的具体数值。从表中可以看出，Ⅰ成分的 1 号和 2 号试样屈服强度均达标，其中 2 号试样的屈服强度最高，平均余量为 33 MPa；而Ⅱ成分的 3 号和 4 号试样则屈服强度不达标，且距离指标相差约 70 MPa，差值较大。

表 5-7　拉伸试验结果数据

样品编号	屈服强度/MPa		抗拉强度/MPa	伸长率/%	屈强比
	测量值	平均值			
1	R_{eH} 508/509/511	509	712	23.2	0.72
2	R_{eH} 518/541/540	533	693	23.5	0.77
3	$R_{p0.2}$ 433/431/432	432	718	22.0	0.60
4	$R_{p0.2}$ 418/424/444	429	712	22.2	0.60

5.2.2.2　纳米相层次化析出技术

在型钢中，加入以 Nb、Ti、V 为代表的微合金化元素（MAE）是在钢热加工过程中固溶或者以碳氮化物方式存在，分别对细化组织、相变强化、沉淀强化等起着显著的作用，使力学性能得到提高，从而获得高强度、高低温韧性，以及良好的冷加工成型性和可焊性的微合金化钢。其中，微合金元素中的 Nb 对晶界

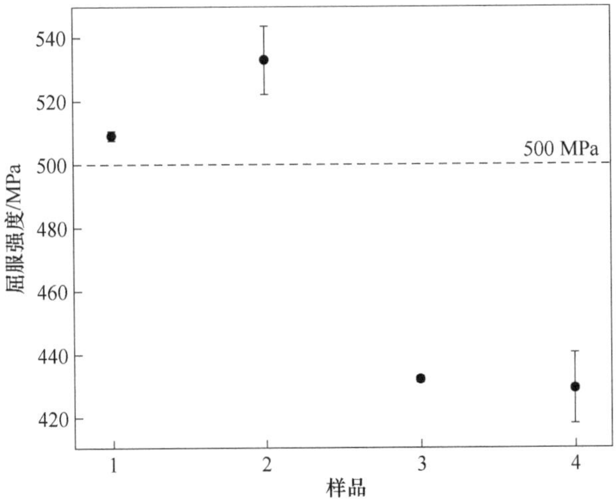

彩图

图 5-10 屈服强度对比

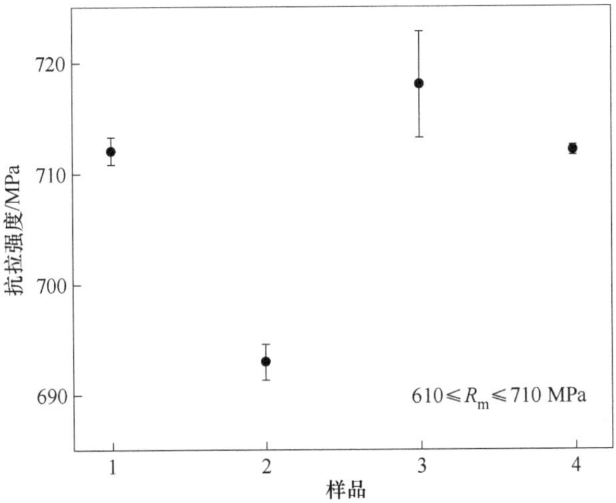

彩图

图 5-11 抗拉强度对比

钉扎作用极强，Ti 次之，V 最小，Nb 元素在高温区（大于临界温度）对晶界钉扎作用主要是溶质拖曳机制，而在低于临界温度的时候，主要是析出钉扎作用。V 元素在奥氏体中的溶解度特别大，因此在高温时，其基本上固溶于奥氏体中，强化效果不明显，但是当温度降低的时候，奥氏体相变成铁素体，V 元素在铁素体的溶解度远远小于奥氏体的溶解度，就会以 VC 或者 VN 等形式析出，起到明显的析出强化作用。

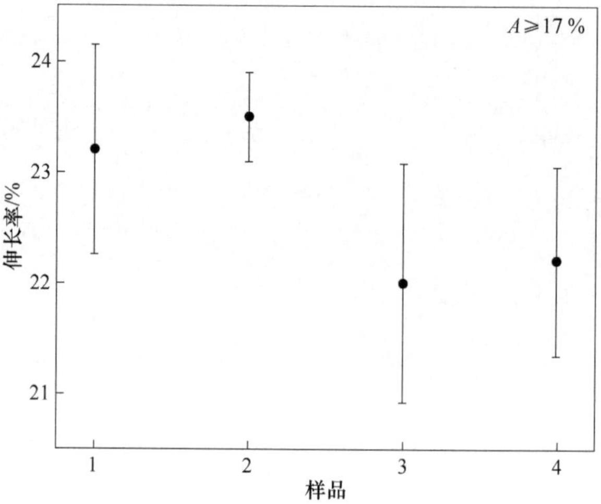

彩图

图 5-12　伸长率对比

钢中的微合金元素 Nb、V、Ti 与 C、N 元素结合能力和在奥氏体基体的溶解能力有很大的差别，这就从根本上导致不同的析出物在不同的温度下对基体强度和韧性的贡献值的差别，表 5-8 是 Nb、Ti、V 元素与 C、N、O、S 的亲和力之间的关系。

表 5-8　Nb、Ti、V 微合金元素与 C、N、O、S 的亲和力效果（以 * 数量表示亲和力大小）

MAE	残余元素			
	C	N	O	S
Nb	***	*	*	
V	**	***	*	
Ti	**	****	***	**

从表 5-8 中可以看出，N 元素与 Ti 元素的结合力最强，形成细小弥散方块状的 TiN 颗粒，其尺寸在 10 nm 左右，而且该氮化物在温度超过 1300 ℃的条件下也不会发生明显溶解，因而可以阻碍奥氏体晶粒的粗化，从而细化晶粒。而在控制轧制阶段，在奥氏体晶粒边界、亚结构、位错和变形带上析出的沉淀物以及应变诱导析出的沉淀物尺寸大约 100 nm，主要是 NbC 和 TiC，这两种析出物由于在 1000 ℃以上就形核析出或者在原 TiN 粒子表面成核长大，随着温度的降低，略

有粗化。在接下来的奥氏体向铁素体转变阶段，会在奥氏体和铁素体界面析出列状细小 fcc（面心立方）沉淀物 Nb(C,N)、Ti(C,N) 和 V(C,N)，其中 NbC、TiC 的平均质点尺寸为 1.5 ~5 nm，V(C,N) 平均质点尺寸为 5 ~10 nm，当微观组织全部为铁素体时，随着温度的降低，会在铁素体基体析出极细小的半共格状沉淀物（<10 nm），产生显著的析出强化效果。

而在本书中所提出的纳米相层次化析出技术中，通过合适的合金配比精准控制微合金元素的加入量，使得加入的微合金元素能够得到充分利用，尽可能地以碳氮化物的形式弥散析出，减少在基体中的固溶量。在该技术中，关键点是提高较低温奥氏体、铁素体相间析出和低温铁素体析出的比例，使得尺寸小于 10 nm 的析出物数量增多，而 100 nm 大小的析出物比例适当地减少，这样可以获得遍布细小析出物的铁素体基体，极大的强化铁素体基体的强度和韧性。另外，通过优化控轧控冷工艺，精确控制再结晶区和未再结晶区两个阶段的开轧和终轧温度以及轧机道次间隔时间，产生足够的变形带、位错和亚晶界，从而保证有一定量的析出物析出，强化基体。示意图如图 5-13 所示。

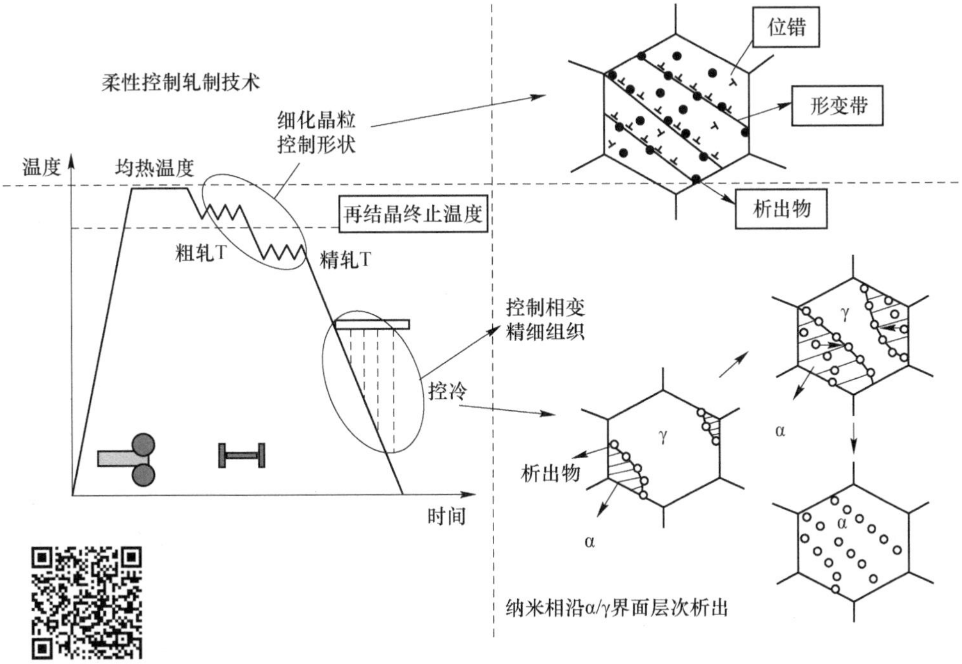

彩图

图 5-13 柔性控轧控冷技术示意图

以大生产得到的 500 MPa 级 H 型钢为例，对其纳米相的析出进行分析，大生产 H 型钢的成分及工艺设计分别见表 5-9 和表 5-10。

表 5-9　合金系统及铸坯成分（质量分数）测定　　（%）

元素	C	Si	Mn	P	S	V	Ni	Nb	Cr	Ti
判定	0.07 ~ 0.11	0.30 ~ 0.40	1.45 ~ 1.60	≤0.020	≤0.010	0.08 ~ 0.12	0.25 ~ 0.40	0.025 ~ 0.035	0.20 ~ 0.30	0.010 ~ 0.020
内控	0.08 ~ 0.11	0.30 ~ 0.40	1.50 ~ 1.60	≤0.020	≤0.008	0.08 ~ 0.12	0.25 ~ 0.40	0.025 ~ 0.035	0.20 ~ 0.30	0.010 ~ 0.020
目标	0.10	0.35	1.55	≤0.015	≤0.008	0.10	0.35	0.030	0.25	0.015
实测	0.12	0.39	1.49	—	—	0.10	0.30	0.028	0.30	0.016

表 5-10　大生产工艺

产线	规格 /mm × mm × mm × mm	道次	精轧轧机	翼缘厚度 /mm
中型线	196 × 199 × 6.5 × 10	1	U1	33.0
		2	U2	20.1
		3	U3	15.9
		4	U4	10.3
		5	U5	7.9

采用透射电子显微镜（Transmission Electron Microscope，TEM）对 H 型钢的析出物进行分析，如图 5-14 所示。视场内含有大量的方形析出物，尺寸较大，最大为 200 ~ 300 nm，经过能量色散谱仪（Energy Dispersive Spectrometer，EDS）分析，可以发现该析出物主要是（Al,Ti）N 复合析出物和（Ti,V）(C,N）析出物。该部分析出物主要起细晶强化的作用，在高温奥氏体阶段钉扎晶界，阻碍奥氏体晶粒粗化。对析出强化的贡献较低。

结合 JMatPro 热力学分析，如图 5-15 所示。M(C,N）开始析出温度约为 1071 ℃，质量分数约为 0.15%。AlN 开始析出温度约为 1000 ℃，质量分数约为 0.028%。(Al,Ti)N 复合析出物与铌钒钛复合析出物形成机制有差异，其主要是先形成 Ti 的析出物，当温度降低时，AlN 在先析出的 TiN 表面非均匀形核，之后随着温度的降低继续长大，从而形成（Al,Ti)N 复合析出物。

对于 MN 型析出物，结合 JMatPro 热力学分析、EDS 能谱分析和析出物面扫分析，如图 5-16 所示。在该合金系统下 MN 主要是（Ti,V)(C,N）复合析出物，其对析出强化的贡献与 AlN 类似，但是可细化晶粒。

显微镜	加速电压	放大倍率	相机长度
H-8100	200 kV	15000 ×	–

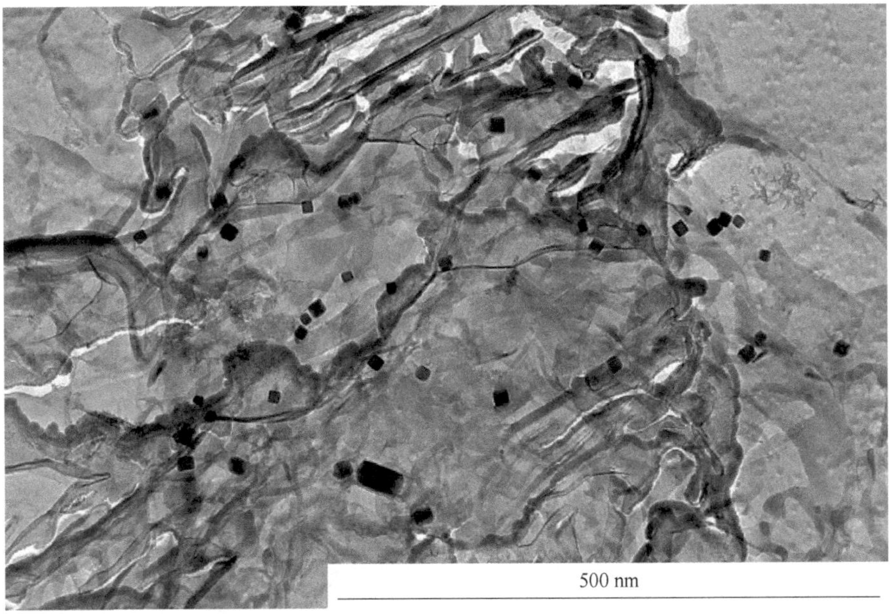

显微镜	加速电压	放大倍率	相机长度
H-8100	200 kV	15000 ×	–

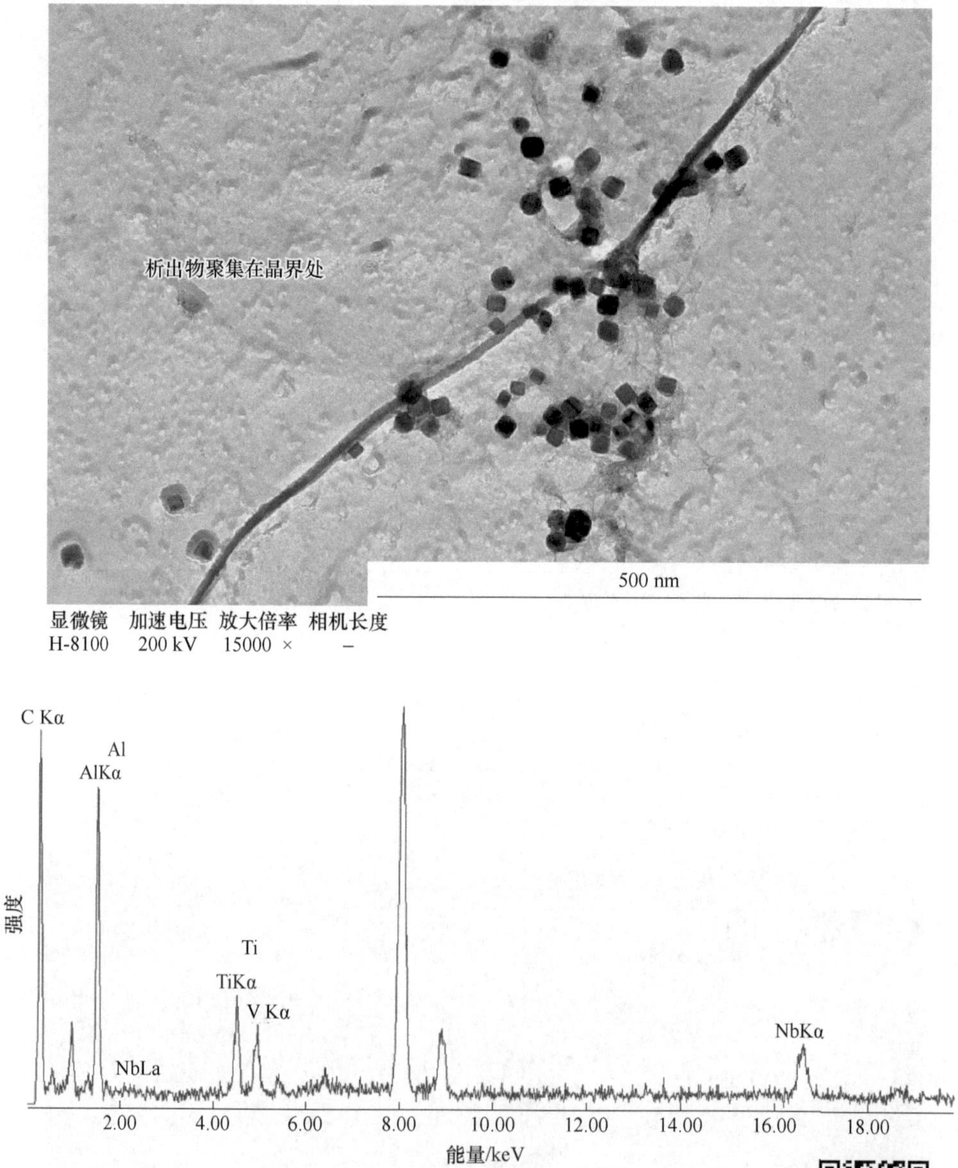

图 5-14　H 型钢中的大尺寸析出物 TEM 观察结果及能谱分析结果

彩图

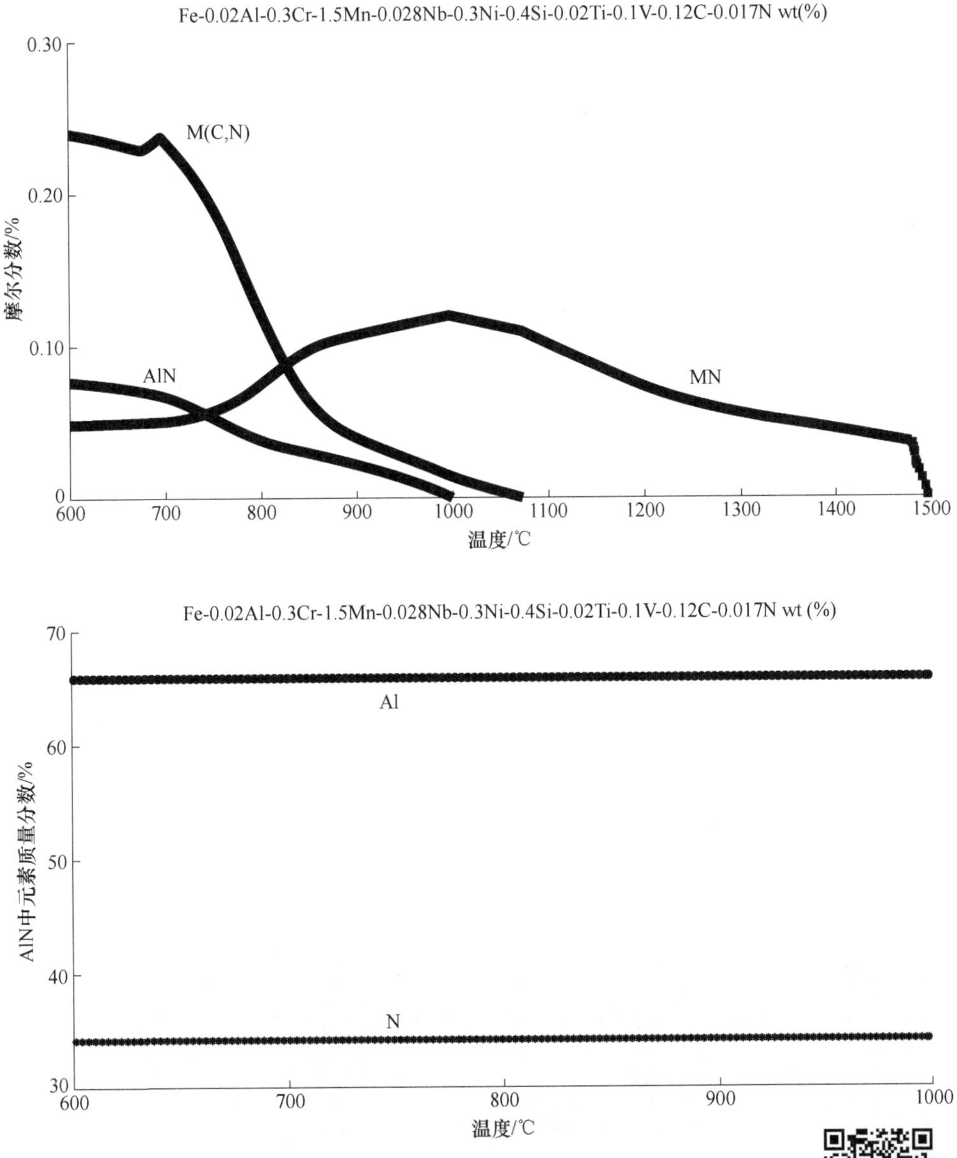

图 5-15　M(C,N) 型析出物热力学分析

彩图

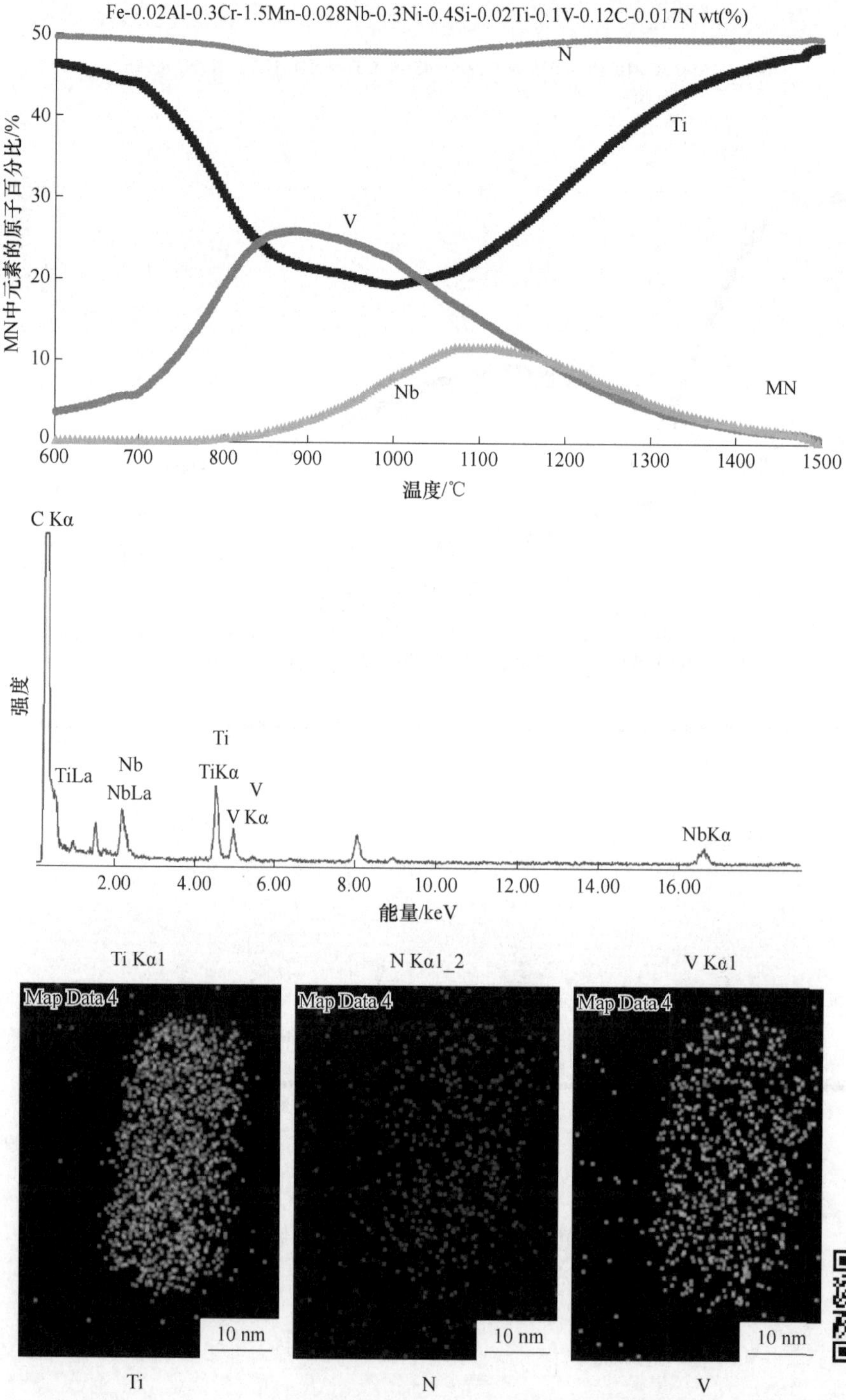

彩图

图 5-16　MN 型析出物热力学分析与 EDS 检测结果

如图 5-17 所示，为 TEM 下观察到的尺寸较为细小的析出物。该类析出物尺寸较小（<20 nm），且弥散分布在铁素体基体内，该类析出物主要起析出强化作用。经过 EDS 能谱分析发现，该类析出物主要是铌钒的复合析出，主要是在轧

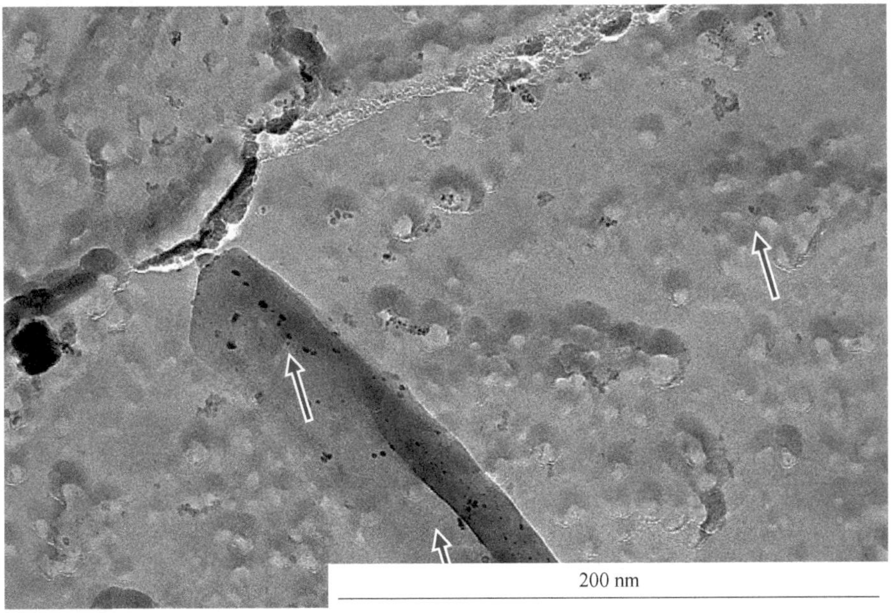

显微镜	加速电压	放大倍率	相机长度
H-8100	200 kV	40000 ×	–

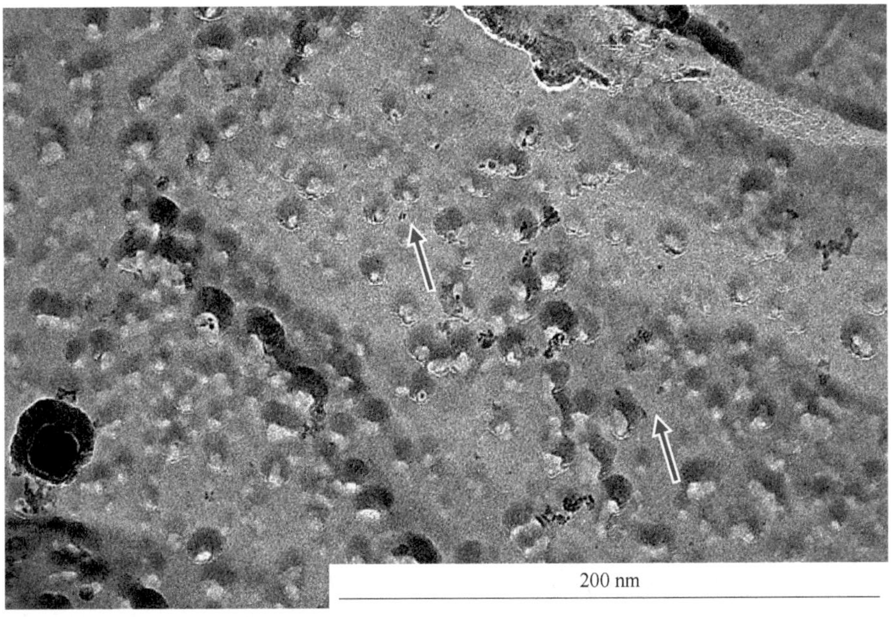

显微镜	加速电压	放大倍率	相机长度
H-8100	–	–	–

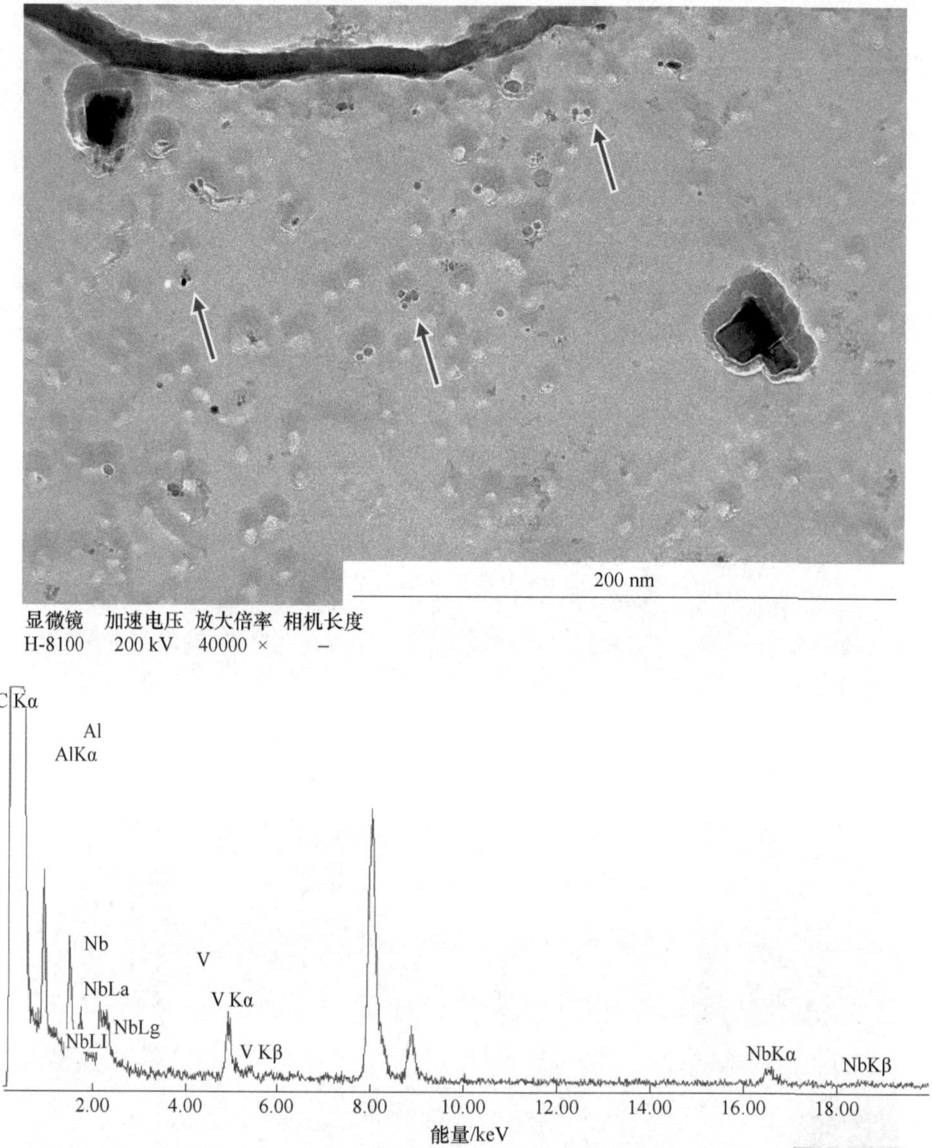

图 5-17　小尺寸析出物 TEM 照片及 EDS 分析

彩图

制阶段或者轧后冷却阶段在位错、晶界或亚晶界、过饱和基体处形核长大而成。由于其体积分数或者数量密度小，析出强化贡献值较小。

采用电解化学相分析技术对第二相进行分析，其结果见表 5-11。图 5-18 是 VC 和 TiN 高分辨组织图，经过快速傅里叶变换（Fast Fourier Transform，FFT）

和快速傅里叶逆变换（Inverse Fast Fourier Transform，IFFT），可以得出 VC 和 TiN 的点阵常数分别为 0.419 nm 和 0.436 nm。TiN 的点阵常数与电解化学相的结果较一致。

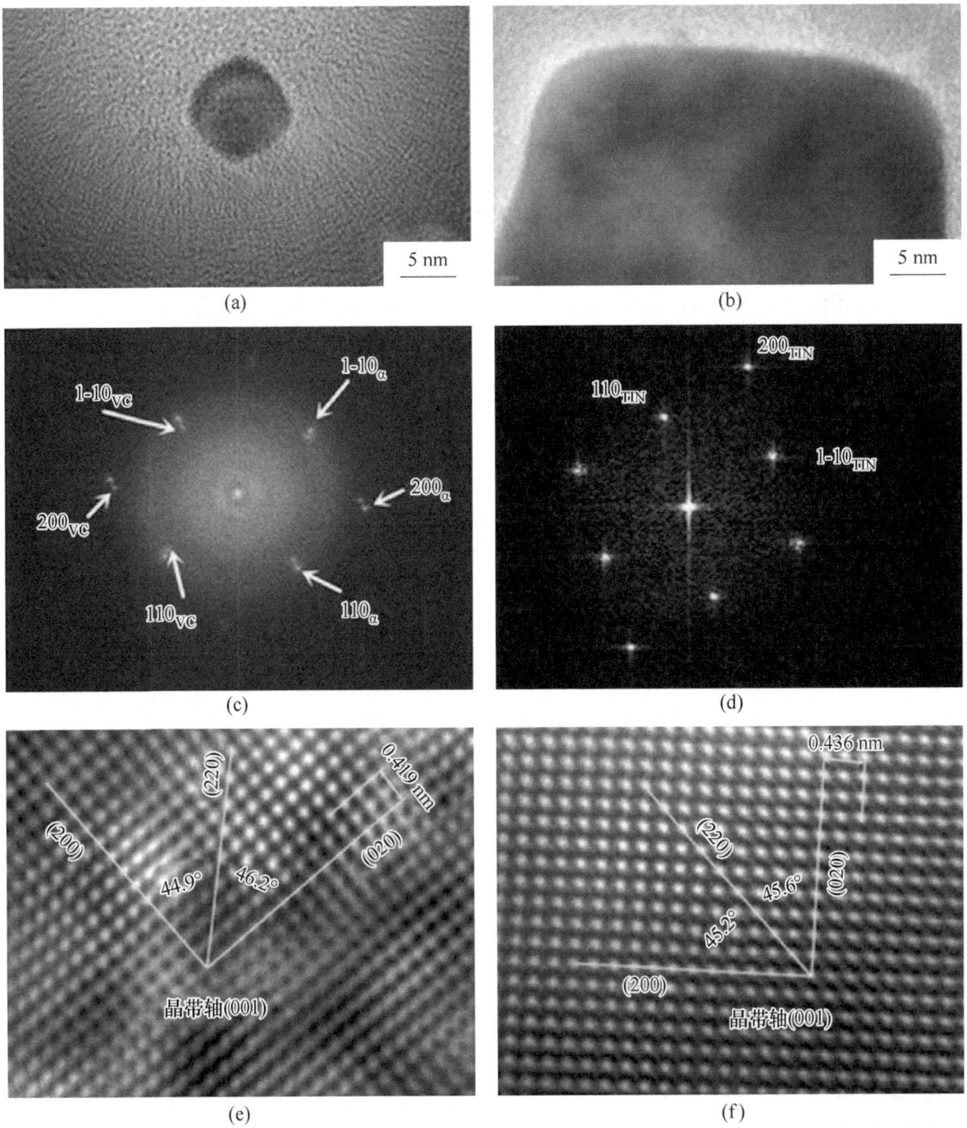

图 5-18　高分辨透射电镜 VC/TiN 组织图

（a）VC 高分辨图；（b）TiN 高分辨图；（c）VC 傅里叶变换结果；
（d）TiN 傅里叶变换结果；（e）VC 反傅里叶变换结果；
（f）TiN 反傅里叶变换结果

彩图

表 5-11　第二相电解化学相分析结果

相类型	点阵常数/nm	晶系
M_3C	$a=0.4510$ $b=0.5080$ $c=0.6730$	正交
TiC	$a=0.432-0.433$	面心立方
TiN	$a=0.425-0.426$	面心立方

根据电解化学相结果，可以知道各相中的元素含量。从表 5-12 与表 5-13 可知，M_3C 相消耗了 0.01% 的 V 元素，0.019% 的 Mn 元素，少部分的 Cr 元素，即大部分的 Mn、Cr 元素都是以固溶态的形式存在铁素体中，起固溶强化作用。可以得出 M_3C 相组成结构式为：$(Fe_{0.918}Mn_{0.042}Cr_{0.016}V_{0.024})_3C$。表 5-14 为 MS 相中各元素的含量。

表 5-12　M_3C 相中各元素占合金的质量分数　　(%)

Fe	Mn	Cr	V	C	总和
0.425	0.019	0.007	0.01	0.033	0.494

表 5-13　M_3C 相中各元素占合金的原子分数　　(%)

Fe	Mn	Cr	V	C	总和
68.80	3.16	1.21	1.83	25.00	100

表 5-14　MnS 相中各元素占合金的质量分数　　(%)

Mn	S	总和
0.007	0.004	0.011

见表 5-15 与表 5-16，M(C,N) 相包括 TiN、TiC、NbN、NbC、VN、VC 及其复合化合物，如 (Nb,V)(C,N) 或者 (Ti,V)(C,N) 等，比较复杂，电解化学相不能将各自的含量分开。可以得到 M(C,N) 相组成结构式为：$(Ti_{0.268}V_{0.457}Nb_{0.207}Cr_{0.068})(C_{0.254}N_{0.746})$。

表 5-15　M(C,N) 相中各元素占合金的质量分数　　(%)

Ti	V	Nb	Cr	C	N	总和
0.017	0.030	0.025	0.005	0.004	0.014	0.095

表 5-16 M(C,N) 相各元素占相量的原子分数 (%)

Ti	V	Nb	Cr	C	N	总和
13.42	22.83	10.37	3.38	12.68	37.32	100

进一步分析表格数据，可知 M(C,N) 固定了 140×10^{-6}的 N 元素，0.017% 的 Ti 元素，0.03% 的钒元素以及 0.025% 的 Nb 元素。原合金系统中，含 170×10^{-6} N 元素，0.095% V 元素，0.028% Nb 元素，即 Ti 元素和 Nb 元素基本全部被固定，以 M(C,N) 相析出，而 V 元素只析出了 30% 左右，析出率较低。

表 5-17 为 M(C,N) 相中各元素占合金的质量分数。表 5-18 为 AlN 相中各元素占合金的质量分数。根据析出顺序，假设随着温度的降低，全部的 Ti 和 N 以 TiN 优先析出，这部分析出物尺寸较大，基本上不起析出强化作用，但有利于细晶强化。根据相对原子质量，Ti 元素大概固定了 50×10^{-6}的 N 元素。

表 5-17 M(C,N) 相中各元素占合金的质量分数 (%)

元素	Ti	V	Nb	Cr	C	N	总和
质量分数	0.017	0.030	0.025	0.005	0.004	0.014	0.095
相对原子质量	48	51	93	52	12	14	—

表 5-18 AlN 相中各元素占合金的质量分数 (%)

Al	N	总和
0.0006	0.0003	0.0009

而对于 NbN，假设全部的 Nb 元素和 N 优先析出 NbN 粒子，Nb 元素大概固定了 40×10^{-6}。但实际上，Nb 元素不能够全部固定 N 元素，根据先前研究和溶解度判断，NbN 和 NbC 的溶解度相差不大，因此可以认为大约 1/2 的 Nb 元素固定 N 元素，剩下的固定 C 元素，因此，Nb 元素大概固定了 20×10^{-6}的 N 元素。综上分析，Ti 和 Nb 元素固定 N 元素大约 70×10^{-6}，Al 固定的 N 可忽略不计。

对于 V 元素，其析出质量分数为 0.03%，假设其全部以 VN 析出，0.03% 的 V 元素可以固定约 80×10^{-6}的 N 元素。这样的分析结果与前面是对应的，但这也意味着，基本上没有 VC 析出，电解化学相分析结果表明 VC 析出量极少，两者基本吻合。

形成 TiN、NbN、AlN、VN 消除了钢中的自由氮，对钢的韧性是有益的。自由氮（N_f）损害钢的冲击转变温度（FATT）可根据式（5-1）算出：

$$\Delta FATT = 700\sqrt{N_f} \tag{5-1}$$

钢中微合金元素固定 N 元素 140×10^{-6}，仍然剩下 30×10^{-6}左右的自由氮，这部分自由氮将使冲击转变温度升高 38 ℃，恶化低温冲击韧性。

对于高品质型钢中纳米相的析出，除 H 型钢外，角钢中的纳米相析出情况也值得深入研究。选取成分为 7V 和 5V2Ti 的 Q420 角钢为研究对象，通过透射电镜研究钢内析出相的形貌以及位相关系。

通过透射电子显微镜对两种微合金钢中 V、Ti 纳米沉淀物的形貌、位置和分布进行了进一步的表征和分析。图 5-19(a) 与 (b)，(d) 与 (e) 分别显示了 7V 与 5V2Ti 钢中铁素体基体中和位错线上的纳米析出颗粒。两种成分微合金钢纳米颗粒均以在铁素体基体中的随机析出为主，随机析出主要是碳氮化物的均匀成核和生长，在较低的转变温度下随机出现在铁素体基体中。特别值得注意的是，只有过饱和铁素体基体中的 α/γ 界面沉淀和随机均匀沉淀才能产生显著的沉淀硬化效果，提高钢材的屈服强度。由于位错线位置成核能量相对较低，碳氮化物在位错线上成核的临界尺寸明显减小，纳米级颗粒的沉淀在位错上优先成核，析出沉淀在位错的运动中产生相互作用，钉扎位错，产生强化效果。透射电镜观察发现两种热轧微合金钢中位错密度小，数量少，如图 5-19(a) 和 (d) 所示。图 5-19(c) 为钒微合金钢中 HR-TEM 图像，图 5-19(f) 为经过傅里叶变换获得的析出相与基体组织衍射斑点图像标定结果，分析结果表明 V(C,N) 析出相与

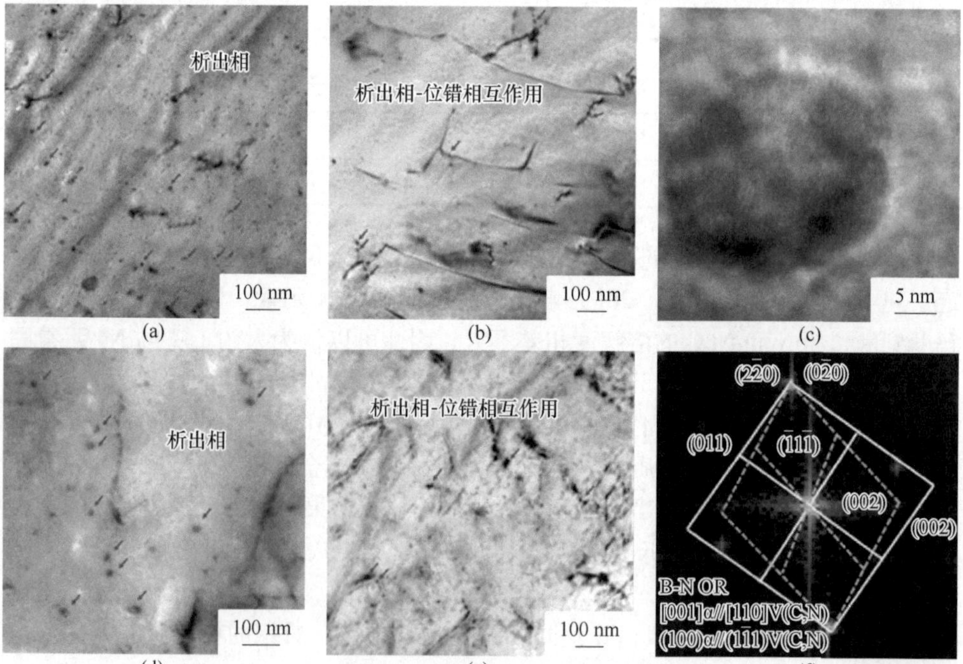

图 5-19　钢中析出相透射分析

(a)(b) 7V 钢析出相观察结果；(c) 7V 钢析出相高分辨像；

(d)(e) 5V2Ti 钢析出相观察结果；(f) 高分辨像傅里叶变换及标定结果

彩图

BCC-铁素体结构基体组织呈现典型的 B-N 取向关系，即 $[110]V(C,N)//[001]\alpha$，$(1\bar{1}1)V(C,N)//(100)\alpha$，这表明 V(C,N) 粒子主要在铁素体中析出。

通过线扫对两种微合金钢中 V、Ti 微合金元素在析出相中的分布进行了进一步研究。V、Ti 微合金元素在两种微合金钢的纳米沉淀物中均呈现析出中心含量多，边缘含量少的分布趋势，如图 5-20(c) 与 (d) 所示。不同的是，在钒钛微合金钢中发现的圆角矩形的帽子型纳米析出相，如图 5-20(b) 所示，其中微合金元素 V 在析出相中的分布存在三个峰值，在两端边缘处出现了富钒现象，帽状部分主要是 V 的富集。该类沉淀尺寸在 100 nm 左右，帽层中富集了大量的钒，这些钒进一步增加了析出相的尺寸，同时也削弱了 V 的析出强化效果。

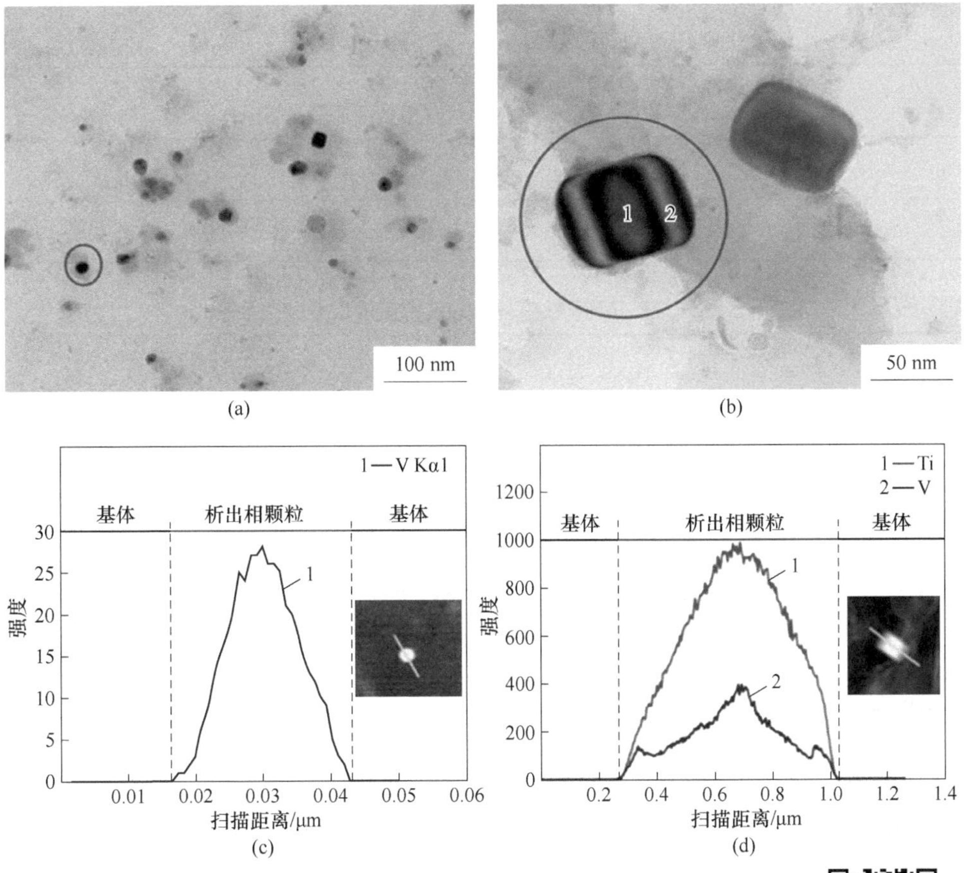

图 5-20 钢中析出相线扫分析

(a) 7V 钢中析出相颗粒；(b) 5V2Ti 钢中析出相颗粒；
(c) 7V 钢线扫描分析结果；(d) 5V2Ti 钢线扫描分析结果

彩图

为了进一步明晰角钢中析出物的成分、尺寸分布等情况，对上述三种成分角钢进行电解化学相分析。7V 角钢中主要发现了 M_3C 和 M(C,N) 两种析出相，其中 M(C,N) 对钢的性能有较大的影响，研究表明，铁素体中析出的细小 M(C,N) 析出相，对角钢的析出强化起到主要作用。

表 5-19 ~ 表 5-21 展示了 7V 角钢 M_3C 相和 MnS 相中各元素质量分数情况。通过表 5-19 可发现，M_3C 相消耗了 0.007% 的 V 元素，0.046% 的 Mn 元素，少部分的 Cr 元素，即大部分的 Mn、Cr 元素都是以固溶态的形式存在铁素体中，起固溶强化作用。

表 5-19 M_3C 相中各元素占合金的质量分数 (%)

Fe	Mn	Cr	V	C *	总和
1.001	0.046	0.002	0.007	0.076	1.132

表 5-20 M_3C 相中各元素占相量的原子分数 (%)

Fe	Mn	Cr	V	C	总和
70.98	3.29	0.17	0.57	25.00	100

表 5-21 MnS 相中各元素占合金的质量分数 (%)

Mn	S	总和
0.008	0.005	0.013

表 5-22 ~ 表 5-24 展示了 7V 角钢 M(C,N) 相和 AlN 相中各元素质量分数情况。通过表 5-23 可发现，M(C,N) 相包括 TiN、TiC、VN、VC 及其复合化合物，如 (Ti,V)(C,N) 等，比较复杂，电解化学相不能将其各自的含量分开。AlN 相中各元素占合金的质量分数也可以从表 5-24 获得。

表 5-22 M(C,N) 相中各元素占合金的质量分数 (%)

Ti	V	Cr	C *	N	总和
0.004	0.020	0.001	0.001	0.006	0.032

表 5-23 M(C,N) 相各元素占相量的原子分数 (%)

Ti	V	Cr	C	N	总和
7.97	39.16	2.87	7.54	42.46	100

表 5-24 AlN 相中各元素占合金的质量分数 (%)

Al	N	总和
0.008	0.0004	0.0084

表 5-25～表 5-27 展示了 5V2Ti 角钢 M_3C 相和 MnS 相各元素质量分数情况。分析可知，M_3C 相消耗了 0.004% 的 V 元素，4.5% 的 Mn 元素，少部分的 Cr 元素，即大部分的 Mn、Cr 元素都是以固溶态的形式存在铁素体中，起固溶强化作用。M_3C 相组成结构式：$(Fe_{0.955}Mn_{0.039}Cr_{0.002}V_{0.004})_3C$。

表 5-25 M_3C 相中各元素占合金的质量分数 (%)

Fe	Mn	Cr	V	C*	总和
1.104	4.5	0.002	0.004	0.083	1.238

表 5-26 M_3C 相中各元素占相量的原子分数 (%)

Fe	Mn	Cr	V	C	总和
71.60	2.94	0.17	0.57	25.00	100

表 5-27 MnS 相中各元素占合金的质量分数 (%)

Mn	S	总和
0.011	0.006	0.017

表 5-28～表 5-30 展示了 5V2Ti 角钢 M(C,N) 相和 AlN 相各元素质量分数情况。M(C,N) 相包括 TiN、TiC、VN、VC 及其复合化合物，如 (Ti,V)(C,N)、V(C,N) 等，比较复杂，电解化学相不能将其各自的含量分开。M(C,N) 相组成结构式：$(Ti_{0.676}V_{0.290}Cr_{0.034})(C_{0.177}N_{0.823})$。

表 5-28 M(C,N) 相中各元素占合金的质量分数 (%)

Ti	V	Cr	C*	N	总和
0.024	0.011	0.001	0.002	0.008	0.046

表 5-29 M(C,N) 相各元素占相量的原子分数 (%)

Ti	V	Cr	C	N	总和
33.80	14.51	1.69	8.83	41.17	100

表 5-30　AlN 相中各元素占合金的质量分数　(%)

Al	N	总和
0.008	0.0004	0.0084

表 5-31 ~ 表 5-33 展示了 3V2Ti 角钢 M_3C 相和 MnS 相各元素质量分数情况。从表可知，M_3C 相消耗了 0.003% 的 V 元素，0.047% 的 Mn 元素，少部分的 Cr 元素，即大部分的 Mn、Cr 元素都是以固溶态的形式存在铁素体中，起固溶强化作用。M_3C 相组成结构式：$(Fe_{0.950}Mn_{0.044}Cr_{0.003}V_{0.003})_3C$。

表 5-31　M_3C 相中各元素占合金的质量分数　(%)

Fe	Mn	Cr	V	C *	总和
1.034	0.047	0.003	0.003	0.078	1.165

表 5-32　M_3C 相中各元素占相量的原子分数　(%)

Fe	Mn	Cr	V	C	总和
71.28	3.31	0.21	0.20	25.00	100

表 5-33　MnS 相中各元素占合金的质量分数　(%)

Mn	S	总和
0.008	0.005	0.013

表 5-34 ~ 表 5-36 展示了 3V2Ti 角钢 M(C,N) 相和 AlN 相各元素质量分数情况。M(C,N) 相包括 TiN、TiC、VN、VC 及其复合化合物，如 (Ti, V)(C,N)、V(C,N) 等，比较复杂，电解化学相不能将其各自的含量分开。M(C,N) 相组成结构式：$(Ti_{0.676}V_{0.290}Cr_{0.034})(C_{0.177}N_{0.823})$。

表 5-34　M(C,N) 相中各元素占合金的质量分数　(%)

Ti	V	Cr	C *	N	总和
0.025	0.007	0.001	0.001	0.009	0.043

表 5-35　M(C,N) 相各元素占相量的原子分数　(%)

Ti	V	Cr	C	N	总和
38.16	9.78	2.06	4.79	45.21	100

表 5-36 AlN 相中各元素占合金的质量分数 (%)

Al	N	总和
0.008	0.0004	0.0084

对上述三种角钢的析出物尺寸进行统计，如图 5-21 所示。

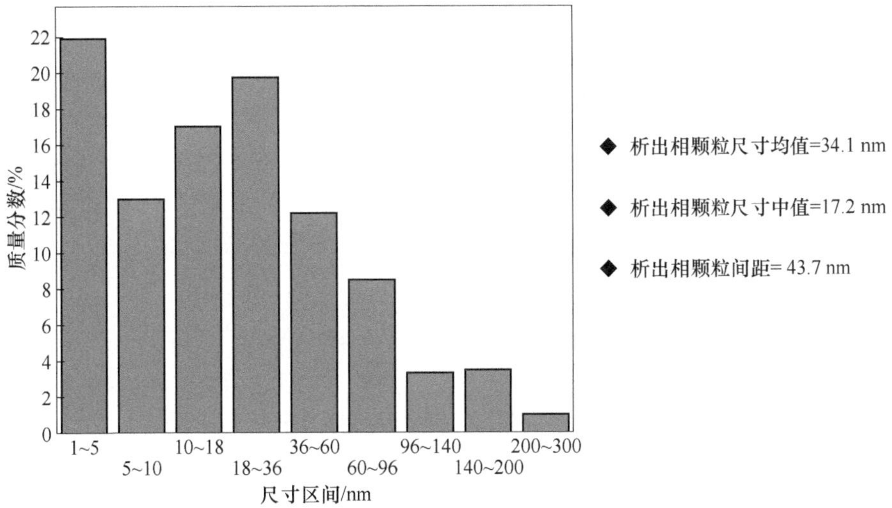

(a)

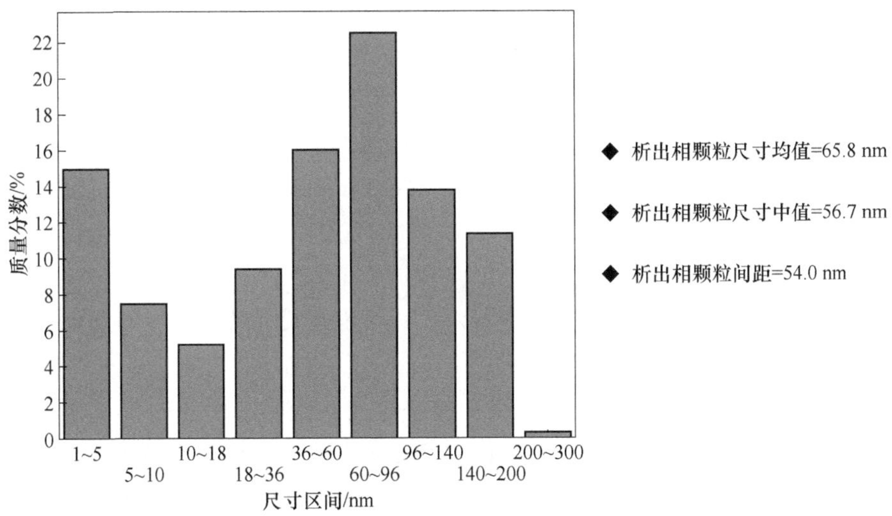

(b)

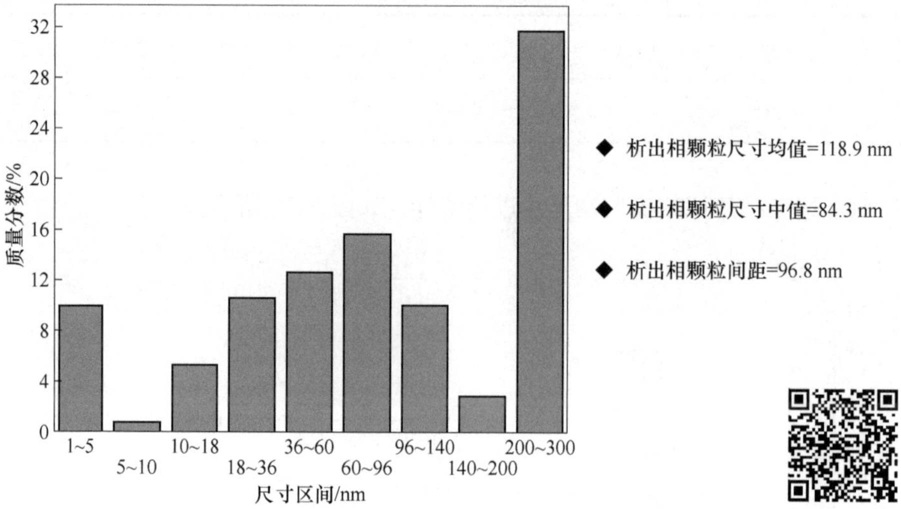

(c)

彩图

图 5-21　析出物尺寸统计

(a) 7V; (b) 5V2Ti; (c) 3V2Ti

由于高温阶段形成的析出物数量较少且尺寸大，而低温阶段形成的析出物数量多，尺寸小。因此，析出相的中位数尺寸更能代表析出物的整体尺寸。7V 钢析出物的中位数尺寸为 17.2 nm，5V2Ti 钢析出物的中位数尺寸为 56.7 nm，3V2Ti 钢析出物的中位数尺寸为 84.3 nm。

随着 V 元素的降低与 Ti 元素的加入，析出物的中位数尺寸越来越大，主要原因有两个：一方面，随着 Ti 元素的加入，固定了一部分 N 元素，使得可与 V 结合析出的 N 元素含量大大减少，从而减少了细小析出物的析出数量；另一方面，N 元素与 Ti 元素结合形成大尺寸的 TiN，增加了析出物的整体尺寸。

一般情况下，人们认为析出物尺寸超过 20 nm 基本上不会产生析出强化作用。因此，根据电解化学相结果，5V2Ti 与 3V2Ti 钢中的析出物基本上不起析出强化作用，或强化作用甚微。

将上述 H 型钢与微合金化角钢进行对比，析出物尺寸统计结果对比如图 5-22 所示，析出物平均值与中位数对比如图 5-23 所示，成分对比见表 5-37。角钢的合金系统中，随着 V 元素的降低，尺寸越来越大，说明细尺寸的 V 的碳氮化合物析出越来越少，主要原因有两个：随着 Ti 的加入，一方面，固定了一部分 N，使得可与 V 发生反应的 N 含量减少，从而减少细小析出物的析出数量；另一方面，形成的大颗粒 TiN 增加了整体颗粒的尺寸。

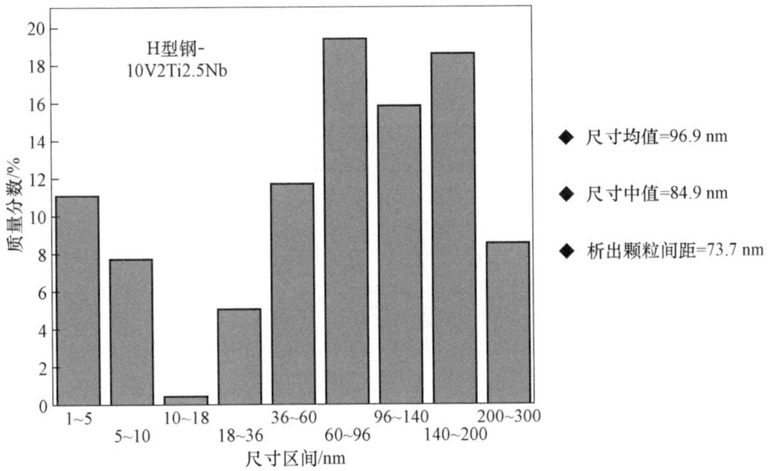
H型钢-
10V2Ti2.5Nb
质量分数/%
尺寸区间/nm
1~5
5~10
10~18
18~36
36~60
60~96
96~140
140~200
200~300
◆ 尺寸均值=96.9 nm
◆ 尺寸中值=84.9 nm
◆ 析出颗粒间距=73.7 nm

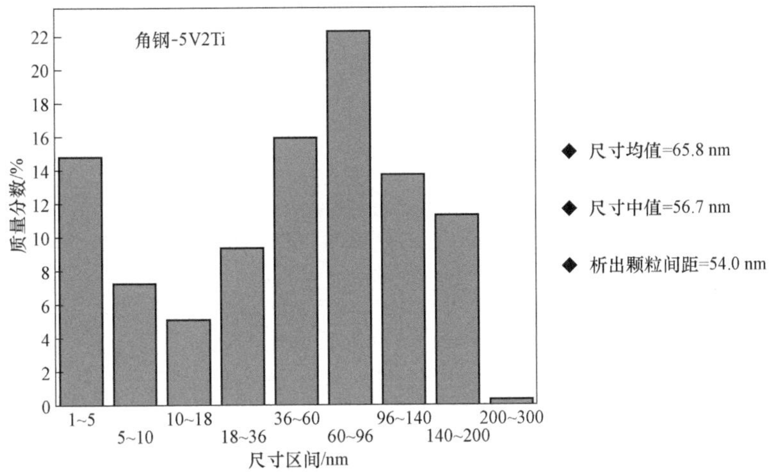
角钢-5V2Ti
质量分数/%
尺寸区间/nm
1~5
5~10
10~18
18~36
36~60
60~96
96~140
140~200
200~300
◆ 尺寸均值=65.8 nm
◆ 尺寸中值=56.7 nm
◆ 析出颗粒间距=54.0 nm

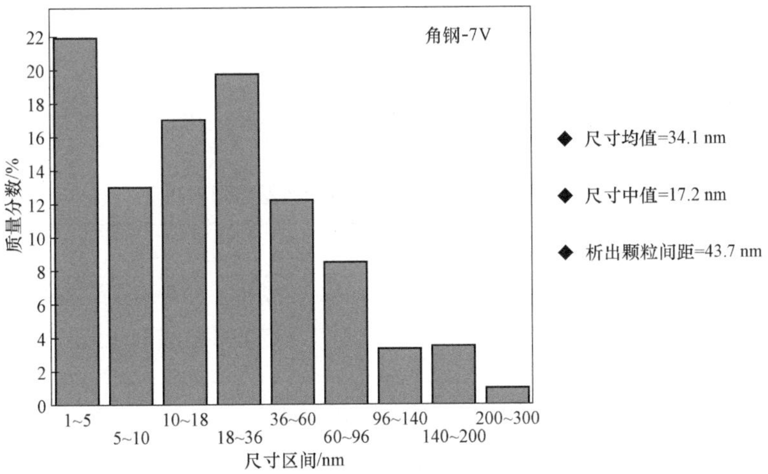
角钢-7V
质量分数/%
尺寸区间/nm
1~5
5~10
10~18
18~36
36~60
60~96
96~140
140~200
200~300
◆ 尺寸均值=34.1 nm
◆ 尺寸中值=17.2 nm
◆ 析出颗粒间距=43.7 nm

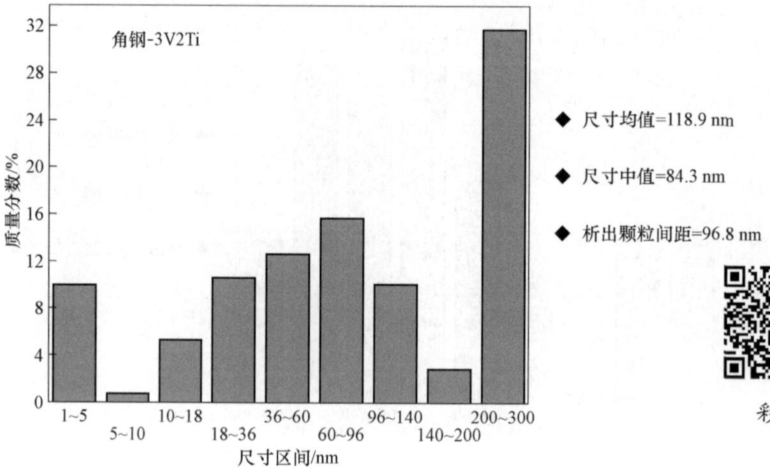

彩图

图 5-22　H 型钢与角钢析出物尺寸统计结果对比

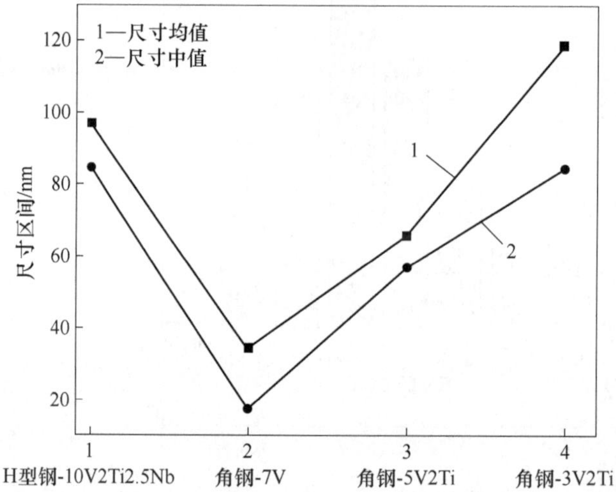

彩图

图 5-23　H 型钢与角钢析出物尺寸平均值与中位数对比

表 5-37　H 型钢与角钢微合金质量分数对比　　(%)

元素	C	Si	Mn	N	V	Ni	Nb	Cr	Ti
H 型钢	0. 12	0. 39	1. 49	0. 017	0. 095	0. 301	0. 028	0. 299	0. 016
7V	—	—	—	0. 008	0. 070	—	—	—	0
5V2Ti	—	—	—	0. 012	0. 050	—	—	—	0. 020
3V2Ti	—	—	—	0. 013	0. 030	—	—	—	0. 020

H 型钢中析出物颗粒的平均尺寸为 96.9 nm，尺寸过大，其主要原因是考虑了高温阶段析出的 TiN，NbN 等尺寸较大的析出，因此使得整体平均值过大。经过分析，本书认为中位数尺寸为 84.9 nm 是最能够代表整体析出物尺寸的，理由如下：高温阶段形成的析出物数量较少，尺寸大；低温阶段形成的析出物数量多，尺寸小。一般情况下，人们认为析出物尺寸超过 20 nm 的基本上不会产生析出强化作用。因此，根据电解化学相结果，H 型钢中的析出物基本上不起析出强化作用。

作为对比，角钢的合金系统中不存在 Nb、Ti 等微合金元素，只有 V 元素，因此，在热轧后的组织中的析出物只有 V 的碳氮化物，其析出物平均尺寸为 34.1 nm，中位数尺寸为 17.2 nm，说明角钢中的析出物能够起到析出强化作用，经过估算，其析出强化贡献值为 50 ~ 80 MPa。根据二者对比，可以发现 Nb 和 Ti 形成的析出物尺寸较 V 形成的析出物尺寸大。

5.2.2.3 热处理制度的选择和优化

当型钢强度级别较低时多以热轧态交付，而当强度级别较高时，常需要对热轧后的型钢进行热处理，尤其是高强度球扁钢，由于其截面异型不规则，在孔型轧制过程中，出现终轧温度高、各道次变形量小等问题，根据性能要求，一般采用回火、调质两大类热处理方式，正火 + 回火这种热处理方式使用较少。针对大型船舶用的高强度、高韧性球扁钢，调质处理为主要热处理工艺。目前调质热处理工艺中逐步采用电磁感应加热淬火工艺取代原有的加热炉淬火工艺，具有加热效率高、能量损耗低等优点，随着生产设备能力和技术提升，更重要的是得到了更均匀的加热和冷却过程，有效解决了结构变形的问题。

感应热处理技术具有与传统热处理工艺相比截然不同的产热与升温机制，因此其有如下独特的优势。

A 对力学性能起到更好的综合调控作用，优化钢材的表面质量

（1）提高钢材强度并保持韧性、塑性和延性。

（2）改善钢材组织和性能的均匀程度。由于感应热处理时工艺参数在线调控，设定的参数不会有较大浮动，因此对于钢材而言经历的热处理条件近似完全相同，即热处理的时间和温度统一，这就最大限度保障了产品性能的一致性与质量的统一性，这是传统热处理不可能实现的。

（3）优化钢材表面质量。因为感应热处理速度极快，留给钢材表面发生氧化或脱碳的时间极短，因此表面质量恶化的趋势明显被遏制。

B 改善钢材的特殊性能

（1）降低钢材的韧脆转变温度。

（2）消除局部的高内应力，使其在组织中分布更平均，避免局部应力过高导致力学性能局部恶化。

（3）对于有抗应力松弛性能需求的钢材，目前仅有感应热处理工艺可以满足对应的需求，低松弛率对传统热处理工艺十分苛刻，甚至难以达到。

C　节约热处理所需能源，消耗更少资源达到更好的热处理效果

（1）区别于传统热处理时热量的层层传递与大量损耗，感应热处理直接通过内部产生的电流与钢材本身的电阻由内产热，因此热损失显著降低，热处理的效率更高。

（2）感应热处理升温速度是传统热处理的几十倍，近乎瞬间产生的电阻热能高效地用于热处理，降低了能源的损耗。

（3）感应热处理技术可以在极短的时间内通过较高的温度来高效完成热处理过程所需的组织上的转变，生产周期的缩短直接减削了大量资源消耗。

（4）感应热处理过程中实际温度与电压或功率存在准确的对应关系，这就意味着可以通过对电的调控来精准控制感应热处理温度在5 ℃的范围内浮动，并且稳定的电流输出就保证了稳定的热处理温度，相比之下，传统热处理条件更加宽泛，温度精度远不如感应热处理，并且热处理时间越长，温度的维持就越难。

（5）传统热处理多使用加热炉进行加热，而加热炉内部多为耐火材料，因此在加热过程中三成热量被耐火材料吸收后损失，三成热量随炉气而逸散到空气中，仅剩三成左右的供应热能真正用于钢材的加热。而感应热处理过程中虽然也存在由于循环冷却水或感应器与空气接触导致的热量损耗，但是比例很小，将近七成的热能可以被用作钢材的加热，因此效率更高。

D　清洁能源，低碳环保

（1）感应热处理过程中全程无污染物的排放，对环境友好。

（2）与传统热处理相比，感应热处理可节省将近一半的能源损耗，极大程度遏制了二氧化碳的排放，符合当下的“双碳”政策。

基于供给加热用交流电的频率范围，感应热处理技术可被分为以下四类。

a　工频（50 Hz～1 kHz）

多用于较大工件，由集肤效应可知低频会使热量渗透得更深，超过10 mm，多适用于较大工件的淬火和加热。

b　中频（1～20 kHz）

透热深度为3～10 mm，在轴类、齿轮等零件的退火、表面淬火、回火和调质等工艺中应用较多。

c　超音频（20～40 kHz）

其频率超过音频频率，透热深度略小于中频，其应用范围较广，多用于较大尺寸工件的多种热处理工艺，也可用于大直径圆轴件的多个工艺过程。

d　高频（40～200 kHz）

透热深度1～2 mm，由于热量多集中于钢材表面而不适用于大尺寸工件，多

用于小尺寸工件的热处理过程，如加热、表面淬火和回火等，也可以起焊接作用。

鞍钢重机公司对热轧球扁钢的快速感应加热热处理装备进行了开发，他们采用两次加热、双匝线圈低频率穿透预热、高频率加热，同时配以双匝线圈的加热方式，使截面尺寸差异很大的球扁钢的整个截面加热温度均匀；采用感应器浮动，实现了感应圈与球扁钢表面距离稳定；选择了两台双频感应加热设备，实现了预热和淬火加热功能，可适应不同规格球扁钢淬火的需要。经淬火生产线淬火及随后的常规回火后，球扁钢性能见表5-38，热处理后显微组织由铁素体、珠光体转变为均匀的低碳板条马氏体，如图5-24所示，满足国标要求。

表5-38 感应热处理后球扁钢性能

抗拉强度 /MPa	屈服强度 /MPa	断后伸长率 /%	断面收缩率 /%	冲击功 (-20 ℃)/J	纤维断面率 (-20 ℃)/%
741	652	23.5	80.5	236,242,244	100

(a) (b)

图5-24 球扁钢感应热处理前后放大500倍金相组织

(a) 轧态组织；(b) 淬火态组织

彩图

武昌船舶重工集团有限公司张鸿雁等人研究了921A球扁钢的热处理工艺，他们发现不同轧态的921A球扁钢后续的调质工艺也要相应调整才能满足使用要求，C、Mn含量不同，即碳含量如果较高，要适当调整调质工艺，保温时间延长，回火温度调高。同时他们也提出了一种适用于921A球扁钢的调质热处理工艺：加热900 ℃，保温60 min后淬火，670 ℃保温，120 min回火。

对于应用在海洋工程的高强度耐低温H型钢，常需进行热处理，北京科技大学、山东钢铁股份有限公司莱芜分公司赵培林等人对此进行了研究。他们发现，780 ℃亚温淬火+600 ℃回火处理后，形成回火索氏体+铁素体的网状组织；试验型钢900 ℃淬火+600 ℃回火处理后，转变得到具有马氏体位向的回火索氏体，碳化物分布更加细小均匀，位错密度下降。两种热处理工艺制备的 H 型钢综合力学性能优良，屈服强度均达到 500 MPa 以上，900 ℃淬火 +600 ℃回火热处理后钢的抗拉强度和屈服强度更高，-40 ℃低温冲击韧性比热轧状态下出现大幅度提高，随着淬火温度的升高，冲击功更加稳定。

5.2.3　型钢生产过程数智孪生

随着材料表征、建模和仿真技术的进步，以及大数据分析活动的活跃性，应当给予这些新兴技术源源不断的支持。在“中国制造 2025”和德国“工业 4.0”计划中，都充分重视了数字化技术。

近年来，国内外多位学者专家致力于冶金材料加工制造技术、材料数据库开发、数字化平台建设、数值模拟分析、材料组织性能预报等数字化相关研究。许多工程技术人员应用仿真建模、数值模拟、数据分析等数字化技术在开发新品种、新工艺、新技术等领域取得显著成就。数字化技术与钢铁工业紧密结合并大力推动了钢铁工业的蓬勃发展。

从数字化技术在钢铁制造业的应用成效来看，数字化技术在大幅度提升产品开发效率、减少试制成本、提高工艺优化命中率与成材率、节能降耗等方面具备显著优势。因此，数字化技术是钢铁工业重要的技术方法，也是钢铁绿色智能制造、节能降耗的关键手段。

型钢作为四大钢材品种之一，在多个领域得到广泛应用，尤其是对于复杂断面型钢的需求量逐年攀升。为了提升型钢产品的市场竞争力与经济效益，型钢制造技术在向着高性能、高精度、复杂断面、低成本以及高效率方向发展。

但是，对于我国高精度型钢的设计、工艺和控制等方面与国际先进水平相比仍存在一定的差距。

(1) 孔型设计系统以及轧辊配辊和辊形加工，目前仍主要依靠传统经验进行设计、试轧、再加工、再试制，这就导致了开发周期长、效率低、成本高等一系列问题。

(2) 对于特殊用途的复杂断面型钢孔型设计与工艺控制开发，依据经验法难以确定复杂的金属三维流动规律，新产品的开发难度极大，反复的尝试导致开发成本的增加与周期的延长。

(3) 针对轧制的数值模拟分析，虽然采用了通用软件完成，但仍具有一定的局限性。

因此，对于型钢的全流程数字化设计制造就显得尤为迫切。将型钢的轧制孔型参数化设计系统与有限元数值模拟系统集成一体，从而实现孔型设计与有限元数值模拟的无缝衔接，这种耦合的参数化设计能够有效完成高精度型钢产品的设计开发。

5.2.3.1 孔型参数化设计

孔型设计虽然已有百余年历史，但曾长期采取经验法设计，这种方法不利于孔型设计效率的提升和周期的缩短，且精度难以保证。因计算机技术的普及，孔型设计采用了计算机参数化设计，凭借计算机强大的精确运算和存储能力，极大解决了孔型设计难题，并且能够对多种方案下的孔型设计进行比较与选择，极大地增强了孔型设计的可靠性。

对于主要型钢产品，如 H 型钢、钢轨、工字钢、角钢等，在确定型钢产品之后，根据现场不同的工艺布局和生产装备，进行不同型钢的孔型系统的参数化分析，这样可以大幅度减少型钢设计的工作量。针对可以完成各种型钢生产的万能轧机产线，需要设置 2 个立辊轧机和 2 个水平轧机，完成万能轧机系列产品的孔型参数化设计，同时根据各条线不同的开坯工艺设置系列产品的开坯轧制孔型系统，包括箱形孔、开坯孔型及斜轧孔型等。

在孔型系统的参数化分析基础上，建立孔型参数化数据库。通过高级计算机语言程序开发，完成可视化的孔型参数数据库的读取，并具备孔型尺寸的修改、优化和保存功能，完成新产品参数化数据库的建立。通过读取数据库中不同规格产品的孔型尺寸，完成全部孔型的参数化 CAD 二次开发程序，系统调用商业 CAD 软件进行孔型图的直接绘制。对不同型钢产品各孔型系统的结构进行具体计算分析并实现参数化，主要孔型包括钢轨孔型系统、大中小型 H 型钢系列孔型系统、角钢孔型系统及槽钢孔型系统等。程序不仅能够调用底层参数化数据库自动生成孔型 CAD 图形，还能够生成中心线、辅助线和标注等；另外，可以根据生成的孔型 CAD 图形计算孔型面积。

孔型参数化设计系统使过去主要依赖经验且设计计算量庞大的复杂断面型钢孔型系统设计变得简单、高效与可靠，由此得到的孔型参数化数值也更加精确。

5.2.3.2 型钢全轧程三维数值模拟

数值模拟前处理主要包含结构网格、流体网格处理，其中网格质量能够影响最终的计算分析结果。在孔型参数化设计与有限元数值模拟一体化的程序开发过程中，为便于工程技术人员使用，结合复杂断面型钢孔型参数化 CAD 二次开发模块，CAE 模块通过底层调用有限元软件前处理，实现了无须人工处理的三维 CAD 模型的构建；同时针对各道次轧辊和轧件等网格划分的参数化，通过底层调用有限元软件前处理，实现无须人工操作的后台分网，快速完成各道次轧制过程模型的网格划分；开发完成各孔型的相关 GUI 界面及程序，实现了各几何参数及网格尺寸的输入、修改、数值模拟前处理的底层调用、网格划分和模型输出，从而完成了不同规格尺寸孔型有限元网格的划分及相关边界条件的建立及修改。最终通过 CAE 模块功能，实现对型钢数值模拟的计算目标。

结合实际生产线的工艺布局及生产装备，需要将型钢全轧程进行切割、分段组合，分段后针对典型工艺特点建立了相应的数值模拟模块，将各模块整合到统一的 GUI 界面下，形成万能生产线全轧程热力耦合数值模拟系统。主要型钢数值模拟模块有二辊及多辊孔型轧制模块、三辊斜轧孔型模块、万能/半万能轧制模块、U-E 二机架连轧模块、U-E-U 三机架连轧模块、除鳞辊道、道次时间间隔、控制冷却等模块。同时，为了完成全轧程热力耦合数值模拟，针对轧制过程中轧件网格畸变的情况，开发了逆向软件构建数字化及温度映射模块，从而实现型钢结构几何形状与温度场的继承与传递。全轧程热力耦合数值模拟系统主要包括小型线、中型线和大型线三部分，该系统能够完成对多辊孔型高精度型钢的轧制工作。使用者可通过图形界面，查看相应的轧件尺寸、轧辊与轧件温度、辐射系数、水平辊与立辊等生产数据信息。

应用此开发系统实现了准确快捷地完成复杂断面型钢多规格产品的轧制过程数值计算模型的建立，并高效获得了型钢轧制全流程中轧件尺寸形状及物理场、力学性能参数等设备与工艺控制的关键技术数据与规律。

北京科技大学康永林等人分析研究了型钢轧制的数字化系统，该系统技术的核心是孔型系统设计与系列轧辊配辊及辊形加工。该系统的主要构成如图 5-25 所示。应用这一数字化系统，结合实际生产设备，采用分段组合法，进行全轧程热力耦合数值模拟系统分析，成功开发了百米重轨钢。模拟过程中典型道次模型如图 5-26 所示。此外，应用此系统还可进行复杂断面型钢产品的开发，图 5-27 所示是应用此系统开发的 160Ja 和 180Jb 叉车门架钢。

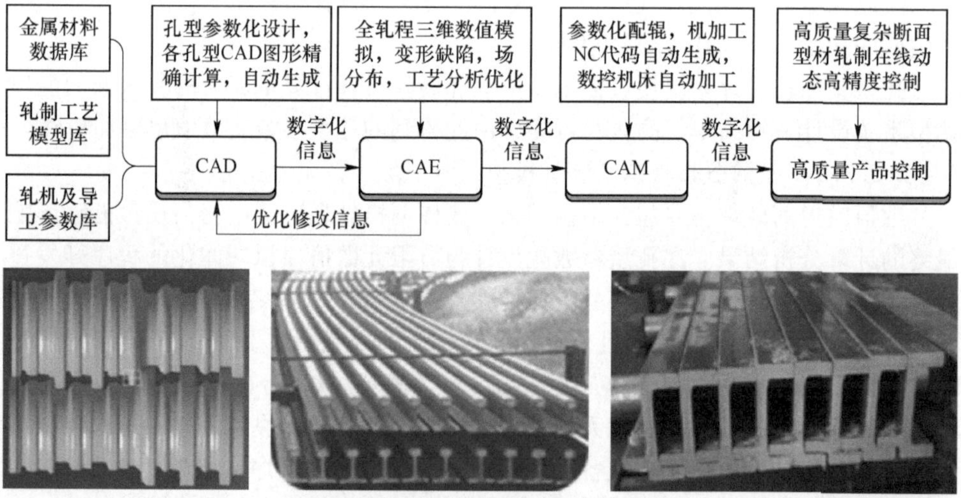

图 5-25　型钢轧制数字化系统示意图

彩图

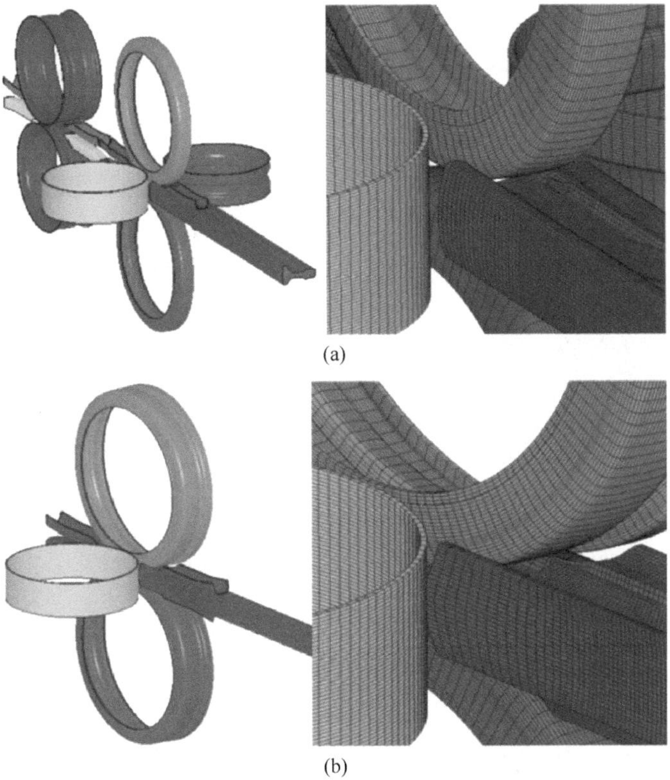

图 5-26 重轨钢典型轧制道次有限元模拟模型

(a) U_1E_{1-1}；(b) UF

图 5-27 应用型钢轧制数字化系统开发的叉车门架钢

攀钢集团陶功明等人针对单工序仿真存在的不足，通过捕捉模型拓扑关系特点，进行了温度继承、轮廓提取等关键技术的研究，开发了型钢全轧程仿真分析软件。单工序仿真分析在不考虑误操作的情况下前处理时间是全轧程仿真分析软件的 10 倍左右。单工序分析与现场实际结果相比，形状误差为 8%～10%，轧制力误差为35%～40%，全轧程仿真分析软件的形状误差为3%～5%，轧制力误差为5%～10%，图5-28展示了60 kg/m钢轨全轧程仿真分析结果与现场实际结果的比较。

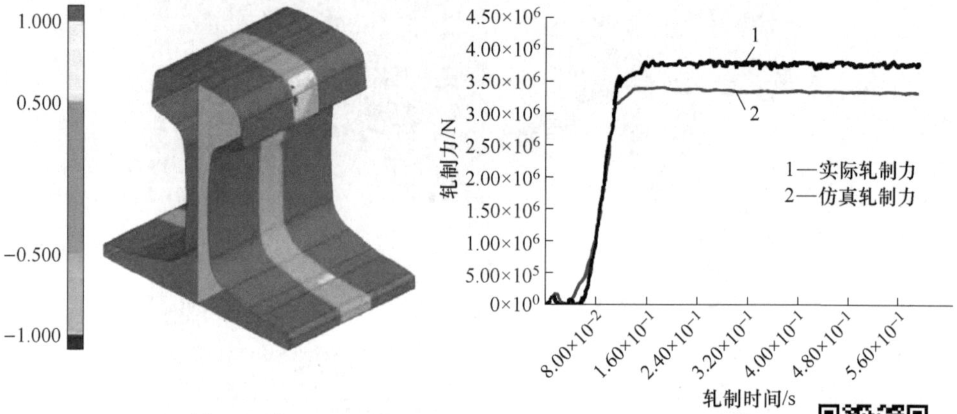

(a)　　(b)

图5-28　全轧程仿真分析结果与现场实际结果比较

（a）形状误差；（b）轧制力误差

彩图

5.3　高品质型钢成分—组织—工艺—性能一体化设计与调控实例

5.3.1　极地海洋平台用Q500 MPa级热轧H型钢成分调控

根据实际生产中的上万条H型钢实际生产数据，包括C、Si、Mn、Nb、V、Ti、N等合金元素的具体成分，对其进行数据清洗和挖掘，删除数据缺失值、重复值和空值，获得预处理后的数据集；随后根据H型钢的屈服强度对其进行分级，采用R语言中ggplot包对预处理数据进行密度曲线分布处理分析并绘图，得到不同合金元素与性能等级的密度分布图，其中注意需对强度等级进行因子化处理，所谓的因子即是R语言中的类别变量和有序类别变量。yrank（为yield rank缩写）代表屈服强度等级，如图5-29所示。

图5-29展示了H型钢中C、Si、Mn、Nb、V和Ti合金元素含量与屈服强度等级之间的密度分布关系，可以发现除了Mn元素以外，其他合金元素对屈服强度等级的区分度都很明显。屈服强度等级为1（>500 MPa）的型钢中，主要集中在C元素质量分数为0.16%～0.18%，Si元素质量分数为0.4%～0.5%，V元素质量分数为0.1%以上，并且不含有Nb和Ti元素。对于屈服强度等级为2

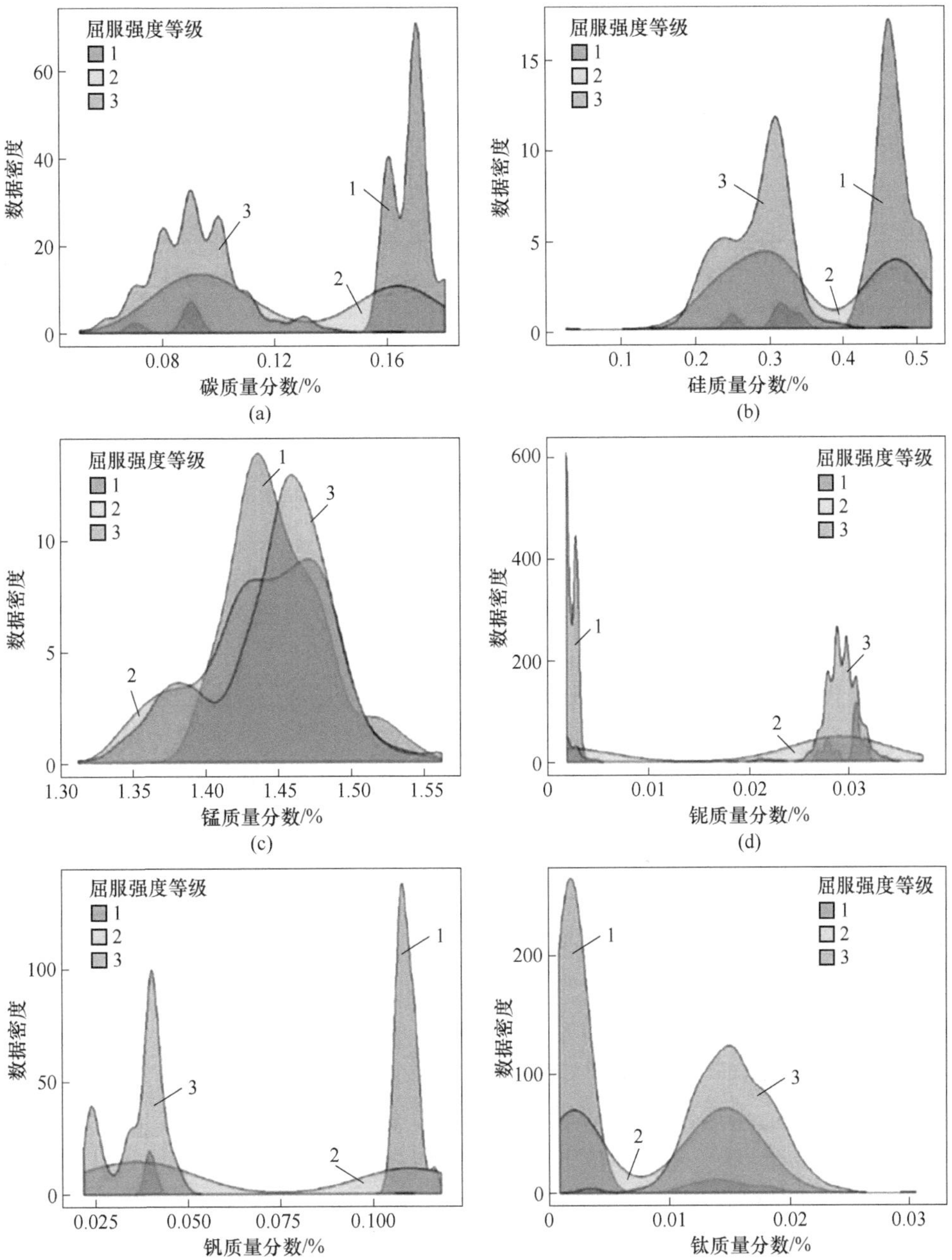

图 5-29 合金元素与屈服强度等级密度图

(a) 碳质量分数密度图；(b) 硅质量分数密度图；(c) 锰质量分数密度图；(d) 铌质量分数密度图；(e) 钒质量分数密度图；(f) 钛质量分数密度图

彩图

(450~500 MPa）的型钢中其元素含量呈现“驼峰型”，其中 w(C）主要在 0.09%~0.11%波动，Si 元素主要集中在 0.25%~0.30%和 0.45%~0.55%，V 元素主要分布在 0.025%~0.05%和 0.10%以上，Ti 元素主要分布在 0 和 0.015%~0.02%，这主要与现场生产情况不稳定有关系。

图 5-30 展示了 H 型钢中 C、Si、Mn、Nb、V 和 Ti 合金元素含量与抗拉强度等级之间的密度分布关系，可以观察到其大致与屈服强度等级密度分布图类似，其中可以发现 Mn 元素对抗拉强度等级区分并不明显，但是，C、Si、V 合金元素含量对强度等级区分十分明显，其规律与屈服强度随元素含量分布类似。

通过上述的密度分布图可以定性地了解单个元素含量波动对强度等级的影响关系以及不同强度等级中具体元素含量的大致范围，但是不能定量地确定元素种类和含量对强度等级的相关性。因此，进一步计算不同合金元素种类和性能之间的相关性，如图 5-31 所示，其中 qf 代表屈服强度，kl 代表抗拉强度，cj 代表冲击性能。

图 5-31 展示了不同元素和性能之间的相关性，从二维码里的彩图可以看到，蓝色代表正相关性，红色代表负相关性，正（负）相关性越大，颜色越深。从图中可以观察到，C、Si、V、Ti 元素对强度相关性显著，C 元素与屈服强度和抗拉强度的相关性系数分别为 0.68 和 0.87，Si 元素与屈服强度和抗拉强度的相关性系数分别为 0.78 和 0.91，V 元素与屈服强度和抗拉强度的相关性系数为 0.71 和 0.9，Ti 元素与屈服强度和抗拉强度呈负相关，分别为 -0.74 和 -0.83，其他合金元素与强度性能的相关性并不明显。可以发现，以上强度与各元素之间相关性的分析结果与金属学原理较一致，根据金属学原理，合金系统中 C、Si 元素主要起固溶强化作用。钢中的钒含量越高，在控轧控冷过程中析出的含 V 第二相粒子数量越多，析出强化效果越明显；而加入微量 Ti，在高温过程中可与钢中 N 结合形成 TiN 粒子，细化晶粒。另外，相较于 V 元素，Ti 更易与 N 结合形成析出物，因此导致冷却过程中铁素体基体中形成细小且弥散分布的 VN 数量较少，降低了析出强化贡献值，所以 Ti 与屈服强度为负相关。

对于冲击功，只有 Nb 和 Ti 元素与冲击功呈正相关，从金属学原理上分析，Nb 和 Ti 可在高温奥氏体区形成复合碳氮析出物，钉扎奥氏体晶界，细化晶粒，提高冲击功。而对于 C、Si、Mn、V 等元素，主要提高材料的强度，当材料的强度越高，其冲击功一般情况下会有所降低。

5.3.1.1　数据集 hat statistic 分析

由于现场数据采集设备故障或者其他人为因素，导致数据集中出现少部分离群点、高杠杆值点或者强影响值点，这部分数据在本书进行回归分析之前需要进行处理，一般采用剔除法将此类数据剔除或者采用数据集平均值或者中值替代，以降低这部分异常值对最终结果的影响。

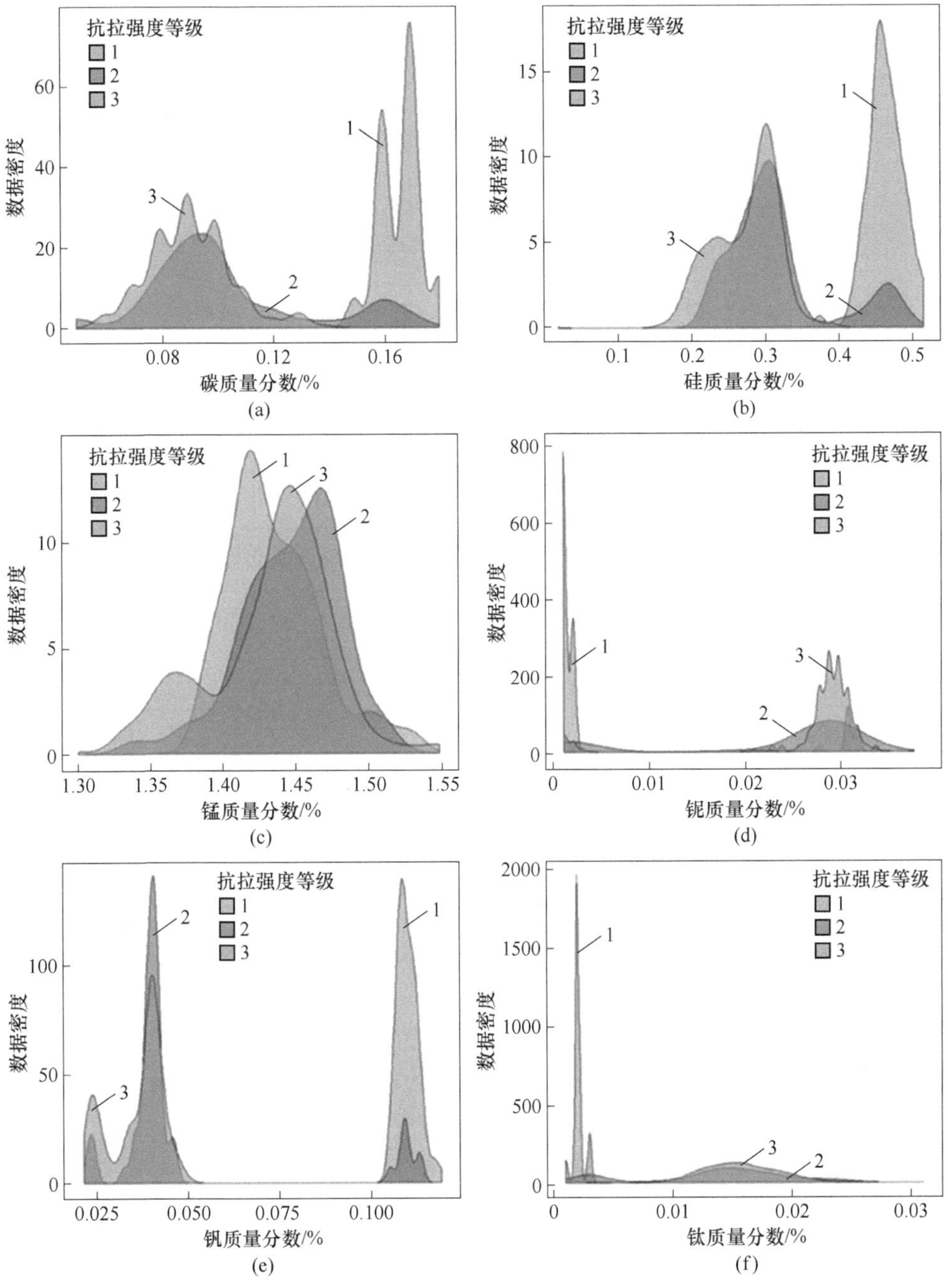

图 5-30 合金元素与抗拉强度等级密度图

(a) 碳质量分数密度图；(b) 硅质量分数密度图；(c) 锰质量分数密度图；(d) 铌质量分数密度图；(e) 钒质量分数密度图；(f) 钛质量分数密度图

彩图

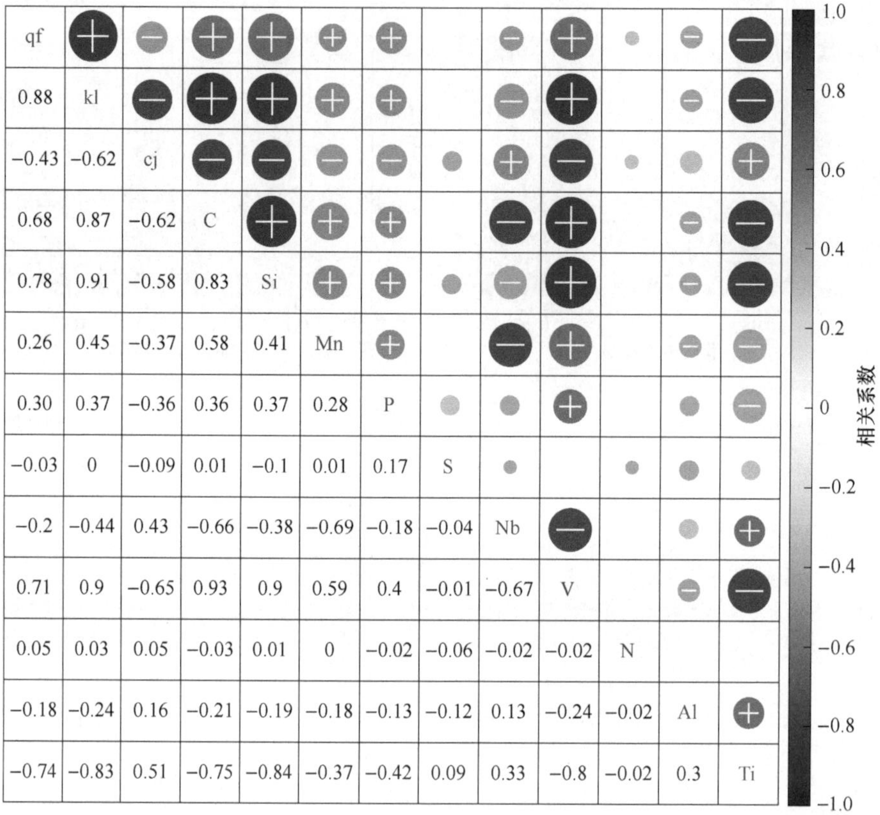

图 5-31　不同合金元素与性能之间的相关性

彩图

首先采用帽子统计量（hat statistic）对数据进行处理，该方法可剔除高杠杆值点，结果如图 5-32 所示。

从二维码里的彩图可以看出，上下两条红色虚线分别代表帽子均值两倍和三倍的位置，其中将高杠杆值点定义为帽子值大于平均值的二倍或者三倍的观测点，对最终模型的预测结果影响较大。在图中可采用 locator function 函数，以交互模式绘图单击超出帽子均值两倍以上的点，进行标注，并在数据中进行删除。

5.3.1.2　Cook distance 分析

根据定义，对模型参数估计值影响有些比例失衡的点即为强影响点，比如，当一个观测值删除后，模型的参数会发祥较大的变化，可认为该点为强影响点，为了模型的准确性和可解释性，需要把强影响点删除。一般检测强影响值采用 Cook 距离，当 Cook 距离大于 $4/(n\text{-}k\text{-}1)$，即为强影响点，其中 n 为数据集大小，k 为预测变量数目，最后结果如图 5-33 所示。

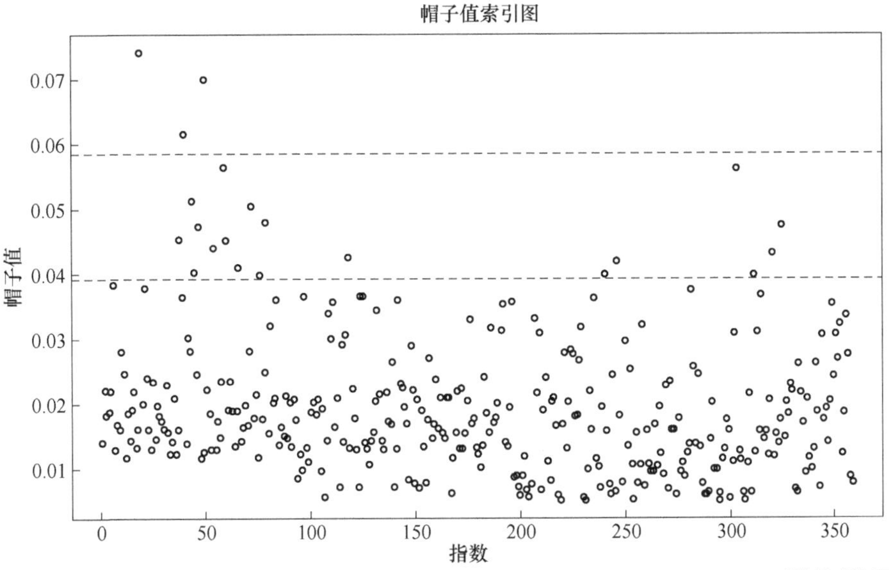

图 5-32 数据集中杠杆值点分布

彩图

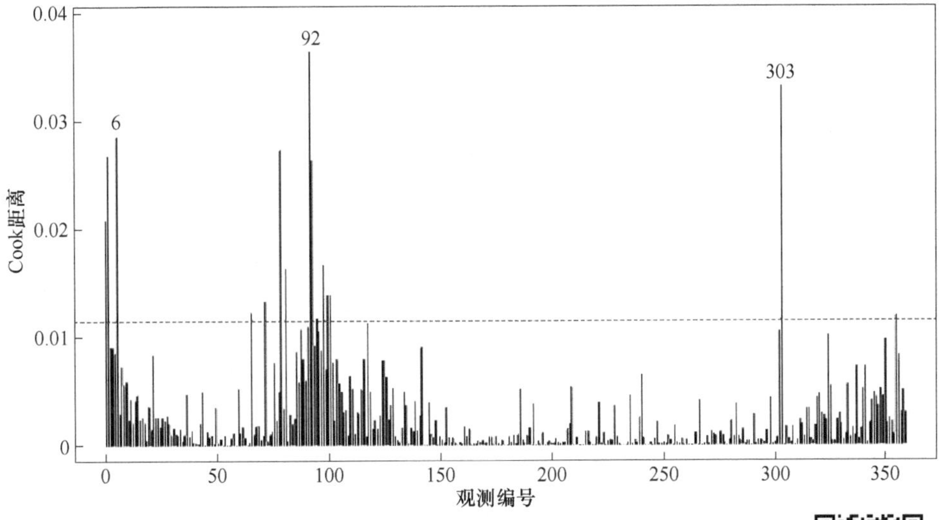

图 5-33 强影响点的 Cook 距离

彩图

其界面也是交互式的，可以移动鼠标确定强影响点的位置，如图 5-33 所示，观测点 6、92 和 303 是最强影响点，故将其删除。

5.3.1.3　力学性能模型构建

采用OLS回归拟合模型的形式进行力学性能预测模型的构建，其回归模型如式（5-2）所示。

$$\hat{Y}_i = \beta_0 + \beta_1 X_{1i} + \cdots + \beta_k X_{ki} \quad i = 1, \cdots, n \tag{5-2}$$

最终衡量模型精确度则采用残差平方和评价，即响应变量的真实值与预测值的差值最小，如式（5-3）所示。

$$\sum_{i=1}^{n} (Y_i - \hat{Y}_i)^2 = \sum_{i=1}^{n} (Y_i - \beta_0 + \beta_1 X_{1i} + \cdots + \beta_k X_{ki})^2 \tag{5-3}$$

式中　$\hat{Y}_i$——第 i 行对应的因变量的预测值；

X_{ki}——第 i 行数据对应的第 k 个变量值；

β_0——截距；

β_k——回归系数。

采用R语言导入已预处理数据集并且对数据进行回归分析，屈服强度和抗拉强度的预测模型如式（5-4）和式（5-5）所示。

$$\sigma_{\text{yield}} = 388.8 + 489.6\text{C} + 133.3\text{Si} - 2227.5\text{Ti} + 531.8\text{Nb} + 118 \tag{5-4}$$

$$\sigma_{\text{tensile}} = 386 + 619.5\text{C} + 145.5\text{Si} - 1217.3\text{Ti} + 506.2\text{Nb} + 1371.1\text{N} + 713.0\text{V} \tag{5-5}$$

式中　σ_{yield}——屈服强度，MPa；

σ_{tensile}——抗拉强度，MPa。

对屈服强度和抗拉强度预测模型中各变量的系数的 p 值进行统计，见表5-39，其中 p 值为结果可信程度的一个递减指标，即 p 值越小，说明样本中变量的关联是总体中各变量的可靠指标，一般情况下，$p < 0.001$ 水平下，人们就可以认为回归系数非常显著，即越可靠。

表5-39　模型中各元素系数的 *p* 值

元素	C	Si	Mn	Nb	V	Ti	N	截距
屈服	0.0009	0.0032	0.484	0.001	0.698	7.3×10^{-5}	0.003	2.56×10^{-9}
抗拉	9.9×10^{-8}	3.8×10^{-5}	0.798	1×10^{-4}	1.2×10^{-6}	4.8×10^{-3}	1.0×10^{-5}	5.2×10^{-14}

另外，屈服强度预测模型中 R 平方项为0.895，表明该模型解释了屈服强度89.5%的方差，而抗拉强度预测模型中 R 平方项为0.920，表明该模型解释了抗拉强度92.0%的方差。

5.3.1.4　回归诊断

对力学性能预测模型进行回归诊断，由于抗拉强度的 R 平方项大于屈服强度的 R 平方项，因此本书只对屈服强度进行回归诊断，其结果如图 5-34 所示。

从图 5-34(a) 中可以看到，残差与拟合图基本上为一条曲线，但是曲线的

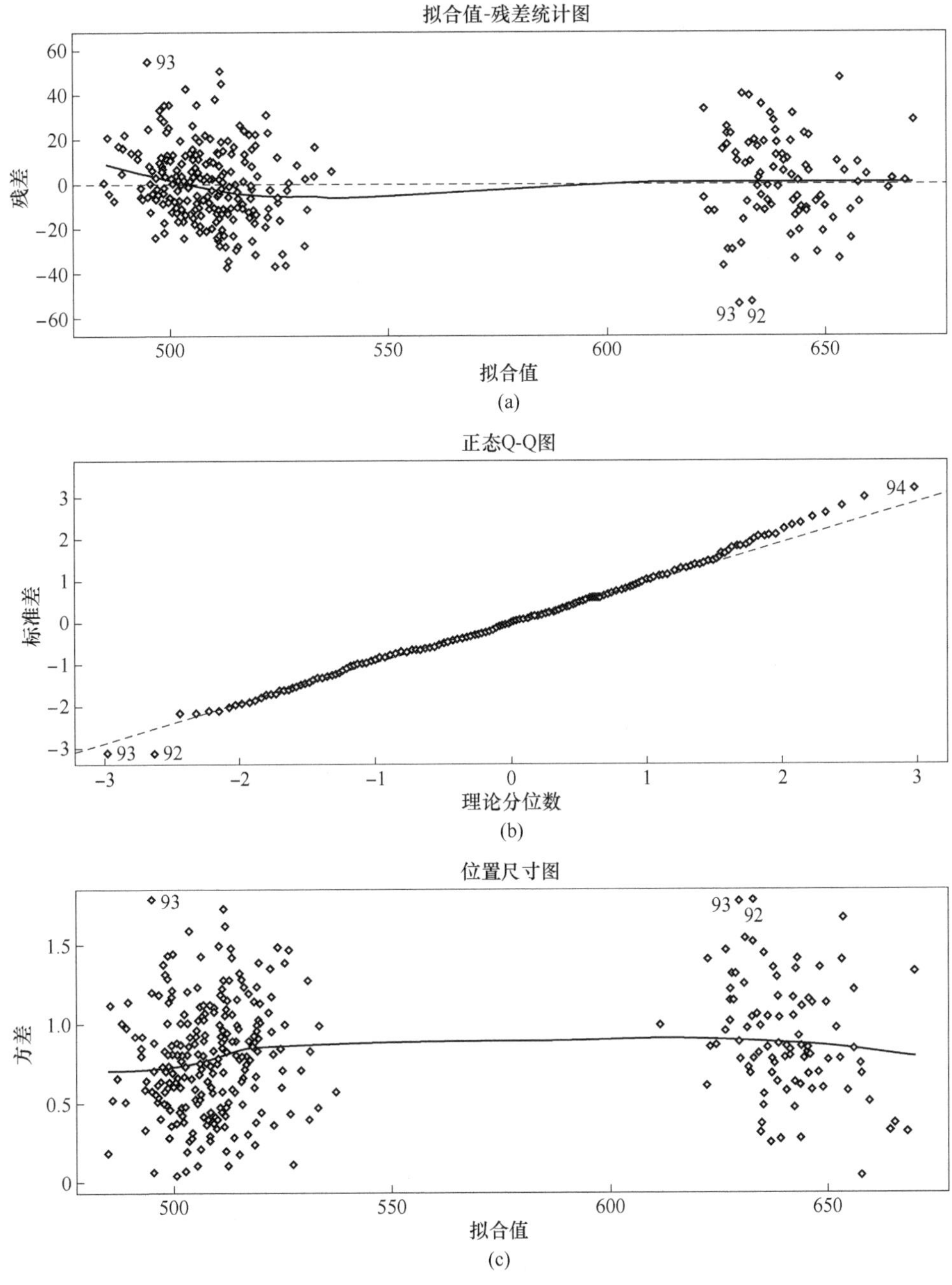

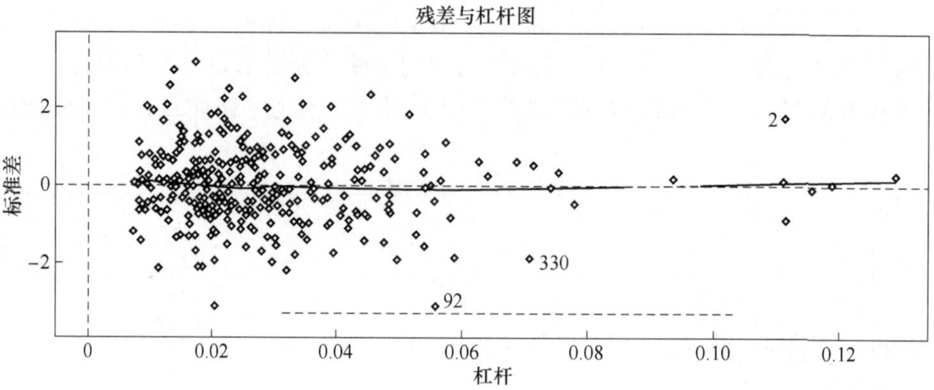

(d)

彩图

图 5-34　屈服强度预测模型的回归诊断图
（a）拟合值-残差统计图；（b）正态 Q-Q 图；
（c）位置尺寸图；（d）残差与杠杆图

弧度并不明显，这说明，人们只需采用一次项回归模型即可准确地预测力学性能，由二维码中的彩图可见，如果红色线条为一条明显的凸或者凹曲线，则表示需要在回归模型中加入一个二次项。在图 5-34（b）中，数据点基本分布在 45°直线上，说明满足正态假设。图 5-34（c）位置尺寸图中水平线上下附近的点随机分布，没有明显偏向上方或者下方，说明满足同方差性。图 5-34（d）中主要是鉴别离群点、高杠杆值点和强影响值点，从图中可以发现，经过 hat 值和 Cook 距离处理后，仍有少量离群点或者高杠杆值点，这是数据分析中不可避免的，最后的模型不可能达到 100% 准确度。

综上所述，表明屈服强度预测模型回归诊断良好，各指标都在合格范围内，可对 H 型钢的合金系统设计具有很好的指导意义。

最后，结合现场实际情况及力学性能预测模型，见式（5-4）和式（5-5），以及大量文献分析总结，制定了 Q500 MPa 级 H 型钢合金系统。最终制定的三种合金系统成分，见表 5-40。

表 5-40　试验钢合金系统及其预测性能

样品编号	w(C) /%	w(Si) /%	w(Mn) /%	w(Cr + Ni) /%	w(Ti + V + Nb) /%	σ_{yield} /MPa	$\sigma_{tensile}$ /MPa
1 号	0.17	0.29	1.59	≤0.7	≤0.2	492	610
2 号	0.168	0.31	1.60	≤0.7	≤0.2	503	620
3 号	0.169	0.32	1.64	≤0.7	≤0.2	492	610

对于3号合金系统，其不含Cr元素，主要是为了对比Cr含量对力学性能和屈强比的影响。

根据力学性能预测模型，可以发现由三个合金系统预测的屈服强度都达到490 MPa以上，略小于500 MPa，故在合金系统中再添加0.5% Cr元素和0.2% Ni元素，以提高其屈服强度和抗拉强度；另外，由于该H型钢用于海洋环境中，添加适当含量的Ni和Cr元素，可以提高H型钢的耐海洋环境腐蚀能力。钢中加入$80\times10^{-6}\sim110\times10^{-6}$氮元素，主要作用是与Ti、Nb、V形成第二相粒子，达到细晶强化和析出强化的作用。

5.3.1.5 合金系统JMatPro分析

根据上述所制定的合金系统，采用JMatPro软件计算不同合金系统的热力学相关参数，主要目的在于获得不同合金系统的相种类、析出物析出开始时间、析出结束时间、析出含量以及析出各元素含量和种类，可为人们制定加热制度和轧制工艺提供参考依据。

采用JMatPro计算了三种合金系统的性质图，其中包括铁素体、奥氏体和液相含量随温度的变化图，析出物MN和M(C,N)质量分数随温度的变化图，M(C,N)中各原子占比随温度的变化图以及MN中各原子占比随温度的变化图，分别如图5-35～图5-37所示。对比1和2合金系统，发现0.025% Nb含量对A_{r_3}和A_{r_1}几乎没有影响，分别为801 ℃和680 ℃；但是降低Cr的含量，则扩大了两相区，3合金系统的A_{r_3}和A_{r_1}分别为811 ℃和670 ℃。

对于合金系统1，析出物M(C,N)和MN的开始析出的温度分别为850 ℃和1483 ℃，如图5-35(b)所示。对于析出物M(C,N)，开始析出时主要以V(C,N)形式析出，析出温度范围为800～850 ℃，如图5-35(c)所示，随着温度的降低，VC以两种形式析出，相间析出和一般析出，其中一般析出为VC在过饱和铁素体基体中弥散析出，此时析出的温度较低，一般低于700 ℃；而相间析出主要在移动的铁素体和奥氏体相界处析出，析出温度较高，且形成速率与相界移动速度有关，当相界移动速度过大，不会出现相间析出。对于析出物MN，初始析出类型为液析TiN，该类析出物尺寸较大，且呈方形，具有一定的细化晶粒作用。随着温度的降低，逐渐以(Ti,V)N复合形式析出，一般情况下，心部是TiN，而表面是VN，如图5-35(d)所示。

对于2号合金系统，加入了0.025%的Nb元素，析出物M(C,N)和MN开始析出的温度分别为1168 ℃和1483 ℃，如图5-36(b)所示。对于析出物M(C,N)，如图5-36(c)所示，在877～1168 ℃，主要以NbC形式存在，这部分析出物尺寸较大，析出强化作用有限；当温度低于877 ℃时，析出物主要以VC的形式存在。对于析出物MN，其原子占比与1号合金系统趋势类似，

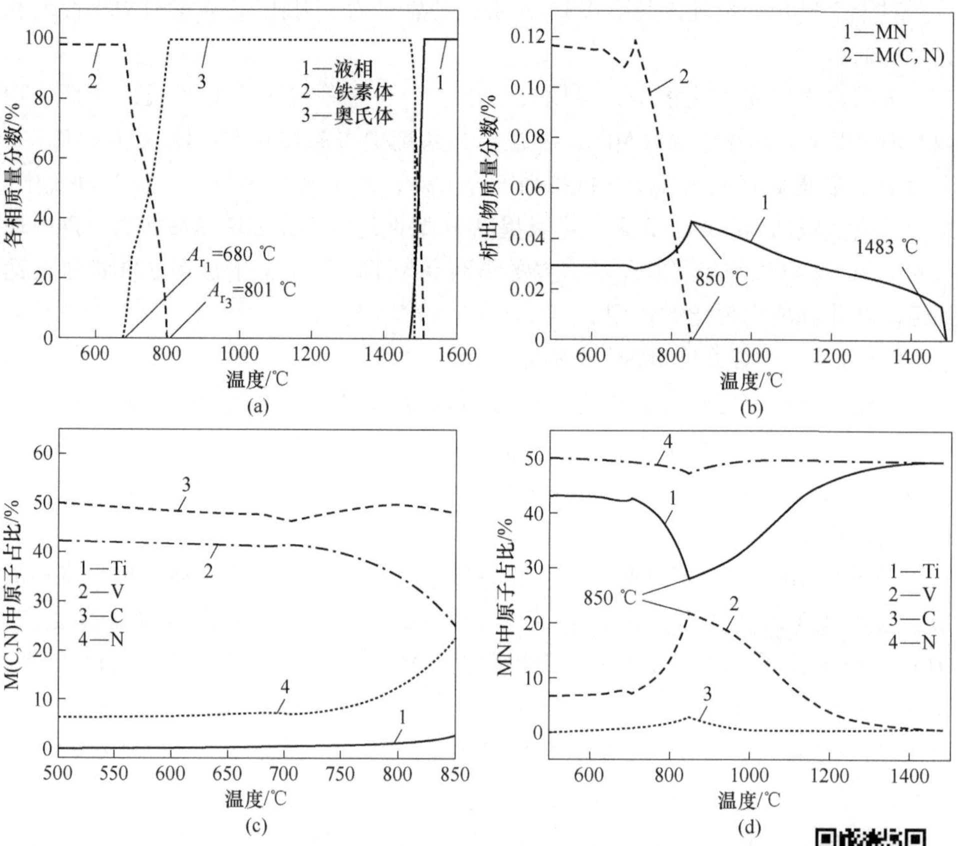

彩图

图 5-35　1 号合金系统性质图

（a）奥氏体、铁素体和液相含量随温度的变化；（b）析出物 MN、M(C,N) 含量随温度变化；（c）M(C,N) 中原子占比随温度变化；（d）MN 中原子占比随温度变化

但是相较于 1 号合金系统，其 V 原子占比最大值的温度有所提高，从原先的 850 ℃提高至 885 ℃，主要原因是 Nb 元素的加入在某种程度上可促进 V 元素的析出。当温度降低至 704 ℃时，析出物中原子占比稳定，复合析出物为 $(Ti_{0.4}V_{0.1})N$。对于 3 号合金系统中没有添加 Cr 元素，主要是对铁素体和奥氏体开始温度有影响，对析出无明显的影响，其析出规律与 2 号合金系统一致，如图 5-37 所示。

5.3.2　球扁钢中纳米相的析出及性能调控

为探究实际生产的 AH36 球扁钢球头、腹板析出差异，对球扁钢球头、腹板进行电解化学相分析，探究其在实际生产过程中的差异性，进一步探究其在球

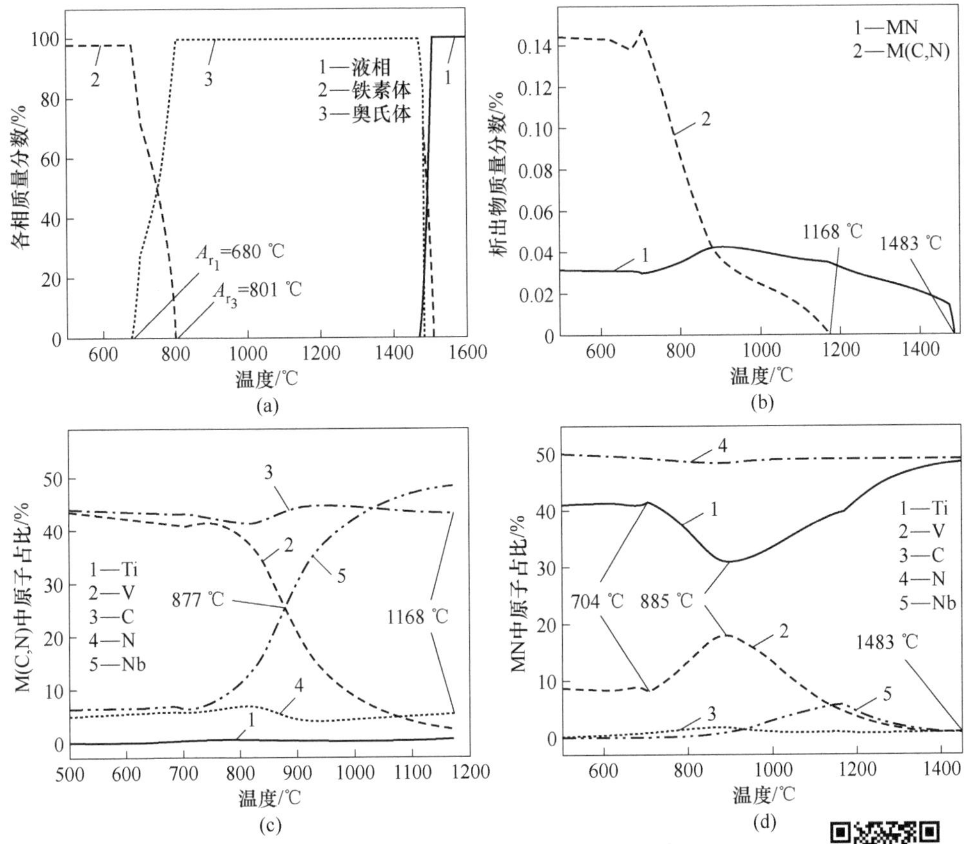

图 5-36 2 号合金系统性质图

（a）奥氏体、铁素体和液相含量随温度的变化；（b）析出物 MN、M(C,N) 含量随温度的变化；（c）M(C,N) 中原子占比随温度的变化；（d）MN 中原子占比随温度的变化

彩图

头、腹板所起的作用。

首先针对球头的析出进行分析。

M_3C 相中各元素占合金的质量分数见表 5-41。

表 5-41 M_3C 相中各元素占合金的质量分数 （%）

Fe	Mn	Cr	Cu	Ni	Mo	C *	N	总和
2.0972	0.0839	0.0037	0.0029	0.0015	0.0001	0.1544	0.0031	2.3469

M_3C 相组成结构式：$(Fe_{0.95736}Mn_{0.03894}Cr_{0.00182}Cu_{0.00117}Ni_{0.00067}Mo_{0.00004})_3(C_{0.9830}N_{0.0170})$。

硫化物中各元素占合金的质量分数见表 5-42。

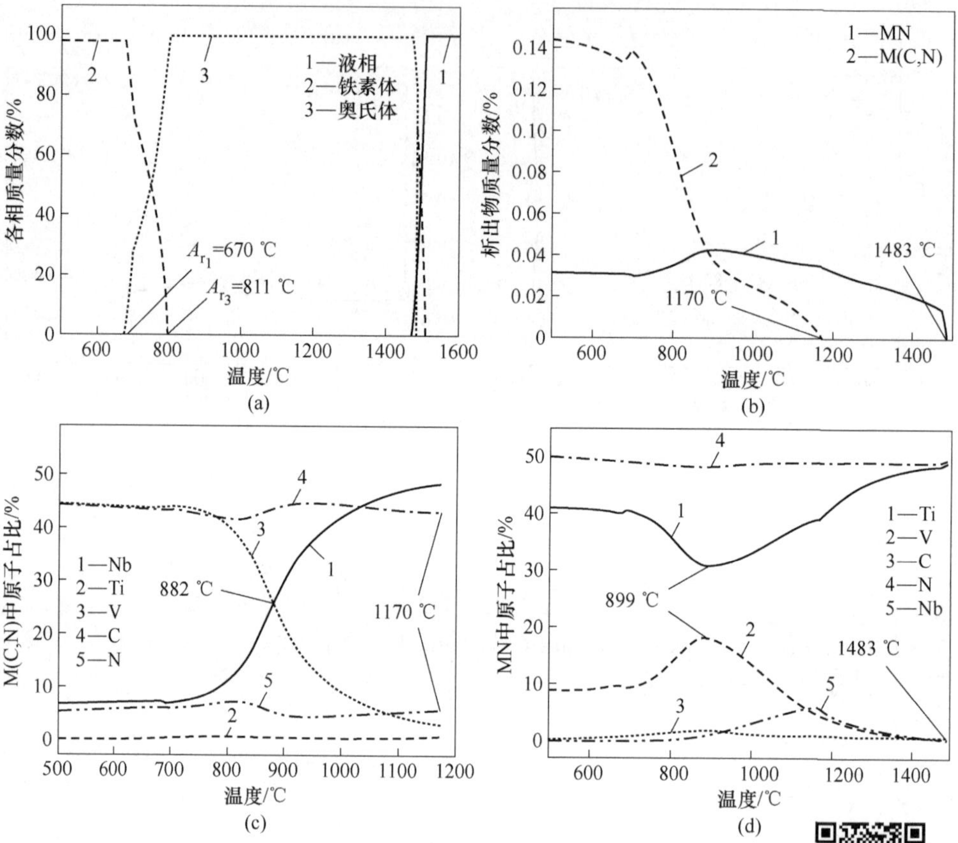

彩图

图 5-37　3 号合金系统性质图

(a) 奥氏体、铁素体和液相含量随温度的变化；(b) 析出物 MN、M(C,N) 含量随温度的变化；(c) M(C,N) 中原子占比随温度的变化；(d) MN 中原子占比随温度的变化

表 5-42　硫化物中各元素占合金的质量分数　(%)

Ca	Mn	S	总和
0.0012	0.0059	0.0044	0.0115

MN 相中各元素占合金的质量分数见表 5-43。

表 5-43　MN 相中各元素占合金的质量分数　(%)

Nb	Ti	Mo	Cr	N	总和
0.0069	0.0031	0.0001	0.0001	0.0020	0.0122

AlN 相中各元素占合金的质量分数见表 5-44。

表 5-44 AlN 相中各元素占合金的质量分数 (%)

Al	N	总和
0.028	0.0015	0.0295

在此球扁钢中，Nb 元素的总质量分数为 0.014，通过计算可以得出，在球扁钢球头中 Nb 元素只析出了 49% 左右，析出率较低，进一步调控 Nb/N 比可提升其析出率。

针对腹板位置析出进行分析。

M_3C 相中各元素占合金的质量分数见表 5-45。

表 5-45 M_3C 相中各元素占合金的质量分数 (%)

Fe	Mn	Cr	Cu	Ni	Mo	C *	N	总和
2.1473	0.0826	0.0035	0.0034	0.0013	0.0001	0.1583	0.0026	2.3991

M_3C 相组成结构式：$(Fe_{0.95893}Mn_{0.03749}Cr_{0.00167}Cu_{0.00133}Ni_{0.00054}Mo_{0.00004})_3(C_{0.9830}N_{0.0141})$。

硫化物中各元素占合金的质量分数见表 5-46。

表 5-46 硫化物中各元素占合金的质量分数 (%)

Ca	Mn	S	总和
0.0012	0.0068	0.0049	0.0129

MN 相中各元素占合金的质量分数见表 5-47。

表 5-47 MN 相中各元素占合金的质量分数 (%)

Nb	Ti	Mo	Cr	N	总和
0.0077	0.0031	0.0001	0.0001	0.0021	0.0131

AlN 相中各元素占合金的质量分数见表 5-48。

表 5-48 AlN 相中各元素占合金的质量分数 (%)

Al	N	总和
0.0031	0.0016	0.0047

在此球扁钢中，Nb 元素的总质量分数为 0.014，通过计算可以得出，在球扁钢腹板中 Nb 元素只析出了 55% 左右，比球头析出率高，进一步调控 Nb/N 比可提升其析出率；同时再调控其他因素，如温度，可缩小因析出而导致的球头与腹板的强度差异。

Nb 的析出率相对较低，需进一步调控合适的 Nb/N 比，提高其析出率，因此进一步针对 Nb/N 进行研究。同时，腹板位置的析出量略高于球头位置，主要是因为腹板变形量大于球头位置，使得形变诱导相变，更有利于第二相析出。

选择 5 块不同 Nb/(C + N) 比的球扁钢进行析出情况分析，1 号 Nb/(C + N) 比为 0.0102，2 号 Nb/(C + N) 比为 0.0169，3 号 Nb/(C + N) 比为 0.0211，4 号 Nb/(C + N) 比为 0.0290，5 号 Nb/(C + N) 比为 0.0278。如图 5-38 所示，针对成分处于低 N 状态的 1 号、2 号钢进行分析，1 号的析出量明显少于 2 号的析出，随着 Nb 含量的提升，其基体中的 Nb(C,N) 析出量逐渐提升。

析出相颗粒透射电镜观察结果如图 5-38 所示。

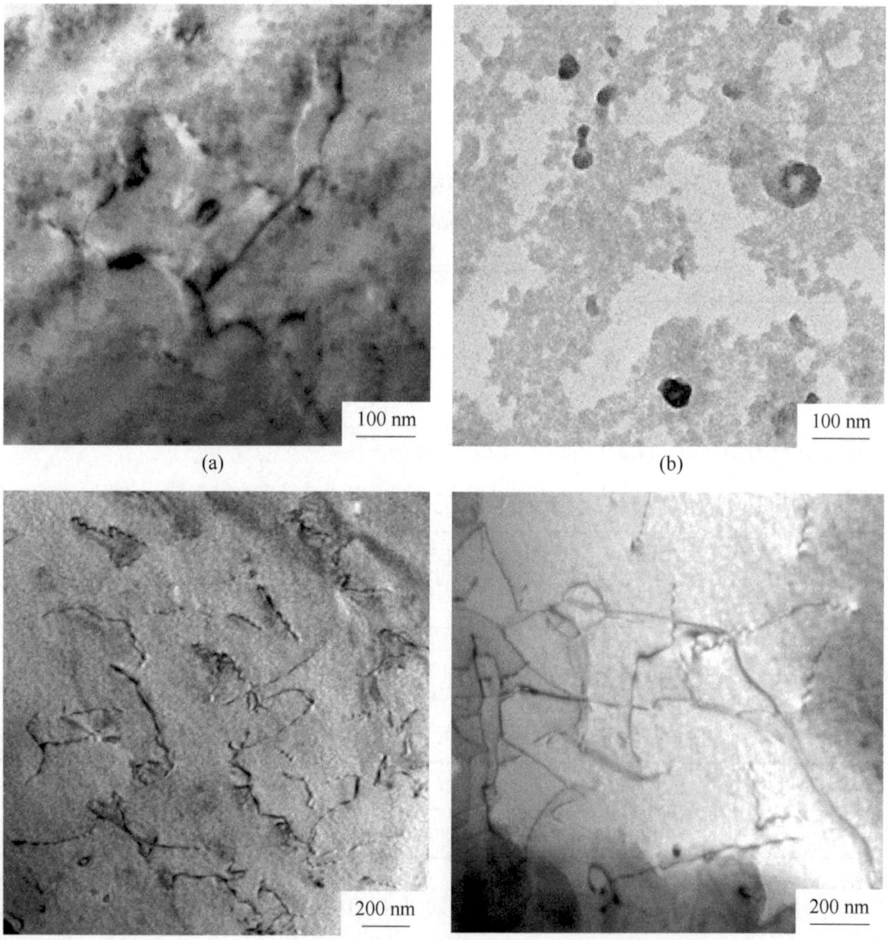

(a)　(b)
(c)　(d)

图 5-38　析出相颗粒透射电镜观察结果

(a)（c）1 号钢；(b)（d）2 号钢

随着 N 含量、Nb 含量的提高，析出含量明显增多，存在圆形、方形的析出。析出相颗粒分布情况的透射电镜观察结果如图 5-39 所示。

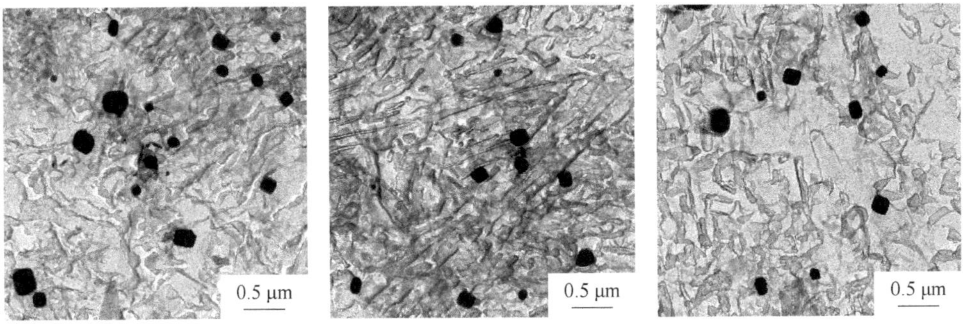

(a) (b) (c)

图 5-39 析出相颗粒分布情况的透射电镜观察结果
(a) 3 号钢；(b) 4 号钢；(c) 5 号钢

对于高 Nb、高 N 的状态下的 3 号和 4 号钢，3 号钢的 Nb/(C+N) 低于 4 号钢，Nb/(C+N)的提升使析出量相对增多。在高 Nb、高 N 的状态下，Nb/(C+N) 的提升，提升了材料的析出状态，进一步消耗了 N 元素，使得其冲击性能有一定的提升。

针对 4 号、5 号进行对比分析，在高 Nb、高 N 的状态下，对比 4 号、5 号，5 号平均的析出尺寸相对较小。在高 Nb、高 N 的状态下，Nb/(C+N) 的降低，其强度有所提升，主要原因如下。

在 3 号、4 号、5 号中，由于 Nb 含量较高，当到达 1200 ℃时，未到达其全固溶温度，在保温过程中，部分 Nb(C,N) 未固溶，并持续性长大，因此，3 号、4 号、5 号中存在尺寸大于 200 nm 的析出物，这些大尺寸析出物的析出强化作用甚微。

Nb 在奥氏体中的过饱和度随着 Nb 含量的增加而增加，因此，析出的驱动力增加，固溶的 Nb(C,N) 从奥氏体中大量析出，此时的析出尺寸为 50 ~ 100 nm，起到细化晶粒的效果。

针对其析出位置进行观察，其析出位置如图 5-40 所示。

如图 5-40 所示，为析出相与晶界及位错之间的关系，第二相多在晶界、位错线上析出，位错、晶界的出现，进一步为第二相析出提供了形核位置，更有利于第二相的析出。

Nb/(C+N) 的提升，有利于细化晶粒尺寸，促进第二相粒子在晶界、位错线上析出。对于不同 Nb/(C+N) 条件下，析出尺寸、析出量均有影响，同时 N

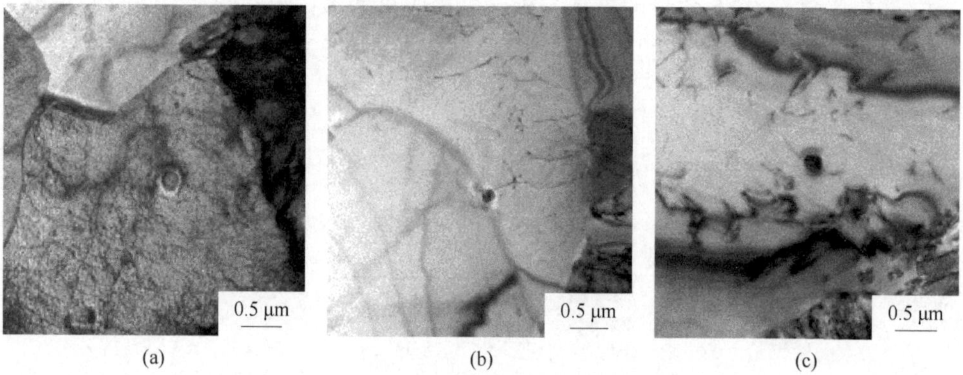

图 5-40　析出相析出位置透射电镜观察结果
(a) 3 号钢；(b) 4 号钢；(c) 5 号钢

的提升，使得材料冲击性能有所下降，但伴随 Nb 的提升，材料的性能也有所提升。当处于低 N 状态时，Nb/(C+N) 为 0.0169 时，冲击性能相对较好；当处于高 Nb、高 N 时，Nb/(C+N) 比为 0.0278 左右时，其强度性能相对较好。

针对 1 号～5 号钢力学性能及冲击性能进行测试，性能测试结果见表 5-49。

表 5-49　性能测试结果

试样号	R_{eL}/MPa	R_m/MPa	A/%	KV/J			KV_{ave}/J	备　注
1 号	405	574	33	98	98	—	98	10 mm×5 mm×55 mm (−20 ℃)
2 号	448	598	31	89	91	—	90	
3 号	438	607	30	59	55	70	61	
4 号	444	596	33	67	65	68	67	
5 号	462	631	28	81	72	70	74	

对于 1 号～5 号钢，其 Nb 元素的质量分数从 0.012% 逐渐增加到 0.036%，随着 Nb 含量的增加，其屈服强度呈现上升趋势。与含 N 量较高的材料相比，含 N 量较低的材料冲击性能较高。

5.3.3　工字钢成分—组织—工艺协同调控

5.3.3.1　成分及性能调控

对从昆钢搜集的工字钢实际生产数据中各主要相关元素的含量与其对应的零度冲击功进行了统计分析，以期望获得两者之间存在的联系。

如图 5-41 所示，将不同规格工字钢合格与不合格试样中的每种元素含量进行统计以及平均处理，得到每种工字钢合格与不合格产品中的元素控制结果，从中将有分析意义和对应关系的元素统计进行 origin 分析。从图中可以发现，抗震率合格的工字钢中 C、Mn、S、P 四种元素的含量基本上都低于不合格产品的相应含量，因此在实际生产中将上述合金元素控制在偏下限时，更有利于抗震率的改善。

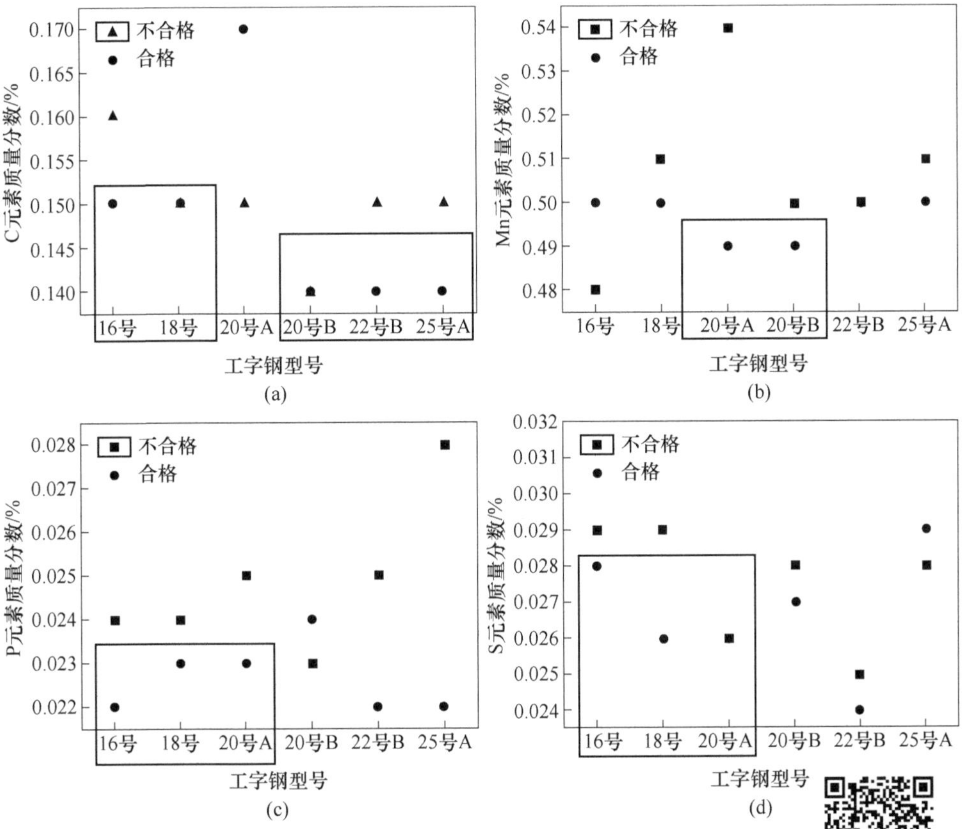

图 5-41 工字钢主要元素含量与零度冲击功的关系

(a) C 元素；(b) Mn 元素；(c) P 元素；(d) S 元素

彩图

通过统计分析，发现 C 元素随零度冲击功的变化趋势更为明显，对 C 元素做进一步的研究分析，可以发现，随着 C 含量的降低，零度冲击功基本上都在 34 J 以上，满足国标的要求，且减少 C 含量，也有益于降低 Q235 工字钢屈服强度过高的问题，故本书建议将 C 质量分数控制在 0.12% 以下。

不同型号工字钢合格与不合格产品 C 含量统计图如图 5-42 所示。

对现场采集的数据进行数据分析，通过调用 Python 中特定算法计算相关系数

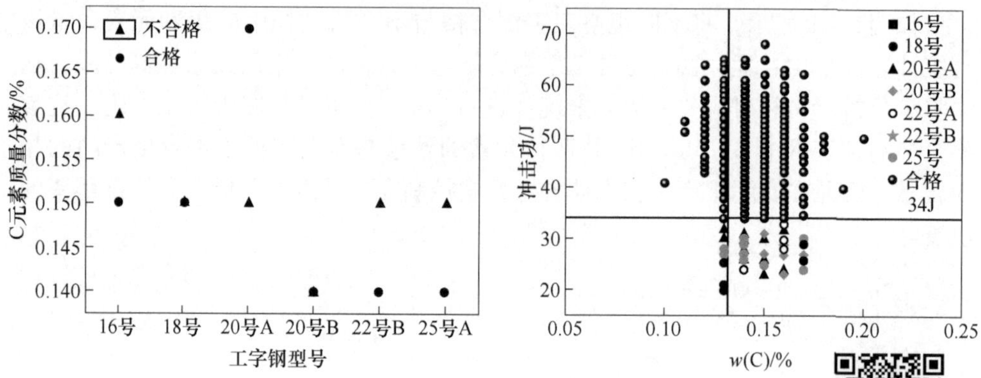

图 5-42　不同型号工字钢合格与不合格产品 C 质量分数统计图

彩图

矩阵，得到合金元素与零度冲击功之间的相关性强弱，可以看出，C 元素与工字钢的零度冲击功波动相关性最强，且成反比，也就是说随着 C 含量的升高，型钢的零度冲击功随之降低。

工字钢合金元素与零度冲击功相关性图如图 5-43 所示。

```
C        -0.447981
Si       -0.092084
Mn       -0.159169
S         0.034871
P        -0.078012
Ni       -0.012684
Cr       -0.002821
Cu       -0.056704
V        -0.066434
Mo        0.002539
Ceq      -0.445908
冲击功    1.000000
Name：冲击功，dtype：float64
```

```
C        -0.349810
Si       -0.140356
Mn       -0.100573
S         0.037100
P        -0.029288
Ni        0.018480
Cr        0.039473
Cu       -0.017293
V        -0.014716
Mo        0.019999
Ceq      -0.339780
冲击功    1.000000
Name：冲击功，dtype：float64
```

```
C        -0.402555
Si       -0.128170
Mn       -0.127935
S         0.025559
P        -0.053758
Ni       -0.001544
Cr        0.037598
Cu        0.022896
V        -0.041128
Mo        0.015474
Ceq      -0.394089
冲击功    1.000000
Name：冲击功，dtype：float64
```

图 5-43　工字钢合金元素与零度冲击功相关性图

利用上述方法，还可以得到合金元素与屈服强度之间的相关性强弱，可以看出，利用此种算法计算获得的合金元素与屈服强度的相关性较弱，且存在波动，可以看出，C、Si、Mn 以及 V 的相关性相对较强，且成正比，说明随着这四种元素含量的提高，屈服强度是呈升高趋势的。左侧计算样本数共 1290 个，而 12 月份样本数共 218 个，对于本身波动性较大的 V 元素来说，因此左侧的相关性更强，更可靠。

工字钢合金元素与屈服强度相关性图如图 5-44 所示。

利用 Python 的 pandas 数据库，获得了全部规格及不同规格的各元素含量与

```
C          0.136659
Si         0.169062
Mn         0.164816
S          0.036215
P          0.079284
Ni         0.013495
Cr         0.001538
Cu        −0.055039
V          0.163421
Mo        −0.038060
B          0.038989
Ceq        0.166881
屈服强度    1.000000
试样温度    0.260995
Name：屈服强度，dtype：float64
```

```
C          0.095377
Si         0.112085
Mn         0.118574
S          0.065233
P          0.072375
Ni        −0.007926
Cr        −0.021067
Cu         0.113335
V          0.093996
Mo         0.013307
B          0.046233
Ceq        0.119481
屈服强度    1.000000
试样温度    0.267806
Name：屈服强度，dtype：float64
```

图 5-44　工字钢合金元素与屈服强度相关性图

R_{eL}和A_{kV}的相关系数（从二维码中的彩图可以看出，图中数值背景的颜色越深，表示正相关系数越大；颜色越浅，表示负相关系数越大），如图 5-45 所示。从图中可以看出与屈服强度和零度冲击功相关性较强的三种元素分别为 C、Mn 和 V 元素，而且三种元素对屈服强度和零度冲击功的相关性影响成反比，即随着 C、Mn 和 V 元素的降低，工字钢的屈服强度随之降低，而其零度冲击功则随之升高，这也符合对性能改善的需求。

规格		元素										
		w(C)/%	w(Si)/%	w(Mn)/%	w(S)/%	w(P)/%	w(Ni)/%	w(Cr)/%	w(Cu)/%	w(V)/%	w(Mo)/%	w(Ceq)/%
所有规格/mm×mm×mm×mm	R_{eL}	0.18	0.15	0.18	0.02	0.008	−0.03	−0.03	−0.02	0.16	−0.09	−0.04
	A_{kV}	−0.45	−0.1	−0.16	0.04	−0.09	−0.01	−0.006	−0.05	−0.07	0.003	−0.11
1140×80×5.5×9	R_{eL}	0.11	−0.1	−0.05	0.18	0.27	0.25	0.37	−0.04	0.33	0.07	0.13
	A_{kV}	−0.25	0.02	0.05	0.02	−0.12	−0.12	−0.12	−0.002	−0.18	−0.17	−0.24
1160×88×6×9.9	R_{eL}	0.06	0.012	0.26	−0.1	0.09	0.05	0.26	0.14	0.2	0.03	0.17
	A_{kV}	−0.16	−0.03	−0.25	0.07	−0.13	0.17	0.01	−0.07	−0.12	0.12	−0.2
1180×94×6.5×10.7	R_{eL}	0.46	0.35	0.1	−0.14	−0.36	−0.06	−0.07	0.56	−0.2	−0.14	0.01
	A_{kV}	−0.12	−0.08	−0.07	−0.21	−0.03	0.02	−0.01	−0.1	0.37	0.05	0.46
1200×102×9×11.4	R_{eL}	0.17	0.18	0.13	−0.15	−0.07	−0.2	−0.2	−0.09	0.006	0.1	0.18
	A_{kV}	−0.12	−0.13	−0.3	0.17	−0.16	−0.01	−0.1	0.016	−0.14	−0.08	−0.2
1220×112×9.5×12.3	R_{eL}	0.014	0.2	0.31	0.03	0.24	−0.1	0.12	−0.03	0.29	−0.26	0.13
	A_{kV}	−0.18	−0.2	−0.39	−0.09	−0.29	−0.12	−0.17	−0.19	−0.43	0.04	−0.32
1250×116×8×13	R_{eL}	−0.007	0.07	0.31	0.04	0.13	−0.45	0.045	−0.19	0.24	−0.38	0.14
	A_{kV}	−0.29	0.3	0.47	−0.2	−0.17	0.17	0.31	0.12	0.2	0.13	−0.11
1250×118×10×13	R_{eL}	0.2	−0.16	−0.19	−0.47	−0.29	0.17	−0.44	0.01	−0.13	−0.06	0.05
	A_{kV}	−0.09	0.12	0.26	0.09	0.37	0.03	0.32	−0.15	0.22	−0.29	0.05

图 5-45　不同规格工字钢合金元素与屈服强度和零度冲击功相关性图

彩图

将采集数据进行归一化处理，利用皮尔逊相关系数算法得到不同合金元素与屈服强度和零度冲击功之间的相关性关系，见表 5-50。从表中可以看出，C 元素与两种性能的相关性最强，与屈服强度的相关性系数为 0.423，与零度冲击功的相关性系数为 -0.559，因此通过降低 C 元素含量能够在一定程度上减少工字钢的屈服强度，提高其零度冲击功。

表 5-50　皮尔逊算法计算相关系数结果

性能	C	Si	Mn	S	P	Ni	Cr	V
R_{eL}	0.423	0.225	-0.309	-0.062	-0.314	-0.090	-0.201	0.154
A_{kV}	-0.559	-0.013	-0.135	-0.130	0.121	-0.037	0.305	-0.083

5.3.3.2　加热制度调控

对 230 mm×230 mm 断面铸坯的轧制参数进行现场调研，得到表 5-51 所示的 230 mm×230 mm 断面铸坯的实际加热制度。基于表中工艺参数分析，可以从以下方面进行改进。

（1）预热段的炉内温度较高，几乎与加热段和均热段的温度持平，这体现不出将加热炉分成三部分的意义；而热送铸坯占比约为 24%，热送温度为 700 ℃，绝大部分坯料是冷装，预热段温度过高，不仅浪费能源，而且也很难使坯料温度内外一致，这将会对后续的产品性能造成影响。通过理论计算、参考相关研究成果以及现场实际，建议将预热段温度保持为 840～860 ℃。

（2）预热段和均热段的时间分配并不合理，预热段时间较长，均热段时间较短，建议可以将预热段时间缩短为 0.5 h，而加热段的时间延长到 1.3 h，这样更能发挥出各段的作用。

（3）加热段的预定温度过高，一般来说，在保证铸坯烧透、烧均匀及后续的轧制力不超过设备力能参数的前提下，提高加热温度目的是使铸坯中的第二相粒子充分固溶，并降低元素的偏析缺陷。Q235 工字钢为普碳钢，其合金体系比较简单，并未添加较高的合金元素，因此加热段炉膛温度可降低至 1200 ℃。

230 mm×230 mm 断面铸坯建议的加热制度见表 5-51。

表 5-51　230 mm×230 mm 断面铸坯实际及建议的加热制度（实际/建议）

温度段	温度/℃	时间/h
预热段	1100～1150/840～860	1.0/0.5
加热段	1240～1270/1200	1.0/1.0
均热段	1150～1170/1150～1170	0.8/1.3

基于 ABAQUS 有限元模拟软件，对 230 mm×230 mm 断面钢坯炉内加热过程进行了模拟。调控前针对 230 mm×230 mm 断面钢坯采用的加热方案为：预热段 1100～1150 ℃，时间 1 h；加热段 1240～1270 ℃，时间 1 h；均热段 1150～1170 ℃，时间 0.8 h。钢坯为长方体轴对称图形，为了提高计算效率，建立 1/4 钢坯的几何模型。图 5-46 为该加热方案下通过有限元模拟得到的 230 mm×230 mm 断面钢坯心部与外层温度分布云图，图 5-47 为该加热方案下钢坯心部与外层温度随时间变化的曲线。从图中可以看出，钢坯在经过该方案下的 2.8 h 加热后，心部温度与外层温度相差很小，在 10 ℃以内。

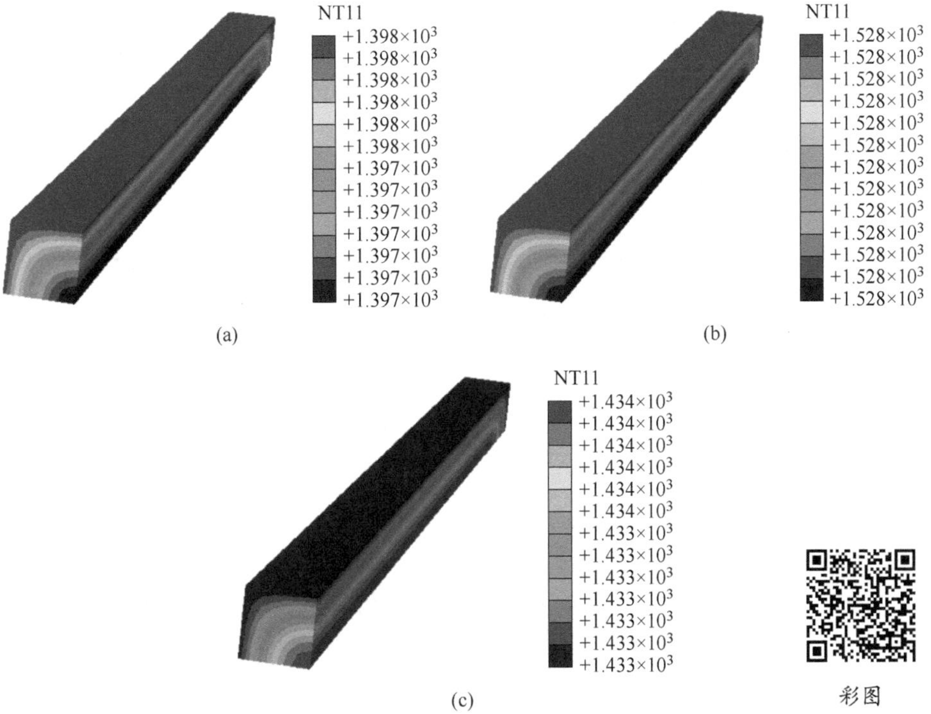

彩图

图 5-46 各加热阶段的钢坯温度分布云图

(a) 预热段 1 h，1398.15 K（1125 ℃）；(b) 加热段 1 h，1528.15 K（1255 ℃）；(c) 均热段 0.8 h，1433.15 K（1160 ℃）

针对工字钢生产方案的改进和调控，有两种改进方案。

A 第一种改进方案

预热段：840～860 ℃，时间：0.5 h；加热段：1200 ℃，时间：1.5 h；均热段：1150～1170 ℃，时间：0.8 h，降低了预热段和加热段的加热温度，减少了预热段加热时间和增加了加热段加热时间。

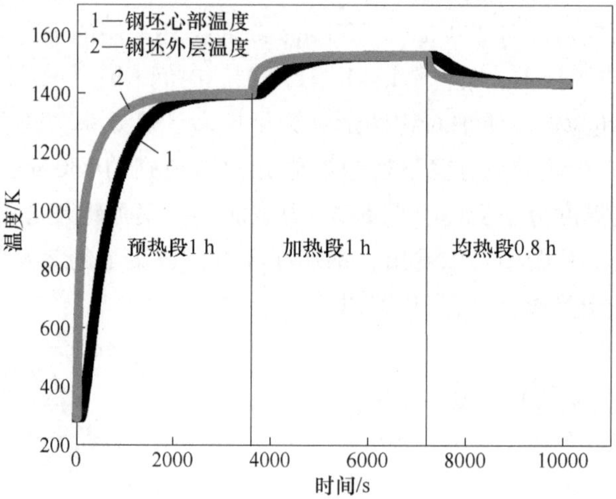

彩图

图 5-47　钢坯心部与外层温度随时间变化曲线

在 ABAQUS 有限元软件中针对上述两种改进方案下的钢坯加热过程进行了模拟，模型同样采用钢坯的 1/4 几何模型。由于温度波动小，在 0.1 ℃或更小量级有变动，而图示标尺精度仅达个位，因此部分云图标尺显示数据变化较小或无变化。图 5-48 为第一种改进方案下通过有限元模拟得到的 230 mm × 230 mm 断面钢坯心部与外层温度分布云图，图 5-49 为该加热方案下钢坯心部与外层温度随时间变化的曲线。从图中可以看出，钢坯经过 2.8 h 的加热后，其心部与外层的温差可以控制在 10 ℃以内。

B　第二种改进方案

预热段 840 ~ 860 ℃，时间 0.5 h；加热段 1200 ℃，时间 1 h；均热段 1150 ~ 1170 ℃，时间 1.3 h，降低了预热段和加热段的加热温度，减少了预热段加热时间和增加了均热段加热时间。

图 5-50 为第二种改进方案下通过有限元模拟得到的 230 mm × 230 mm 断面钢坯心部与外层温度分布云图，图 5-51 为该加热方案下钢坯心部与外层温度随时间变化的曲线。从图中可以看出，钢坯经过 2.8 h 的加热后，其整体温度分布均匀，心部和外层温度几乎相等。对比原钢坯的加热方案和两种改进方案，发现都能使钢坯在加热 2.8 h 后达到温度均匀化的目的，但是改进方案二能耗成本最低。

C　轧制及组织调控

16 号和 18 号工字钢精轧开轧温度为 1020 ℃，终轧温度为 950 ℃，精轧工序轧件会受到机架间轧辊冷却水的影响，由于工字钢的形状会使水留在腰部位置，无法流出，腰部温度会比腿部低 90 ℃左右，故腰部在精轧过程中的温度

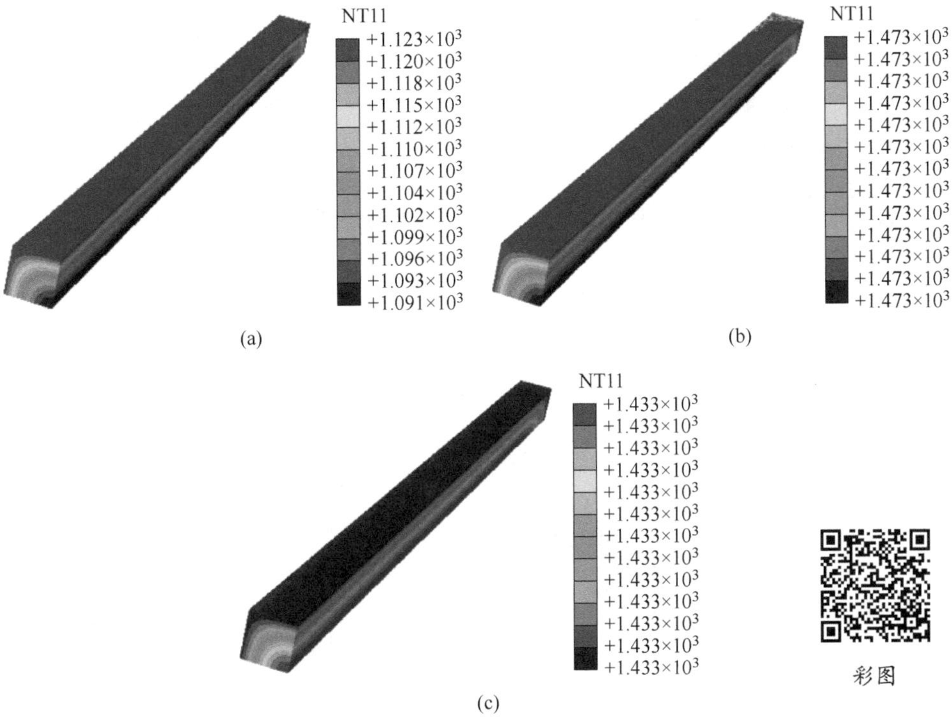

图 5-48 各加热阶段的钢坯温度分布云图

(a) 预热段 0.5 h，1123.15 K (850 ℃)；(b) 加热段 1.5 h，1473.15 K (1200 ℃)；

(c) 均热段 0.8 h，1433.15 K (1160 ℃)

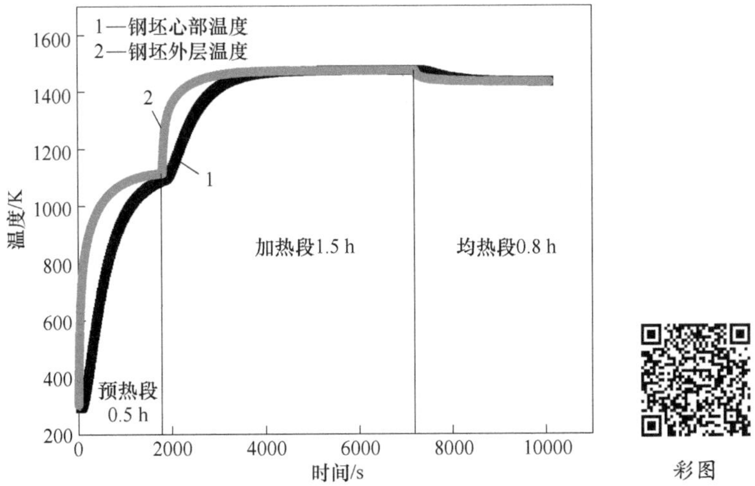

图 5-49 钢坯心部与外层温度随时间变化曲线

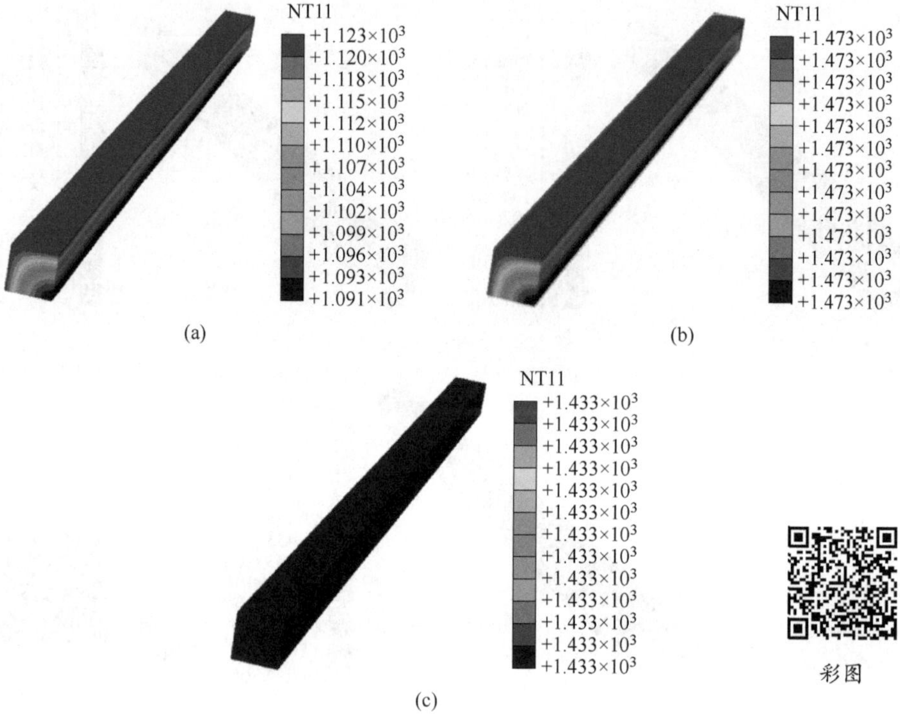

彩图

图 5-50　各加热阶段的钢坯温度分布云图

（a）预热段 0.5 h，1123.15 K（850 ℃）；（b）加热段 1 h，1473.15 K（1200 ℃）；
（c）均热段 1.3 h，1433.15 K（1160 ℃）

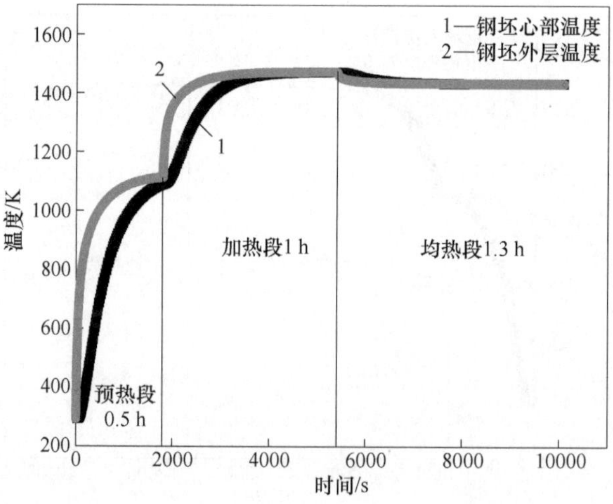

彩图

图 5-51　钢坯心部与外层温度随时间变化曲线

为 860～930 ℃。通过理论公式计算，Q235 的再结晶终止温度为 905 ℃，因此腰部精轧温度正好处于未再结晶和再结晶区之间，即在部分再结晶区进行轧制，由于一部分奥氏体已经发生了再结晶，而其余部分还未发生再结晶，组织易发生混晶现象，容易导致应力集中，最终在大尺寸夹杂物处产生在扫描中观察到的长条状“裂纹”。可以通过安装吹扫设备，避免轧辊冷却水存留在腰部位置，或者调节水压，减少水量，提高腰部温度，避免在部分再结晶区轧制。

粗轧各道次温降如图 5-52 所示。

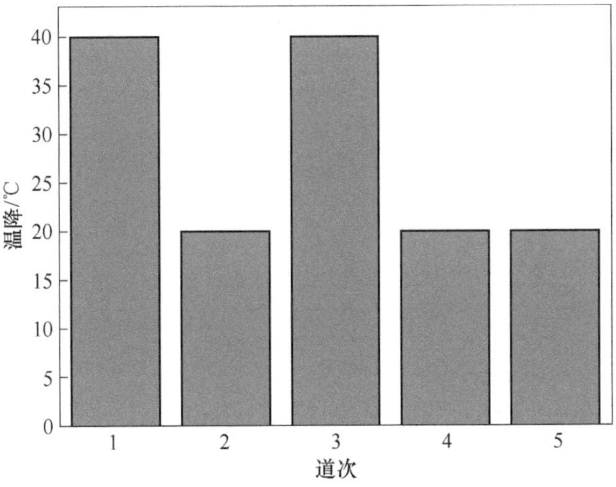

彩图

图 5-52 粗轧各道次温降

为了更好地分析轧制过程中工字钢的组织状态，利用 JMatPro 热力学软件对 Q235 工字钢的 CCT 曲线和不同温度下基体中各相的比例进行了计算，其结果如下，从 CCT 曲线中可以看出，相变点 A_3 的温度为 871 ℃，相变点 A_1 的温度为 718 ℃，可以认为腰部在精轧过程中会有一部分先共析铁素体析出。

从相图可以看出，Q235 钢从液相中匀晶析出 δ-铁素体，随着温度的下降，发生包晶反应，液相和 δ-铁素体形成奥氏体，而在整个轧制过程中基本上都在奥氏体区进行。在 871 ℃左右奥氏体区中会析出 δ-铁素体，这与光学显微镜下观察到的组织类型是一致的，但不同部位处的晶粒尺寸也有所区别。

JMatPro 软件热力学计算结果如图 5-53 所示。

20 号 A 工字钢显微组织如图 5-54 所示。

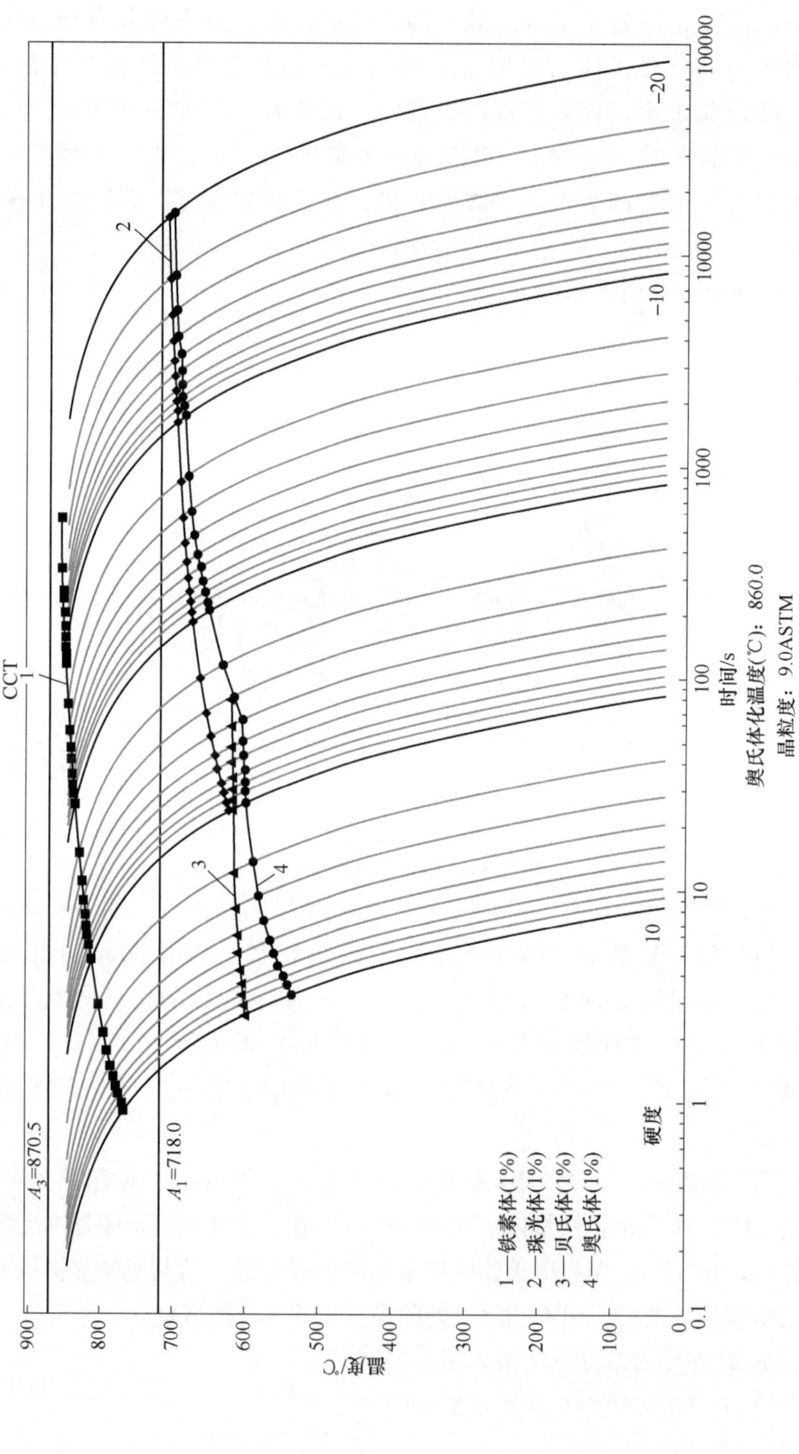
CCT
A_3=870.5
A_1=718.0
1—铁素体(1%)
2—珠光体(1%)
3—贝氏体(1%)
4—奥氏体(1%)
硬度
温度/℃
时间/s
奥氏体化温度(℃)：860.0
晶粒度：9.0ASTM
1
2
3
4
10
−10
−20
0
100
200
300
400
500
600
700
800
900
0.1
1
10
100
1000
10000
100000
(a)

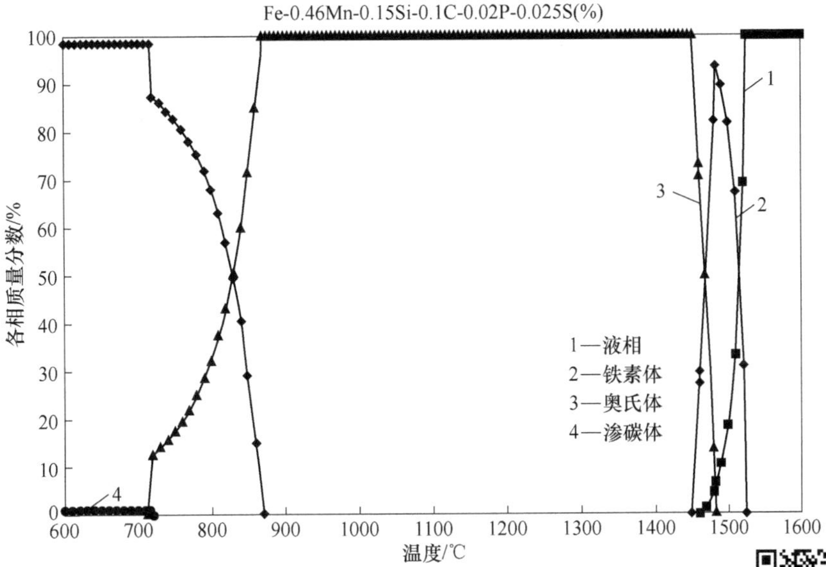

(b)

图 5-53 JMatPro 软件热力学计算结果

(a) CCT 曲线；(b) 各相温度-质量分数图

彩图

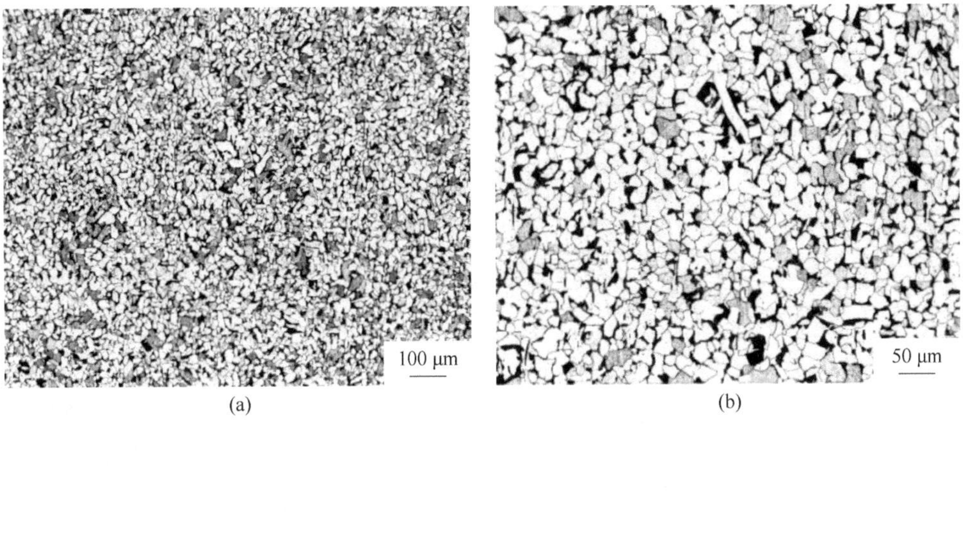

(a) (b)

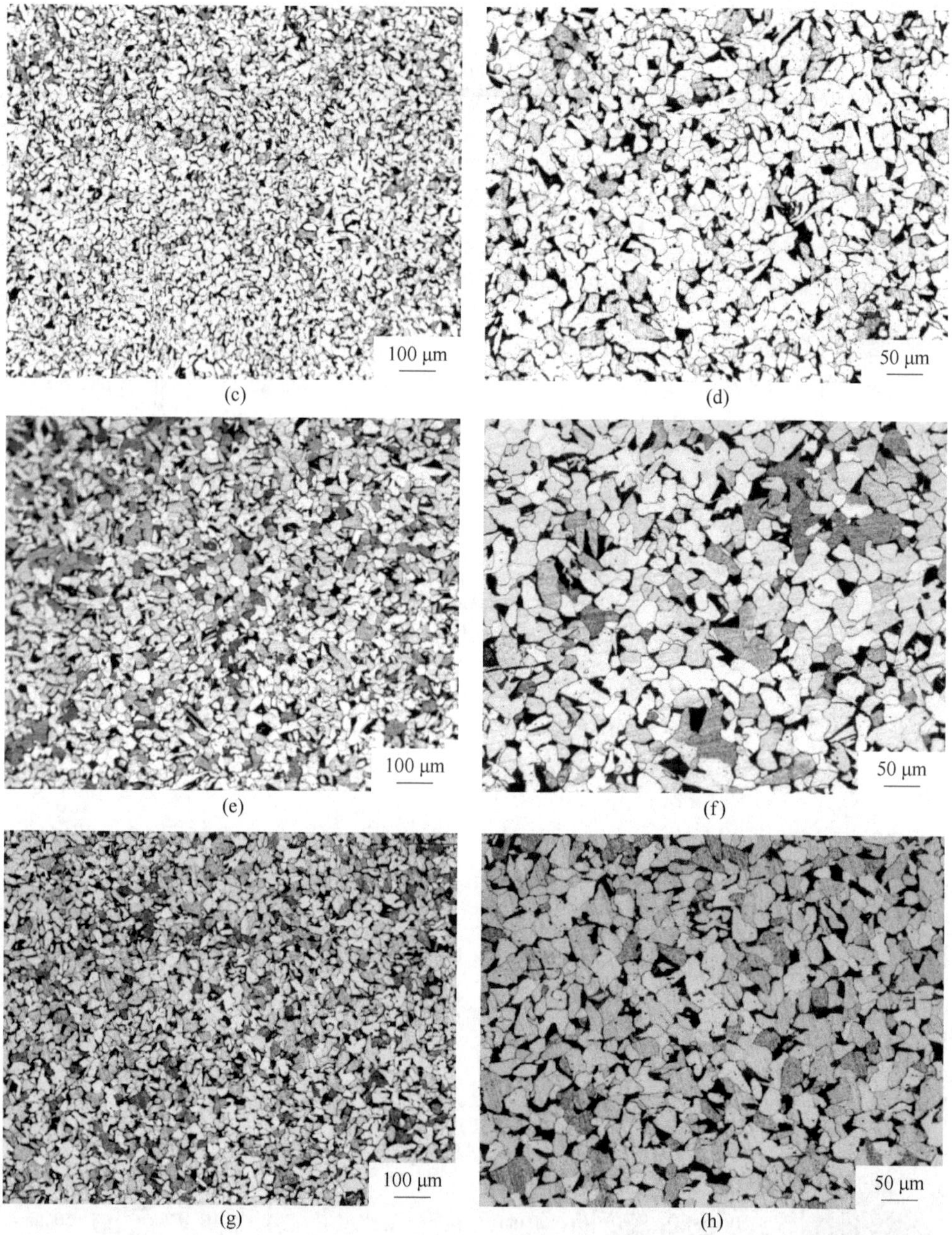

图 5-54　20 号 A 工字钢显微组织

（a）腰部中心低倍；（b）腰部中心高倍；（c）腰部 1/4 处低倍；（d）腰部 1/4 处高倍；（e）腰腿结合处低倍；（f）腰腿结合处高倍；（g）腿部 1/3 处低倍；（h）腿部 1/3 处高倍

彩图

参考文献

[1] 袁鹏举，刘杰，付常伟，等．硼含量对 H 型钢低温冲击韧性的影响［J］．轧钢，2015，32（3）：82-84.

[2] 赵培林，宗云．显微组织对海洋工程用热轧 H 型钢低温断裂韧性的影响［J］．金属热处理，2017，42（8）：68-72.

[3] 杨才福，张永权．钒氮微合金化技术在 HSLA 钢中的应用［J］．钢铁，2002（11）：42-47.

[4] Timokhina I，Miller M K，Wang J，et al. On the Ti-Mo-Fe-C atomic clustering during interphase precipitation in the Ti-Mo steel studied by advanced microscopic techniques［J］．Materials & Design，2016，111：222-229.

[5] Bikmukhametov I，Beladi H，Wang J，et al. The effect of strain on interphase precipitation characteristics in a Ti-Mo steel［J］．Acta Materialia，2019，170：75-86.

[6] 邢军，朱国辉，丁汉林，等．面向不同规格热轧 H 型钢组织细化的微合金化设计［J］．钢铁，2023，58（3）：144-150，166.

[7] 冯岩青，王厚昕，赵一臣，等．不同微合金元素在 H 型钢生产中的对比研究［J］．包钢科技，2021，47（4）：67-71.

[8] 曾尚武，李凤辉，张磊，等．输电铁塔用 Q420 级 30#大规格角钢组织性能研究［J］．钢铁钒钛，2017，38（5）：157-162.

[9] 王建强．Q460 高强度角钢的研发［J］．河北冶金，2020（10）：52-57.

[10] 柴锋，杨才福，苏航，等．钒氮微合金化高强度球扁钢的强韧化机制［J］．钢铁研究学报，2012，24（2）：39-43.

[11] 李永东．理论与应用断裂力学［M］．北京：兵器工业出版社，2005.

[12] Wang Z，Cui G，Sun T，et al. Effect of boron on microstructure and mechanical properties of hot-rolled Nb-added hsla h-section steel［C］//第五届先进材料与加工国际会议（Fifth International Conference on Advanced Materials and Processing ICAMP-5）论文集．2009.

[13] Adamczyk J，et al. Boron-treated microalloyed quenched and tempered plates，their structure and properties［J］．Journal of Materials Processing Technology，1997，64：1-8.

[14] Jinghua C，Jiangwen L，Jiajie F，et al. Effect of austenitic state before ferrite transformation on the mechanical behavior at an elevated temperature for seismic-resistant and fire-resistant constructional steel［J］．Journal of Materials Research and Technology，2021，13：1220-1229.

[15] Woonam C，Hyungsic U，Hyangjun Y，et al. Mo addition of high-strength seismic rebars subjected to Tempcore processes for tensile strength enhancement［J］．Materials & Design，2022，219：110766.

[16] 尚成嘉，胡良均，杨善武，等．低碳微合金钢中针状铁素体的形成与控制［J］．金属学报，2005（5）：471-476.

[17] 刘春明，周燕岛，安彦兼次，等．微量硼对高纯铁硫合金沿晶断裂和硫沿晶偏析的影响［J］．东北大学学报，1999（1）：60-63.

[18] Sakurai T, Kuk Y, Grabke H J, et al. Phosphorus segregation to grain boundaries in a Fe 0.04% P alloy [Fe 0.04% P][J]. Presented at Intern Field Emission Symp, 1980: 7-11.
[19] Kim S I, Choi S H, Lee Y. Influence of phosphorous and boron on dynamic recrystallization and microstructures of hot-rolled interstitial free steel [J]. Materials Science and Engineering: A, 2005, 406 (1/2): 125-133.
[20] Chen M Y, Gouné M, Verdier M, et al. Interphase precipitation in vanadium-alloyed steels: Strengthening contribution and morphological variability with austenite to ferrite transformation [J]. Acta Materialia, 2014, 64: 78-92.
[21] 张国瑞. H型钢轧制工艺设计软件开发及数值模拟 [D]. 秦皇岛：燕山大学，2021.
[22] 尹德全. 异型钢轧制工艺的模拟计算与应用 [D]. 沈阳：东北大学，2018.
[23] 张春花，田秀刚，赵光. Nb微合金化Q355热轧H型钢翼缘板开裂成因分析 [J]. 特钢技术，2023，29 (3)：42-45，52.
[24] 陈雪慧，杨才福，张倩，等. V-N微合金化高强度球扁钢截面均匀性研究 [J]. 钢铁，2010，45 (11)：77-81.
[25] 陈密达，梁丰瑞，沈俊杰，等. 大规格V-N微合金化球扁钢连续冷却过程中的组织性能分析 [J]. 冶金分析，2023，43 (4)：48-57.
[26] 陈晨. 淬火工艺对铜时效球扁钢组织和性能的影响研究 [D]. 合肥：合肥工业大学，2021.
[27] 王振东，牟俊茂. 钢材感应加热快速热处理 [M]. 北京：化学工业出版社，2012.
[28] 沈庆通，梁文林. 现代感应热处理技术 [M]. 北京：机械工业出版社，2015.
[29] 沈庆通，黄志. 感应热处理技术300问 [M]. 北京：机械工业出版社，2013.
[30] 孔春花. 感应热处理新工艺技术开发与应用研究 [J]. 金属加工（热加工），2021 (9)：1-4.
[31] 沈庆通. 感应热处理的发展回顾与期望 [J]. 金属加工（热加工），2019 (7)：3-7.
[32] 齐盛文，孟庆智，周丹，等. 热轧球扁钢快速感应加热技术及装备开发应用 [J]. 鞍钢技术，2015 (5)：24-27，31.
[33] 张鸿雁，易文思，袁霞光. 921A球扁钢热处理工艺研究 [J]. 中国金属通报，2020 (2)：63-66，68.
[34] 赵培林，王中学，刘超，等. 热处理工艺对海洋工程用高强度耐低温H型钢组织及性能影响 [J]. 钢铁研究学报，2022，34 (4)：371-379.
[35] 康永林，朱国明，陶功明，等. 高精度型钢轧制数字化技术及应用 [J]. 钢铁，2017，52 (3)：49-57.
[36] 陶功明，范红平，朱国明，等. 型钢全轧程仿真软件的开发与应用 [J]. 轧钢，2015，32 (4)：46-49.
[37] 于浩，赵勋，王厚昕，等. 一种基于Adam-SVM模型的AH36级热轧球扁钢制备方法：中国，CN113198835B [P]. 2022-07-29.
[38] 于浩，黄章，吴伟嘉，等. 一种屈服强度800 MPa级耐低温耐腐蚀H型钢及其制备方法：中国，CN109972042B [P]. 2020-11-20.